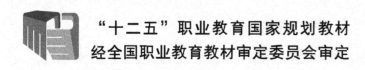

"十二五"职业教育国家规划教材

经全国职业教育教材审定委员会审定

高等职业院校教学改革创新示范教材·计算机系列教材

计算机组装维护与维修

（第 2 版）

徐新艳　魏湛冰　陈　双　编著

电子工业出版社

Publishing House of Electronics Industry

北京·BEIJING

内 容 简 介

本书根据技术应用型人才的培养目标，强调基础知识和动手能力，兼顾计算机基础教育的特点，深入浅出，并配合大量实例图片讲解了计算机组装、维护与维修的相关知识。

本书内容主要包括计算机软硬件基础知识，计算机组装、调试、维护以及常见故障的排除，同时介绍新技术、新软件的应用。硬件部分主要涉及主板、CPU、内存、硬盘、固盘、光驱、显卡、显示器、电源、鼠标、键盘等计算机配件的工作原理、性能及选购方法。软件部分主要介绍了 BIOS 的原理及设置、硬盘的分区及格式化、驱动程序、系统软件和常用软件的安装与使用技巧等，同时介绍了计算机性能测试和优化的常用方法，计算机的维护及软硬件常见故障的检测和处理方法。

本书可作为高等职业院校计算机及相关专业的教材，也可作为电子信息职业技能鉴定中、高级培训教材和广大个人计算机用户的参考书。

未经许可，不得以任何方式复制或抄袭本书之部分或全部内容。
版权所有，侵权必究。

图书在版编目（CIP）数据

计算机组装维护与维修 / 徐新艳，魏湛冰，陈双编著. —2版. —北京：电子工业出版社，2015.6
"十二五"职业教育国家规划教材

ISBN 978-7-121-23542-9

Ⅰ. ①计… Ⅱ. ①徐… ②魏… ③陈… Ⅲ. ①电子计算机—组装—高等职业教育—教材②计算机维护—高等职业教育—教材 Ⅳ. ①TP30

中国版本图书馆 CIP 数据核字（2014）第 128992 号

策划编辑：程超群
责任编辑：底　波
印　　刷：北京虎彩文化传播有限公司
装　　订：北京虎彩文化传播有限公司
出版发行：电子工业出版社
　　　　　北京市海淀区万寿路 173 信箱　邮编　100036
开　　本：787×1 092　1/16　印张：17.5　字数：448 千字
版　　次：2008 年 2 月第 1 版
　　　　　2015 年 6 月第 2 版
印　　次：2021 年 6 月第 9 次印刷
定　　价：39.00 元

凡所购买电子工业出版社图书有缺损问题，请向购买书店调换。若书店售缺，请与本社发行部联系，联系及邮购电话：(010) 88254888，88258888。
质量投诉请发邮件至 zlts@phei.com.cn，盗版侵权举报请发邮件至 dbqq@phei.com.cn。
本书咨询联系方式：(010) 88254577，ccq@phei.com.cn。

前 言

高等职业学校以培养职业能力为核心,注重实践技能训练。特别是对从事计算机领域工作的学生来说,能够具有较强的解决实际问题的能力尤为重要。"计算机组装维护与维修"课程作为计算机类专业的专业基础课,在培养学生职业素养、实际动手能力及创新能力方面起着非常重要的基础作用。

本书按照高等职业教育人才培养目标的要求,根据本课程在专业培养中的地位、作用,以及与前后开设课程的相互关系,合理取材;充分考虑高职学校的教学实际和高技能人才培养的特点和规律组织内容,循序渐进,富有启发性,符合高职学生的认知、技能养成规律和本专业特有的思维方法。

本书重点突出理论对实践的指导,通过大量实例的操作训练,强化实践技能,使学生的职业能力在实践的基础上得到发展和提高。

本书具有如下特色。

(1) 可操作性强。本书作者自 1998 年起开始讲授该课程并指导计算机装机实习,积累了丰富的教学和实践经验,并把这些经验融入教材的编著中,使教材的可操作性强,教学适应性强,教学效果显著。

(2) 图文结合讲述。引入计算机各部件的结构框图,结合框图展开文字介绍,图文并茂容易引起学生的兴趣,对讲清原理、理解指标有极大的帮助作用。

(3) 辅助资料丰富。丰富的拓展资料既贴近市场,又前瞻到各种先进技术的发展方向,不仅为教师提供了完备、实用的教参资源库,又成为引导学生深入学习的导师。

(4) 习题设计有新意。设计的习题除具有引导学生巩固知识、强化技能的作用外,还设计了一些如计算机机房应配备哪类灭火器这类与本课程相关的问题,以提高学生的安全意识、节能意识。

本书第 1 版获第二届山东省高等学校优秀教材一等奖。此次改版修订,保留了原书特色,删除了过时的知识和技术,结合目前最新的主流配件和工艺介绍计算机的组装、维护与维修知识和技术。此外,增加了许多原创插图,增强了教材的直观性,利教利学;拓展知识精心组织,所介绍的许多内容在其他同类教材中很难找到,而这些内容又是学生必须了解的计算机关键技术;习题丰富,形式新颖,包括基本知识、基本技能、能力拓展练习三部分;配套教学资料极为丰富,包括电子教案、教学指南、习题答案、参考资料(可从华信教育资源网

www.hxedu.com.cn 免费获取），其中电子教案采用 PowerPoint 课件形式并有数百张插图，教师可以根据不同的教学要求按需选取和重新组合，十分方便。而且这些实物插图在帮助学生理解学习内容方面也十分有益。

  本书由山东电子职业技术学院徐新艳、魏湛冰和陈双编著，其中魏湛冰编写第 6 章、第 7 章，陈双编写第 8 章、第 9 章，其余部分由徐新艳编写，全书由徐新艳统稿。济南三元汇通科贸中心乔杰工程师对所有装机方案进行了测试，并对全书进行了审阅。

  由于作者水平有限，书中难免存在缺点和不足，恳请广大读者不吝赐教。意见或要求请联系作者电子信箱：ctrl0531@126.com。

编 者

目 录

第1章 认识计算机 1
- 1.1 计算机的发展和分类 1
- 1.2 微型计算机 2
  - 1.2.1 微型计算机基本结构 2
  - 1.2.2 微型计算机工作过程简介 3
  - 1.2.3 微型计算机发展简史 4
  - 1.2.4 微型计算机系统组成 5
- 本章小结 8
- 习题1 8

第2章 计算机硬件及其选购 12
- 2.1 中央处理器（CPU） 12
  - 2.1.1 CPU主要性能指标 12
  - 2.1.2 CPU散热器 21
  - 2.1.3 CPU实例 22
  - 2.1.4 选购CPU 24
- 2.2 主板 26
  - 2.2.1 主板构成 26
  - 2.2.2 芯片组产品 37
  - 2.2.3 主板的分类 37
  - 2.2.4 主板的技术 38
  - 2.2.5 主板实例 40
  - 2.2.6 选购主板 42
- 2.3 内存 43
  - 2.3.1 内存条的类型、结构及性能指标 43
  - 2.3.2 内存条实例 45
  - 2.3.3 选购内存条 46
- 2.4 显卡与显示器 47
  - 2.4.1 显卡 47
  - 2.4.2 显示器 56

2.5 声卡和音箱 ... 65
  2.5.1 声卡 ... 65
  2.5.2 音箱 ... 68
2.6 网卡 ... 71
  2.6.1 网卡的功能及工作过程 ... 71
  2.6.2 网卡的分类 ... 72
  2.6.3 网卡的选购 ... 73
2.7 外部存储器 ... 74
  2.7.1 硬盘 ... 74
  2.7.2 固态硬盘 ... 82
  2.7.3 光盘与光盘驱动器 ... 85
2.8 机箱和电源 ... 92
  2.8.1 机箱 ... 92
  2.8.2 电源 ... 93
2.9 键盘和鼠标 ... 97
  2.9.1 键盘 ... 97
  2.9.2 鼠标 ... 101
本章小结 ... 104
习题 2 ... 104

第 3 章 计算机硬件系统组装 ... 110

3.1 装机前的准备工作 ... 110
3.2 组装硬件系统 ... 111
  3.2.1 硬件组装 ... 111
  3.2.2 加电自检 ... 131
3.3 硬件系统的拆卸 ... 131
本章小结 ... 133
习题 3 ... 134

第 4 章 计算机软件系统安装 ... 137

4.1 计算机启动过程 ... 137
4.2 BIOS 设置 ... 140
  4.2.1 进行 BIOS 设置的原因 ... 140
  4.2.2 BIOS 设置方法 ... 140
  4.2.3 BIOS 设置举例 ... 143
4.3 硬盘分区与格式化 ... 147
  4.3.1 硬盘分区 ... 147
  4.3.2 硬盘格式化 ... 150
4.4 安装操作系统 ... 153
  4.4.1 Windows 操作系统的选择及安装前准备 ... 153
  4.4.2 单操作系统的安装 ... 154
  4.4.3 双操作系统的安装 ... 159

4.5 安装驱动程序 ·· 163
    4.5.1 驱动程序概述 ·· 163
    4.5.2 驱动程序的安装方法 ··· 164
4.6 应用软件的安装和卸载 ··· 169
    4.6.1 应用软件的安装 ·· 170
    4.6.2 应用软件的卸载 ·· 172
本章小结 ·· 173
习题 4 ··· 174

第 5 章 计算机的其他外部设备 ··· 178

5.1 调制解调器 ·· 178
    5.1.1 调制解调器概述 ·· 178
    5.1.2 调制解调器的选购 ·· 180
    5.1.3 调制解调器的安装 ·· 181
5.2 打印机 ·· 182
    5.2.1 打印机概述 ·· 182
    5.2.2 打印机的选购与安装 ··· 183
5.3 扫描仪 ·· 184
    5.3.1 扫描仪概述 ·· 184
    5.3.2 扫描仪的选购与安装 ··· 185
5.4 移动存储设备 ·· 186
5.5 影像采集设备 ·· 188
    5.5.1 数字摄像头 ·· 188
    5.5.2 数码相机 ·· 189
    5.5.3 数码摄像机 ·· 191
本章小结 ·· 193
习题 5 ··· 193

第 6 章 计算机系统的日常维护 ··· 196

6.1 计算机系统的基本维护常识 ··· 196
    6.1.1 与使用环境有关的维护 ·· 196
    6.1.2 计算机主要配件的保养 ·· 197
    6.1.3 计算机主机的清洁 ·· 202
    6.1.4 养成良好的使用习惯 ··· 203
6.2 常用系统工具软件的使用 ··· 203
    6.2.1 硬盘维护工具 DiskGenius ·· 203
    6.2.2 魔术分区师 Partition Magic ·· 206
    6.2.3 硬盘克隆工具 Norton Ghost ··· 211
本章小结 ·· 213
习题 6 ··· 213

第 7 章 计算机故障案例分析 216
7.1 故障处理的一般方法 216
7.1.1 硬件故障 216
7.1.2 软件故障 217
7.1.3 排查故障的一般步骤 217
7.1.4 处理故障的一般方法 218
7.2 计算机组装过程中常见的故障与处理 220
7.3 常见的死机故障与处理 221
7.3.1 由硬件原因引起的死机 221
7.3.2 由软件原因引起的死机 222
7.4 常见的黑屏故障与处理 223
7.4.1 计算机硬件故障引起的黑屏故障 223
7.4.2 计算机软件故障引起的黑屏故障 224
7.5 常见的花屏故障与处理 224
7.5.1 由硬件故障引起的花屏 225
7.5.2 由软件故障引起的花屏 225
7.6 案例分析 225
本章小结 229
习题 7 230

第 8 章 计算机整机组装实训 233
8.1 设计和讲评装机方案 233
8.1.1 专业图形设计型 233
8.1.2 游戏玩家型 235
8.1.3 商务办公型 237
8.1.4 校园学生型 238
8.1.5 家庭多媒体型 239
8.2 计算机配件的采购与检测 241
8.2.1 配件间的搭配问题 241
8.2.2 配件的检测 243
8.3 整机组装及安装软件 243
8.4 整机性能的优化与测试 244
8.4.1 操作系统优化 244
8.4.2 硬盘优化 246
8.4.3 整机性能的测试 248
本章小结 249
习题 8 249

第 9 章 实验指导 252
实验 1 计算机硬件系统组成与外部设备的认识 252
实验 2 计算机硬件系统的组装 253

实验 3　计算机硬件系统的拆卸 ···253
实验 4　计算机常见硬件组装故障的排除 ···254
实验 5　系统 BIOS 的设置 ···254
实验 6　硬盘维护工具 DiskGenius 安装与使用 ···255
实验 7　Ghost 使用 ··255
实验 8　Partition Magic 安装与使用 ···256
实验 9　Windows XP 安装与使用 ··256
*实验 10　工具软件及杀病毒软件的安装 ··256
*实验 11　计算机常见软硬件故障的维修 ··257
*实验 12　安装网卡及连线 ···257
*实验 13　网络资源的共享 ···258
*实验 14　在虚拟机 VM 中安装操作系统 Windows 7 ···258

附录 A　BIOS 设置程序选项说明 ···259

第1章 认识计算机

 知识目标

1. 了解计算机系统的基本知识；
2. 掌握计算机软、硬件系统的组成。

 技能目标

1. 能识别多媒体计算机的组成部件；
2. 能识别常用的计算机外部设备。

自从 1946 年世界第一台计算机 ENIAC 问世，经过半个多世纪的发展，计算机已成为现代社会人类最重要的工具之一。人们熟悉它的外观，对其内部构造也有着一定的了解。CPU、内存、主板也逐渐为人所熟知。那么，这些部件分别起什么作用？如何协调工作？具体有哪些功能？本章将带着以上问题对计算机展开介绍：计算机系统组成，各部件及常用外部设备的功能。学习和理解本章内容，对掌握如何选购计算机部件，组装、使用和维护计算机具有十分重要的意义。

1.1 计算机的发展和分类

1946 年，ENIAC（Electronic Numerical Integrator and Computer）在美国诞生，此后，计算机的发展异常迅猛。在推动计算机发展的各因素中，其主要电子器件的发展起着决定性作用，依据其变革，一般把计算机的发展分成四个时期，如表 1.1 所示。

表 1.1 计算机发展史

	第一代计算机	第二代计算机	第三代计算机	第四代计算机
起止年限	1946~1958 年	1959~1964 年	1965~1970 年	1971 年至今
主要电子器件	电子管	晶体管	中、小规模集成电路	大规模、超大规模集成电路
主存储器	磁鼓、磁芯	磁芯	半导体存储器	高集成度的半导体存储器
外存储器	磁带、磁鼓	磁鼓、磁盘	大容量磁盘	软盘、硬盘、光盘
运算速度	每秒几千至几万次	每秒几十至几百万次	每秒几百至几千万次	每秒几亿次以上
程序设计语言	机器语言、汇编语言	汇编语言、高级语言	高级语言进一步发展，出现结构化程序设计方法，软件产业诞生	高级语言进一步发展，出现面向对象程序设计方法等，软件产业高速发展
操作系统	无	操作系统	出现分时操作系统	操作系统进一步完善
应用领域	尖端科学、军事领域	科学计算、数据处理、工业控制等领域	生产管理、交通管理、情报检索等领域	人类活动的各个领域

计算机的分类有多种，最普遍的是按性能分类，即按照运算速度、存储容量、功能强弱、规模大小等指标来分类，可分为巨型机、大型机、中型机、小型机、微型机，举例如图 1.1 所示。由于计算机技术发展速度很快，所以计算机的分类有相对性，十年前的巨型机的性能可能已经比不上现在的小型机。

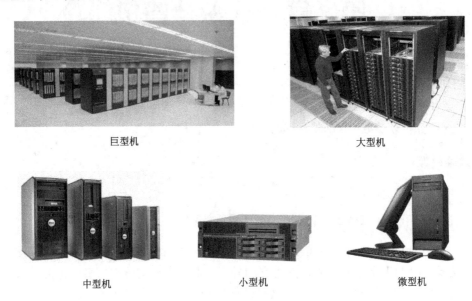

图 1.1 计算机举例

1.2 微型计算机

微型计算机（Microcomputer）简称微机，其中央处理器 CPU（Central Processing Unit）集成在一小块硅片上，而巨、大、中、小型计算机的 CPU 则由相当多的电路或集成电路组成。为了区别，称微机的 CPU 芯片为微处理器 MPU（Microprocessing Unit）。微机除 MPU 外，还包括用大规模集成电路制成的主存储器，以及各种通用或专用的输入/输出接口电路。微型计算机再加上各种外部设备和软件系统，就组成了微型计算机系统。

1.2.1 微型计算机基本结构

微型计算机基本结构包括中央处理器、存储器、输入/输出子系统三个主要组成部分，三者由总线连接，构成一个有机的整体，如图 1.2 所示。

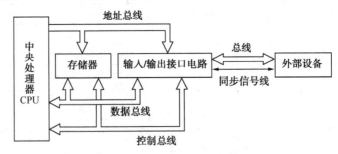

图 1.2 微机硬件系统结构框图

（1）中央处理器部分主要包括控制器和运算器。控制器的功能是依据程序给出的操作步骤，指挥各部件协调工作。控制器工作时，从存储器中取出指令并译成控制信号，然后向运算器、存储器、外部设备发出控制信号，使各部件协调地完成计算机程序规定的各项操作。

运算器的功能是进行数据的算术运算和逻辑运算。无论计算机要处理的任务有多复杂，都是通过基本算术运算和基本逻辑运算来实现的。

CPU 中分布着许多寄存器，它们被用来存放指令或运算结果等，如控制器中的指令寄存器就是被用来暂时存放指令的。

（2）存储器的作用是存放程序和数据。存储器分为内存储器和外存储器，图 1.2 所示的存储器是内存储器，也称主存储器。内存储器根据使用不同，又分为随机存取存储器 RAM（Random Access Memory）和只读存储器 ROM（Read Only Memory）。RAM 中的信息按需要可以随机取出也称读出，也可以随机存入也称写入。读出时，存储信息不会被破坏；只有在写入时，被写单元中的原存储信息才被新写入的信息替代。断电后，RAM 中所存信息立即消失。RAM 一般用来存放用户程序和数据。ROM 中的信息在一般情况下只能读出，不能写入，在断电后仍能保存原信息。ROM 主要用来存放系统必需的基本程序和特殊的专用数据。

计算机运行时，CPU 只与内存储器交换信息，CPU 和内存储器合称为计算机的主机。外存储器及输入/输出设备则被统称为计算机的外部设备或外围设备，简称外设。

需要说明的是，内存储器由于受存储机理、制造技术、价格等方面的影响，存储容量往往有限，因此，需要用外存储器（磁盘、光盘等）作为辅助存储设备。通常，外存容量比内存容量大得多，而相对来说价格却便宜得多，但存取信息的速度比内存慢。

（3）输入/输出子系统一般包括外设和输入/输出接口电路（简记 I/O 电路）。外设是指与主机进行通信的所有设备，如键盘、鼠标、显示器、硬盘、光盘等。I/O 电路介于主机和外设之间，具有以下基本功能：对数据缓存，使各种速度的外设能与主机速度匹配；信号电平转换，使各种不同电气特性的外设能与主机连接。目前，I/O 电路普遍采用大规模集成电路芯片，大多数芯片是可编程的，可以通过设置（编程）灵活地选择接口功能和工作模式。

（4）总线是一组传输信息的公共线，用来连接计算机的各个部件。任一时刻，一条总线上只允许有一个信息在传送。位于 CPU 芯片内的总线称为内部总线；CPU 与存储器、I/O 接口间的总线称为系统总线，简称总线。系统总线按功能分为数据总线、地址总线和控制总线三组，称为三总线。数据总线用于各部件之间传送数据信息，是双向总线，也就是说某一时刻数据流在总线上沿某一方向传送，也可能沿相反方向传送；地址总线传送通信所需要的地址，以选择数据的来源地或目的地，是单向总线；控制总线传送 CPU 对存储器或外设的控制命令，及外设对 CPU 的请求信号，使各部件协调工作。系统总线的工作由 CPU 控制器中的总线控制逻辑负责指挥。

微型计算机采用标准总线结构，使各部件或设备之间的关系成为面向总线的单一关系，即：凡符合总线标准的部件可以互换；凡符合总线标准的设备可以互连。这就使微机的硬件具备了通用性和可扩展性。

1.2.2 微型计算机工作过程简介

微型计算机的工作过程就是自动运行程序、进行信息处理的过程。程序是一系列指令的有序排列。因此，运行程序就是取指令、分析指令及执行指令，三个步骤循环往复地进行，直到程序结束。

1. 取指令

接通微机电源，微机首先进行初始化。初始化完毕，CPU 中程序计数器的值即指令地址是程序的首地址，即程序中第一条指令的地址。此地址通过地址总线送到存储器的地址寄存器，当程序计数器的内容可靠地送出后，程序计数器的值自动加 1，也就是地址指向了存储器的下一个存储单元。存储器接到地址后，通过对地址信号译码产生选择信号，由选择信号找到相应的存储单元，CPU 再向存储器发出读命令，被选中单元的内容从存储单元中读出到存储器的数据寄存器中，然后输出到数据总线，通过数据总线送到 CPU 中的指令寄存器。到此为止，取指令过程结束。

2. 分析指令

取到 CPU 指令寄存器中的指令再送到 CPU 的指令译码器，由指令译码器对其进行分析，确定指令所要求的操作，并产生相应的操作控制命令。如果参与操作的数据存放在存储器中，此时还要形成操作数的地址，把操作数由存储器取到 CPU 中。

3. 执行指令

CPU 根据分析指令时产生的分析结果，通过微操作控制信号形成部件和时序部件，产生执行指令所需要的微操作控制信号，指挥系统中的各相关部件共同工作，完成指令所要求的功能。上述微机的工作过程如图 1.3 所示。

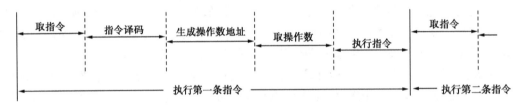

图 1.3　微型计算机工作过程示意图

1.2.3　微型计算机发展简史

微型计算机的核心部件是 CPU，因此常以 CPU 的字长变化来划分微机的发展阶段。个人计算机即 PC（Personal Computer）是微机的一个重要分支，从第一代 PC 问世到今天，CPU 已经发展到第七代产品，相应产生了七代 PC 系列产品。各代 PC 典型参数如表 1.2 所示。到目前，64 位字长的 CPU 逐渐普及，操作系统如 Windows Vista、Windows 7、Windows 8 均支持 64 位技术。

表 1.2　各代 PC 典型参数

序号	起始年代	CPU 型号	字长[①]/b	工作频率/Hz	内存容量/B[②]	硬盘容量/B	总线标准	显示器	操作系统
1	1981	8088	16	4.77M～10M	64K[③]～1M	10M	PC	单色文本	DOS 1.0
2	1984	80286	16	20M	1M～2M	20M	ISA	EGA	DOS 3.0
3	1987	80386	32	33M	4M	20M	ISA	VGA 单色	DOS 3.3
4	1989	80486	32	100M	4M～16M	190M	EISA	VGA16 位	DOS 3.31
5	1993	Pentium/MMX	32	233M	16M～32M	540M/1G	ISA、PCI	14"VGA	DOS、Windows 3.1

续表

序号	起始年代	CPU 型号	字长[①]/b	工作频率/Hz	内存容量/B[②]	硬盘容量/B	总线标准	显示器	操作系统
6	1997 1999 2000	PⅡ PⅢ P4	32	400M 1.13G 3.2G	32M/64M 256M 512M	10G 40G 80G	PCI、AGP	14"SVGA 15"SVGA 17"SVGA	Windows 98 Windows 98 se Windows 2000/XP
7	2003	Athlon 64	64	2.2G	512M	120G	PCI、AGP PCI-E	17"SVGA 17"DVI	Windows XP 64

注：① 字长是 CPU 并行处理二进制数的位数，单位为 b。b 表示位，是 bit 的缩写。

② B 表示字节，是 Byte 的缩写。8 位二进制位是 1 个字节，即 1B=8b。

③ 在表示存储器存储容量时，$1K=2^{10}=1024$；$1M=2^{10}K$；$1G=2^{10}M$；$1T=2^{10}G$。注意 K 与 k 的区别，$1k=10^3=1000$。

1.2.4　微型计算机系统组成

计算机系统由硬件系统和软件系统两部分组成，微机系统也不例外。硬件是构成计算机的物理部件或设备，是看得见、摸得着的有形实物，它们按照计算机系统结构的要求构成计算机的硬件系统。软件是计算机运行所需要的各种程序、数据以及相关文档的总称。软件系统由系统软件和应用软件组成。

只有硬件的计算机称为裸机。裸机安装上必要的软件才能构成完整的计算机系统。硬、软件之间的界限不是固定不变的，硬件是软件的物质基础，软件是硬件功能的扩充与完善，硬件与软件相互渗透、相互促进。

下面结合多媒体计算机介绍微机的硬、软件系统。多媒体计算机是 PC 的一种，它能综合处理多种媒体信息（包括文字、图像、影像、动画、声音等），并使其相互联系，具有交互性的计算机系统，其一般外观如图 1.4 所示。

图 1.4　多媒体计算机外观

1．硬件系统

生活中，人们习惯于把机箱及机箱内的所有部件称为主机，而把机箱外部的设备称为输入设备或输出设备。因此，硬件系统由主机、输入设备和输出设备组成。

（1）主机。主机的机箱内有 CPU、内存条、主板、硬盘、光驱、显卡、声卡、网卡、电源等，如图 1.5 所示，各个部件（也称为配件）的作用如表 1.3 所示。

图 1.5　多媒体计算机机箱内部

表 1.3 主机包括的主要部件及作用

部件图片	部件名称	作用
	机箱	主要作用是放置和固定计算机部件,保护机箱内各部件免受外界电磁场的干扰
	主板	主板是一块固定于机箱内的多层印制电路板,上有微机的部分电路系统,如 I/O 控制芯片、系统总线等。此外它还为 CPU、内存、显卡等部件提供机械支撑
	CPU	计算机的核心部件,类比于人体的"大脑"
	CPU 风扇	降低 CPU 表面的工作温度,提高系统的稳定性
	内存条	内存条是一块印制电路板,其上有多个半导体集成存储器芯片。这些芯片是主存储器的主要组成部分,是计算机运行程序时用于快速存放程序和数据的载体
	硬盘	计算机必不可少的外存,任何一台独立运行的计算机的操作系统和应用软件都保存在其中。硬盘具有读写速度快、存储容量大、可靠性高等优势,适合存放大容量数据
	显卡	将显示数据处理成显示器可以显示的格式,并送至显示器进行显示
	声卡	处理音频信号并将其送至音箱播放,或将话筒输入的音频信号转换成数字信号并进行处理
	网卡	负责本计算机与其他电子设备的网络通信
	电源	将交流电转换为计算机工作所需的直流电

(2)输入设备。输入设备将用户需要处理的信息转换成计算机可识别的数据送入主机。常见的输入设备有键盘、鼠标、摄像头、扫描仪、U 盘、话筒、照相机等,如表 1.4 所示。

表1.4 常用输入设备

设备图片	设备名称	设备图片	设备名称
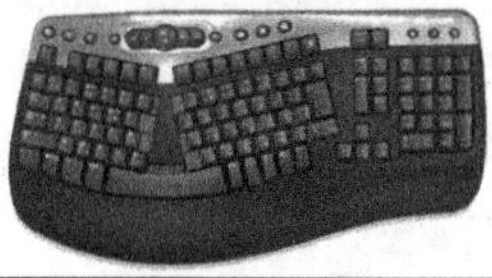	键盘		鼠标
	U盘		数字摄像头
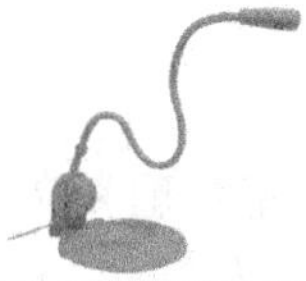	话筒		扫描仪
	移动硬盘		外置刻录机

（3）输出设备。输出设备将计算机处理的信息以用户需要的形式输出，供用户使用。常用的输出设备有显示器、打印机、音箱、U盘等，如表1.5所示。

表1.5 常用输出设备

设备图片	设备名称	设备图片	设备名称
	显示器	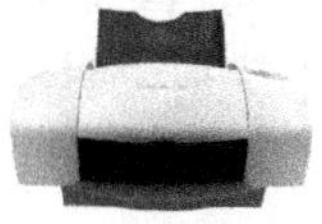	打印机
	音箱		U盘
	移动硬盘		外置刻录机

2．软件系统

软件系统是为了运行、管理和维护计算机而编制的各种程序的集合，由系统软件和应用软件构成。

（1）系统软件。系统软件是指为计算机系统服务的，管理、监控和维护计算机软、硬件资源的软件，主要包括操作系统、各种语言处理程序、各种工具软件等。

① 操作系统。操作系统是在硬件系统上加载的第一层系统软件，专门用于控制和管理计

算机的硬件和其他软件，提供用户对硬件和软件进行操作的界面。它是运行在计算机上的最重要的核心软件，是每一台计算机必需的、运行其他程序的基础和平台，如图1.6所示。

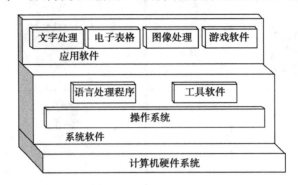

图 1.6　计算机硬件与软件的关系

操作系统的主要功能有处理器管理（CPU管理）、存储器管理、设备管理和文件管理等。目前常用的操作系统有Windows XP、Windows 7、UNIX、Linux等。

②语言处理程序。编写计算机程序所使用的程序设计语言分为机器语言、汇编语言和高级语言。用机器语言编写的是二进制指令代码程序，计算机能直接识别、执行。用汇编语言或高级语言编写的程序必须"翻译"成二进制代码程序后，计算机才能识别、执行。语言处理程序的功能就是"翻译"。语言处理程序包括汇编程序、编译程序和解释程序，汇编程序把用汇编语言编写的程序"汇编（翻译）"成二进制代码程序，编译程序或解释程序把用高级语言编写的程序"编译（翻译）"成二进制代码程序。

③工具软件。工具软件有时又称通用服务软件，是开发和研制各种软件、诊断测试系统的工具。常见的工具软件有诊断程序、调试程序、测试程序等。

（2）应用软件。应用软件是指为解决具体问题而编制的各种应用程序及有关文档，主要有字表处理软件、图形软件、杀毒软件等，如WPS、Flash等。它们运行在操作系统之上。

本书后续内容中如不特别说明，所指计算机均为多媒体计算机。

本 章 小 结

本章介绍了计算机、微型计算机、个人计算机及多媒体计算机的概念；介绍了微型计算机的系统组成，以及CPU、内存储器、总线、外部设备的概念及作用，微型计算机的工作过程；以多媒体计算机为例重点介绍了计算机的硬件及作用。

习　题　1

【基础知识】

1. 填空题

（1）计算机是_____电子设备。

（2）_____是决定一台计算机性能的核心部件，由_____和_____组成。

（3）CPU 中控制器的功能是_____；运算器的功能是_____和_____。

（4）按内存的使用，可将内存分为_____和_____。

（5）系统总线是 CPU 与其他部件之间传送数据、地址和控制信息的公共通道，根据传送内容的不同可分为_____、_____和_____。

（6）微机中，输入设备、输出设备统称为_____，通常通过_____与主机相连。

（7）如果把 CPU 执行指令的过程看作是工厂的一条生产流水线，则这条流水线至少包括_____个环节，分别是_____。

（8）在 CPU 中，指令寄存器的作用是_____；指令译码器的作用是_____；程序计数器的作用是_____。

（9）存储器用_____来区分不同的存储单元。

（10）和外存储器相比，内存储器的特点是：容量_____，速率_____，成本_____。

（11）存储器存储信息的多少称为_____，单位是_____，常用的单位还有_____、_____、_____等。

（12）计算机的字长是指_____，字长一般以_____为单位。

（13）_____是构成计算机系统的物质基础，而_____是计算机系统的灵魂，二者相辅相成，缺一不可。

（14）生活中人们所说的主机是指_____，与严格定义的主机概念有区别，后者把_____和_____称为主机。

（15）输入设备的作用是_____；输出设备的作用是_____。

2. 单项选择题

（1）CPU 的运算器是（　　）。
　　A. 加法器　　　　　　　　　　　　B. 移位器
　　C. 函数发生器　　　　　　　　　　D. 算术运算器和逻辑运算器

（2）再复杂的数据处理任务，CPU 也是通过（　　）完成的。
　　A. 算术运算和模拟运算　　　　　　B. 模拟运算和逻辑运算
　　C. 算术运算和逻辑运算　　　　　　D. 逻辑运算和统计运算

（3）以下不属于系统总线的是（　　）。
　　A. 内部总线　　B. 数据总线　　C. 地址总线　　D. 控制总线

（4）1 条地址线可以选择 0、1 两个存储单元，2 条地址线可以选择 00、01、10、11 四个存储单元……，10 条地址线可以选择（　　）个存储单元。
　　A. 20　　　　　B. 256　　　　C. 512　　　　D. 1024

（5）若内存储器中每个存储单元为 16b，则以下正确的是（　　）。
　　A. 地址线也是 16 位　　　　　　　B. 地址线与 16 位无关
　　C. 地址线与 16 位有关　　　　　　D. 地址线不得少于 16 位

（6）能够被计算机硬件直接识别的语言是（　　）。
　　A. 汇编语言　　B. 高级语言　　C. 机器语言　　D. 应用语言

（7）计算机软件被分为两大类，它们是（　　）。
　　A. 操作系统与应用软件　　　　　　B. 操作系统与系统软件
　　C. 控制软件与操作系统　　　　　　D. 系统软件与应用软件

（8）对计算机的软、硬件资源进行管理是（　　）的功能。
　　A. 操作系统　　B. 数据管理系统　　C. 语言处理程序　　D. 用户程序

（9）微机采用标准总线结构，使各部件或设备之间的关系成为（　　）的单一关系。

A. 面向 CPU　　　　B. 面向总线　　　　C. 面向计算机　　　　D. 面向用户

(10) 属于系统软件的是（　　）。

A. 迅雷　　　　B. 瑞星杀毒软件　　　　C. 金山词霸　　　　D. Linux

3. 多项选择题

(1) 存储器容量 1K 是指（　　）。

A. 1KB　　　　B. 2^{10}B　　　　C. 1kB　　　　D. 1000B

(2) 微机系统组成部分包括（　　）。

A. 系统软件　　　　B. 应用软件　　　　C. 外部设备　　　　D. 内部设备

(3) 系统软件的作用是（　　）。

A. 管理计算机资源　　B. 监控计算机资源　　C. 维护计算机资源　　D. 处理计算机资源

(4) 以下说法正确的是（　　）。

A. 操作系统是在硬件系统加载的第一层系统软件

B. 操作系统专门用于控制和管理计算机的硬件和其他软件

C. 操作系统提供用户对硬件和软件进行操作的界面

D. 操作系统是运行其他程序的基础和平台

(5) ROM 的特点是（　　）。

A. 断电后信息立即消失　　　　　　　　B. 能随时写入数据

C. 能随时读出数据　　　　　　　　　　D. 断电后信息仍能保持

(6) 计算机标准总线结构，使系统部件具有了（　　）。

A. 通用性　　　　B. 兼容性　　　　C. 稳定性　　　　D. 可替换性

(7) 语言处理程序包括（　　）。

A. 翻译程序　　　　B. 汇编程序　　　　C. 编译程序　　　　D. 解释程序

(8) 多媒体计算机能综合处理多种媒体信息，包括（　　）。

A. 文字　　　　B. 图形　　　　C. 动态影像　　　　D. 声音

(9) 以下（　　）是输出设备。

A. 移动硬盘　　　　B. 扫描仪　　　　C. 触摸屏　　　　D. 刻录机

(10) 应用软件是为解决具体问题而编制的（　　）。

A. 应用程序和有关文档　　　　　　　　B. 开发各种软件的工具

C. 诊断系统的工具　　　　　　　　　　D. 运行于操作系统之上的程序

4. 判断题

(1) 数字计算机中信息是以二进制代码形式存储的。

(2) 用高级程序设计语言（如 C 语言）编写的程序，计算机可以直接执行。

(3) 既然使用应用程序进行文字处理、图像处理等，则系统软件可有可无。

(4) CPU 指令译码器的作用是分析指令，确定指令所要求的操作，并产生相应的操作控制命令。

(5) 微型计算机采用标准总线结构，使得符合总线标准的部件在损坏时可以直接更换新的。

(6) 双向总线允许两个数据流在其上沿相反方向同时传送。

(7) 计算机运行时，CPU 可以直接与外存交换信息。

(8) PC 也是微机。

(9) 多媒体计算机不是微机。

(10) 在 Windows XP 环境中，执行"开始/控制面板/管理工具/服务"，将"Shell Hardware Detection"

服务设置为"自动",光驱的"自动运行"功能即可打开。此时使用的是应用程序。

【基本技能】

1. 判断你所使用的计算机是否是多媒体计算机。

2. 观察你所使用的计算机的外部配置情况,如鼠标、键盘的情况,显示器的情况,音箱的情况等。

3. 打开计算机的主机箱,识别内部的 CPU、主板、内存条、显卡、声卡、网卡、硬盘、光驱、软驱等。注意,机箱内部连线的走线位置有一定的要求,不能随意调整。

【能力拓展】

1. 了解你所在城市计算机配件市场的分布情况。

2. 登录网站:www.zol.com.cn,http://it.com.cn/diy,www.pconline.com.cn。了解计算机硬件市场的情况。

3. 走访一个计算机配件市场,观察计算机配件是如何销售的,可以与一些品牌代理商交流,咨询一些有关配件价格、质保(包括保换或保修)期等方面的问题。

4. 试着找一家专门组装计算机的商家,观察组装一台计算机的过程。

第 2 章 计算机硬件及其选购

知识目标

1. 熟悉多媒体计算机中各部件的名称、功能和性能指标；
2. 熟悉常见的计算机硬件英文缩写的含义；
3. 了解市场上的主流计算机部件及其选购方法。

技能目标

1. 能识别多媒体计算机的各组成部件；
2. 能识别各部件的各种接口；
3. 能初步了解市场行情，分清各部件的技术档次；
4. 能按照需求，根据各部件的基本性能指标进行选购和搭配。

多媒体计算机的基本硬件配置包括：CPU、主板、内存条、硬盘、光驱、显卡、声卡、机箱、键盘、鼠标、显示器、音箱及电源。本章主要讲述以上各硬件的基本概念、分类、性能指标及选购方法。

2.1 中央处理器（CPU）

CPU 作为计算机系统的核心部件，其性能在一定程度上决定了整个计算机系统的性能。

CPU 外形呈矩形片状，如图 2.1(a)所示，中间薄薄的长方形或正方形的凸起部分是用塑料或陶瓷材料封装的硅晶片，称为 CPU 的核心或内核，英文为 die，其上集成了数以亿计的晶体管，构成 CPU 的控制器、运算器等。

CPU 核心的工作强度很大，发热量也大，为了帮助它散热，有些 CPU 加装了金属盖，如图 2.1(b)所示。金属盖不仅增大了核心的散热面积，同时也起到了一定的保护作用，使其免受意外伤害。CPU 基板的背面是许多镀金的引脚，形状或为针状或为点状，如图 2.2 所示，它们是 CPU 与外部电路连接的通道。

2.1.1 CPU 主要性能指标

1. 主频

主频又称 CPU 的时钟频率或 CPU 内部总线频率，是 CPU 核心电路的实际运行频率，即 CPU 自身的工作频率，单位是 GHz 或 MHz。一般来说，CPU 在一个时钟周期完成的指令数是固定的，所以主频越高，CPU 的运行速度越快。但由于各种 CPU 的内部结构不尽相同，所以不能完全用主频概括 CPU 的性能。

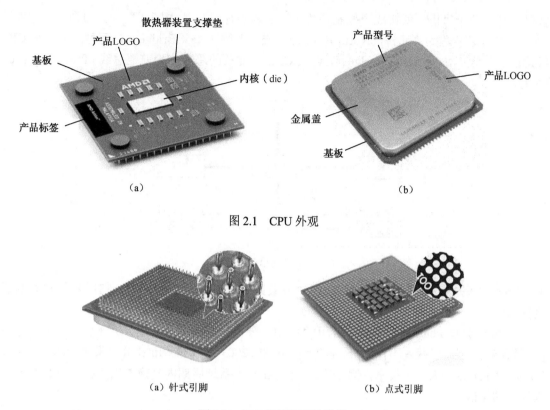

图 2.1 CPU 外观

（a）针式引脚　　　　　　　（b）点式引脚

图 2.2 CPU 基板背面的引脚

2．外频

外频是主板上晶体振荡电路为 CPU 提供的基准频率，单位是 MHz。外频实质上也是整个计算机系统的基准频率，系统中大多数部件和设备的工作频率都是在外频的基础上乘以一定的倍数得到的，倍数可以大于 1 也可以小于 1。外频越高，CPU 与其他部件间的数据传输速率越快，整机的性能越好。

3．倍频

倍频系数简称倍频。CPU 的核心工作频率与外频之间存在着一个比值关系，这个比值就是倍频。主频、外频和倍频三者之间的关系为：主频＝外频×倍频。

倍频以 0.5 为一个间隔单位，理论值从 1.5 到无穷大。后续内容将介绍，通过主板上的跳线或者 CMOS 设置，可对外频和倍频进行设置，其中任何一项增大都可以使 CPU 主频升高。

需要注意，当设置 CPU 工作频率超过标称值主频，即超频时，虽使 CPU 运行速度得到了提高，但会加大 CPU 的功耗，使 CPU 温度升高。CPU 温度太高，不仅会经常出现死机现象，还会缩短 CPU 寿命，甚至烧坏 CPU 芯片。鉴于上述原因，有些 CPU 采取了"锁倍频"或"封顶锁定"技术，后者虽能改变倍频，但因最大值锁定，使得倍频的设置不会超过其最大值。

需要说明，对于一块芯片包含多个 CPU 核心的多核处理器，以上介绍的主频、外频和倍频都是指每个核的参数。

4．总线频率

（1）FSB 频率。CPU 通过主板上的"桥"与内存等实现通信。换句话说，CPU 与内存、显卡之间，内存与其他部件之间的通信是由"桥"电路芯片控制的，因此，称这些"桥"为控制芯片，两个"桥"就构成了控制芯片组（简称芯片组），如图 2.3 所示。习惯上，把靠近 CPU 的控制芯片称为"北桥（North Bridge）"或"主桥（Host Bridge）"，而称另一个离 CPU 较远的芯片为"南桥（South Bridge）"。连接 CPU 与北桥的总线称为前端总线（Front Side Bus，FSB）。

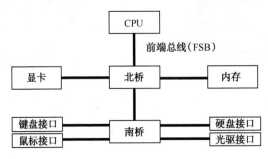

图 2.3　前端总线的位置

FSB 频率是指 CPU 与北桥之间每秒交换数据的次数，单位是 MHz。它反映了 FSB 传输数据的速率。

在 Intel 公司 Pentium（奔腾）Ⅱ/Ⅲ和 AMD 公司早期 Athlon（速龙）平台上，FSB 频率与外频相同，因此对两者不作区分。自 Pentium M（2003 年）之后 Intel 公司采用 Quad-pumped（QDR，Quad Data Rate）技术，使 CPU 与北桥在一个系统周期内交换 4 次数据，即 FSB 频率为外频的 4 倍。

现在主流 PC 的 FSB 频率有 800、1066、1333MHz。目前最高值为 1600MHz。FSB 频率越高，表明 CPU 与北桥之间的数据传输能力越强，在 CPU 快速运算时就能保障有足够的数据供给 CPU 处理，充分发挥 CPU 的功能。FSB 频率由 CPU 和北桥共同决定。

有些 CPU 使用数据带宽来衡量 FSB 数据传输速率，单位是 GB/s。数据带宽计算公式如下：数据带宽＝总线频率×数据位宽。

例如，FSB 频率为 800MHz，数据位宽 64b，则每秒 FSB 的数据传输量即数据带宽为：

$$800\text{MHz} \times 64\text{b} = 800 \times 10^6 \times 64\text{b/s} = 6.4 \times 10^9 \text{B/s} = 6.4\text{GB/s}$$

（2）QPI 频率。QPI（Quick Path Interconnect）是快速通道互连技术。QPI 总线用于多核处理器核与核之间、核与桥之间的互连，如图 2.4（a）所示。QPI 频率是指 QPI 总线每秒交换数据的次数，单位是次每秒，记作 T/s。

QPI 是双向传输的，在发送数据的同时也可以接收数据。单向数据位宽是 20b，其中 16b 是有效数据，其余 4b 用于循环冗余校验。因此，QPI 总线的数据总带宽＝QPI 频率×有效数据位宽×双向传输。例如，QPI 频率为 4.8GT/s，数据总带宽为 19.2GB/s。目前 QPI 频率有 4.8GT/s、5.2GT/s 和 6.4GT/s 三种。

Intel 第二代酷睿（Core）处理器首次发布的 i7 系列开始使用 QPI，并将内存的控制电路（称之为内存控制器）由北桥集成至 CPU 芯片中，这样，处理器与内存的通信也就不再通过北桥，如图 2.4（b）所示。

（3）DMI 频率。DMI（Direct Media Interface）称为直接媒体接口，DMI 总线主要用于南北桥芯片之间的连接，如图 2.4（b）所示。第二代酷睿处理器 i5 系列将计算机的图形显示核心也整合到了处理器封装中，称之为核芯显卡，如图 2.5 所示，取消了北桥，处理器与控制芯片 PCH（Platform Controller Hub）之间使用了 DMI 总线。

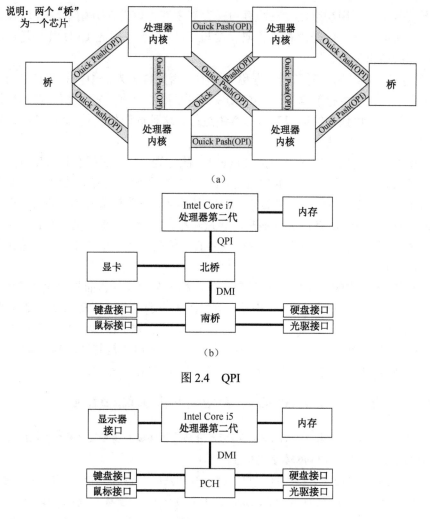

图 2.4　QPI

图 2.5　DMI

DMI 频率是指 DMI 总线每秒交换数据的次数,单位是 T/s。DMI 支持双向并发传输(也称为全双工)。图 2.5 中,DMI 频率为 2.5GT/s,单向带宽为 2GB/s,双向带宽可达 4GB/s。在第三代酷睿处理器中使用的是第二代 DMI,频率为 5GT/s。

(4)HT 总线频率。HyperTransport 总线称为超传输总线或 HT 总线,迄今已推出 5 个版本:1.0、1.1、2.0、3.0、3.1。该总线在 1 个周期内能传输数据 2 次,且支持双向并发传输。

AMD CPU 与桥之间采用的是 16 位 HT 总线。以前 HT 总线频率用 FSB 频率表示,单位是 MHz,其值是 CPU 外频的 2 倍,现在用总线每秒交换数据的次数表示,单位是 T/s。例如,AMD FX 处理器 HT 总线技术支持最高 5600MT/s 全双工。

5．缓存

高速缓冲存储器简称缓存,英文名为 Cache,通常由 SRAM(Static RAM,静态 RAM)组成,存取速度极高。它位于 CPU 和主存之间,受制造工艺、价格等限制,一般容量较小。

主存储器通常由 DRAM(Dynamic RAM,动态 RAM)组成,存取速度低于 CPU 的运行速度,而 CPU 每执行一条指令都要一次或多次访问主存,所以 CPU 总要处于等待状态,严重降低了系统效率。采用缓存后，在缓存中保存着主存内容的部分副本，CPU 在执行读、写操作时，首先访问缓存。由于缓存的存取速度与 CPU 相当，因此 CPU 几乎是在零等待状态下就能迅速完成数据的读、写。

CPU 在访问缓存时找到所需的数据称为命中，否则称为未命中。只有在未命中时，CPU 才去访问主存，在读取主存数据并送给 CPU 处理的同时，也把这个数据所在的数据块调入缓存，使得以后对整块数据的读取都从缓存中进行。这种读取机制使 CPU 读取缓存的命中率非常高，大多数可达 90%左右。

目前，所有 CPU 都具有一级缓存（Level 1，简记为 L1）、二级缓存（Level 2，简记 L2）和三级缓存（Level 3，简记 L3），少数高端 CPU 还集成了四级缓存。其中，L1 又分为一级指令缓存（I-L1）和一级数据缓存（D-L1）。I-L1 用于存储各类运算指令，D-L1 用于存储 CPU 运算所需的数据。由于 L1 制造成本很高，容量较小，因此 L2 就作为 L1 的补充，用来存储 CPU 需要调用，而 L1 又存储不下的数据。L2 的单位制造成本相比 L1 低，因此容量较大。同理，L3 则作为 L2 的补充。

集成在 CPU 内核中的缓存与 CPU 同频工作，称为全速运行；而外置缓存工作频率都低于 CPU 的主频。目前 L1 都集成到 CPU 内核，容量基本不超过 128 KB。L2、L3 也集成在 CPU 芯片中。L2 的容量差别较大，高端 CPU 可到 2048 KB，低端 CPU 为 512 KB 或 256 KB。由于现今处理器都是多核，以上 L1、L2 一般都是每核独有，而 L3 是共享，容量可达 8 MB。

CPU 读取数据时，寻找顺序依次为 L1、L2、L3、主存、外存。

📖 知识拓展——二级缓存容量对 CPU 性能的影响

目前 AMD 公司与 Intel 公司生产的 CPU 其 D-L1 分别采用实数据读写缓存架构和数据代码指令追踪缓存架构。两种缓存架构对 L2 容量的需求也不相同。

实数据读写缓存架构的 D-L1 主要存储 CPU 最先读取的数据，而更多的读取数据分别存储在 L2 和内存中。例如，CPU 要读取"AMD CPU IS VERY GOOD"这串数据（不记空格），首先被读取的"AMDC"将被存储在 D-L1 中，其余"PUISV"、"ERYGOOD"则分别存储在 L2 和内存中。D-L1 和 L2 所能存储数据的长度由缓存容量决定，容量越大，存储的数据越长。实数据读写缓存的优点是数据读取直接、快速，但需要 D-L1 具有一定的容量，因此增加了 CPU 的制造难度。

数据代码指令追踪缓存架构的 D-L1 不存储实际的数据，而是存储数据在 L2 中的指令代码，即数据在 L2 中存储的起始地址。例如，CPU 读取"INTEL CPU IS VERY GOOD"，以上所有数据将被存储在 L2 中，如果存储起始地址为"10"，则 D-L1 需要存储的仅仅是上述数据的起始地址"10"。由于 D-L1 不再存储实际数据，因此极大地降低了 CPU 对 D-L1 容量的要求，减小了 CPU 的制造难度。其缺点是数据的读取效率较低，并且对 L2 容量的依赖性非常大。

由上可见，L2 容量越大，CPU 的性能越好，但这不意味 L2 容量加倍就能使 CPU 的性能成倍增长。因为 CPU 处理的绝大部分数据大小在 0~256KB 之间，小部分在 256~512KB 之间，极少数超过 512KB，所以只要 L1、L2 容量达到 256KB 以上就能满足一般应用需求。但如果 CPU 处于高负荷运算，如处理流媒体信息时，L1 和 L2 近乎"爆满"，此时使用大容量的 L2 能使 CPU 的性能提高 5%~10%。

6. 扩展指令集

CPU 通过执行指令完成运算和控制系统。每种 CPU 在设计时都规定了与其硬件电路相配合的指令系统，即能执行的全部指令的集合。因此，指令集反映了 CPU 功能的强弱，是 CPU 的重要指标。

目前，Intel 和 AMD 的 PC CPU 扩展指令集是指在 x86 指令集（1978 年 Intel 公司生产的第一块 16 位微处理器命名为 i8086，为该芯片开发的指令集）基础上，为了提高 CPU 性能而开发的指令集。这些指令集能够提高 CPU 对某些方面的处理能力，但需要有必要的软件支持。常见的扩展指令集有 Intel 的 MMX（Multi Media eXtended）、SSE（Streaming-Single instruction multiple data-Extensions）、SSE2、SSE3、SSSE3、SSE4（SSE4.1、SSE4.2）、AVX 和 AMD 的 3D Now!、FMA4 和 XOP 等，分别增强了 CPU 对多媒体信息、因特网数据流、视频信息和三维（3Dimension，缩写 3D）数据等的处理能力。此外，Intel AES-NI 指令集用于加速 AES（Advanced Encryption Standard）加密解密处理过程。

📖 知识拓展——CPU 64 位技术

64 位技术已在 CPU 上普及，但要注意，目前台式机 64 位 CPU 仍然还是基于 x86IA-32（Intel Architecture-32）架构，而不是 IA-64 架构。这里的 64 位 CPU 是指 CPU 的通用寄存器 GPR（General-Purpose Register）的数据宽度为 64 位，也就是说 CPU 可一次运算 64 位数据。使用 64 位技术运算有两大优点：可以进行更大范围的整数运算；支持更大容量的内存（32 位技术能支持的最大内存是 4GB，64 位最高达 64GB）。因此不能只看 64 位是 32 位的两倍，就认为 64 位 CPU 的性能是 32 位 CPU 性能的两倍。在目前 32 位主流平台下，32 位 CPU 在某些方面的性能甚至比 64 位 CPU 还要强。

目前主流 CPU 使用的 64 位技术主要有 AMD 公司的 AMD64 位和 Intel 公司的 EM64T，而这两项技术都是基于 IA-32 体系的。真正的 IA-64 体系 CPU 只有 Intel 独立开发，不兼容现有 32 位计算机的 Itanium（安腾，用于服务器的 CPU）及其后续产品。

① AMD64 位技术。该技术是在 32 位 x86 指令集的基础上加入了 x86-64，即扩展 64 位 x86 指令集，使 CPU 芯片在硬件上兼容原 32 位 x86 软件，同时支持 x86-64 的扩展 64 位计算，具有 64 位访问内存地址的能力。

标准 x86 架构包括 8 组 GPR，x86-64 架构又增加 8 组，因此能提供更快速的执行效率。同时增加了 8 组 128 位 XMM 寄存器（也称 SSE 寄存器），不仅能给单指令多数据流技术（SIMD）运算提供更多的存储空间，还能提供在矢量和标量计算模式下进行 128 位双精度数据的处理，为 3D 数据处理、矢量分析和虚拟技术提供了良好的硬件基础。由于提供了更多的寄存器，按照 x86-64 标准生产的 CPU 可以更有效率地处理数据，在一个时钟周期内能够传输更多的信息。

② EM64T 技术。EM64T（Extended Memory 64 Technology，扩展 64 位内存技术）是 Intel IA-32 架构的扩展，即 IA-32e。IA-32 CPU 是指 Intel 32 位 x86 系列 CPU。IA-32CPU 通过附加 EM64T 技术，便可在兼容 IA-32 软件的情况下，允许软件利用更多的内存空间。EM64T 特别强调对 32 位和 64 位的兼容性，增加了 8 个 64 位 GPR，并把原 GPR 全部扩展为 64 位，以提高整数运算能力；同时增加了 8 个 128 位 SSE 寄存器，用于增强执行多媒体指令的性能，包括对 SSE、SSE2 和 SSE3 的支持。

支持 EM64T 技术的 CPU 有两种工作模式：IA-32 传统模式和 IA-32e 扩展模式（也称长模式）。利用扩展功能激活寄存器（Extended Feature Enable Register，IA32_EFER）的第 10 位 Bit10 控制 EM64T 是否激活，即 IA-32 模式有效或长模式有效（Long Mode Active，LMA）。当设置 LMA = 0 时，CPU 作为标准的 32 位 CPU 运行在传统 IA-32 模式下；当 LMA = 1 时，EM64T 被激活，CPU 运行在 IA-32e 扩展模式下。EM64T 是否被激活，由厂商生产 CPU 时设定。

③ IA-64 架构。此架构就是 EPIC（Explicitly Parallel Instruction Computing，并行指令代码）64 位架构，本身不能执行 x86 指令，但能通过译码器兼容 x86 指令，只是运算速度比真正的 32 位芯片有所下降。

IA-64 体系采用精简指令集 RISC（Reduced Instruction Set Computing），在对指令的处理速度上明显优于

复杂指令集CISC（Complex Instruction Set Computing）IA-32体系。x86指令集属于CISC，该体系中所有工序都集中于CPU运行，CPU容易过负荷，且工作效率较低。后来发现，使用中约有80%的程序只用到CISC中20%的指令，过于冗余的指令集严重影响了计算机的工作效率，因此提出了RISC的概念。

与CISC不同，RISC指令数目少，指令长度单一（一般4个字节）。由于大多数操作都是寄存器到寄存器之间的操作，只以简单的Load（读取）和Store（存储）操作访问内存，因此，每条指令访问的内存地址不超过1个，访问内存操作与算术操作不会混在一起。RISC可以大大简化CPU的控制器和其他功能单元的设计，不必使用大量的专用寄存器，特别是允许以硬件线路实现指令操作，从而能快速地直接执行指令。另外，RISC加强了并行处理能力，非常适合采用CPU的流水线、超流水线和超标量技术，提高CPU的性能。

7. 工作电压

CPU的工作电压分为核心电压和I/O电压。核心电压是驱动CPU核心电路工作的电压，I/O电压则是驱动CPU输入/输出电路的电压。CPU的核心电压小于或等于I/O电压。

CPU核心电压的大小与其制造工艺有关。近年来随着制造工艺的提高，核心电压有逐步下降的趋势。核心电压低，CPU的功耗小，发热量就少。目前PC的CPU核心电压基本都在1.5V以下。

早期通过主板跳线设定CPU电压不仅操作不便，且稍有不慎就可能因设定电压过高而烧毁CPU。为了解决这一问题，Intel公司从Pentium II开始采用自适应电压调节技术——电压识别（Voltage Identification，VID）技术。该技术通过CPU的VID引脚输出的编码控制主板中嵌入的电压调节器，自动设置CPU核心电压。用户也可以通过CMOS设置或一些专门的软件对VID编码进行修改，十分方便。目前，CPU智能化的动态电压调节（Dynamic Voltage Adjusting，DVA）技术不仅能向CPU核心提供稳定的工作电压，提高CPU工作的稳定性，还可以根据CPU的空闲状况，动态地将供电电压调节到某一时刻CPU所需的最低值，使供电电压恰好满足需求，实现最大限度的节能。而当电流猛增时能够限制电流增加，保护CPU不因发热过多而烧毁。CPU采用动态供电电压后，在封装上也就不再标明默认内核电压值了。

8. 功耗

CPU的功耗分为散热设计功耗TDP（Thermal Design Power）和实际功耗。TDP即标称功耗，是指CPU对应系列的最终版本（具有最高性能的型号）在满负荷（CPU利用率100%）时可能达到的最高散热功率。实际功耗是指CPU实际运行时所消耗的功率。TDP对散热器/风扇生产商、机箱生产商以及计算机系统生产商有用，对一个TDP值只要设计一套CPU散热方案即可。用户关注的是CPU实际功耗，但实际功耗与实际应用联系在一起，而且和CPU采用的节能技术密切相关，所以无法得到统一的结果，即使有也是典型应用的实际测试值。

9. 制造工艺

制造工艺用制程来衡量。制程是指CPU芯片上逻辑门电路之间连线的宽度，单位是μm或nm。制程越小，芯片集成度越高，在不增加芯片面积的情况下，可以扩展CPU的新功能，降低功耗，提高主频。另外集成度的提高可以使处理器的单位制造成本降低。

目前，CPU的制程主要有45nm、32nm和22nm。Intel的下一个目标是14nm制程。

10. 封装

CPU封装是采用特定材料将CPU芯片固化在其中的技术。封装不仅起到固定、密封、保护芯片和增强导热性能的作用，而且还通过封装引脚使芯片内部电路与其他部件相连接。因此，封装CPU是CPU制造工艺中非常关键的技术。

随着 CPU 的主频越来越高，功能越来越强，引脚数越来越多，CPU 封装的外形也在不断变化。封装时主要考虑的因素有：
➢ 为提高封装效率，芯片面积与封装面积之比尽量接近 1∶1；
➢ 为减小传输延迟引脚应尽量短，为减少相互干扰引脚间距离应尽量远；
➢ 基于散热要求，封装越薄越好。

CPU 封装形式举例如图 2.6 所示，下面简要介绍图示各种封装。

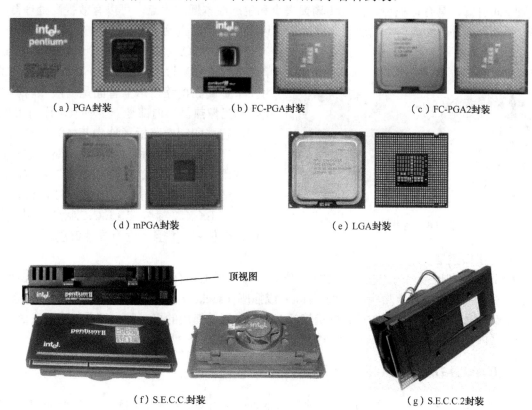

图 2.6 CPU 封装举例

① PGA（Pin Grid Array，针脚栅格阵列）封装，如图 2.6（a）所示。芯片底部有多个插针排成内外方阵形，每个方阵形插针沿芯片四周间隔一定距离排列，根据引脚数目多少，可以围成 2～5 圈。

② FC-PGA（Flip Chip-PGA，反转芯片针脚栅格阵列）封装，如图 2.6（b）所示。芯片反转，片模在处理器上部暴露，使热量解决方案可直接用到片模上，以更有效地冷却芯片。为了通过隔绝电源信号和接地信号来提高封装性能，在其底部电容放置区域（处理器中心）安有离散电容和电阻。

③ FC-PGA2 封装，如图 2.6（c）所示。与 FC-PGA 的区别是其增加了集成式散热器 IHS（Integrated Heat Spreader），如图 2.7 所示。IHS 是在生产时直接安装到处理器片上的，与片模有很好的热接触，同时提供了更大的表面积以更好地发散热量，所以显著增加了热传导。

④ mPGA（micro PGA，微型针脚栅格阵列）封装，如图 2.6（d）所示。相对于 FC-PGA，其针脚更细小，针脚数更多，分布更密集。

FC-PGA2封装　　　　　　　　　　　FC-PGA封装

图 2.7　FC-PGA2 封装的 IHS

⑤ LGA（Land Grid Array，触点栅格阵列）封装，如图 2.6（e）所示。使用微小的椭圆形触点式引脚，具有体积小、信号传输损失少和生产成本低的优点，可以有效提高处理器的信号强度、与外部交换信息的速率，同时也可以提高产品的良品率、降低生产成本。

⑥ S.E.C.C.（Single Edge Contact Cartridge，单边接触卡盒）封装，如图 2.6（f）所示。外部用一个金属壳覆盖，卡盒背面是一层热材料镀层，充当散热器。内部是一个板卡，称为 CPU 子卡，它用印制电路板（称为基体）连接起处理器、二级高速缓存和总线终止电路。这种封装不使用针脚，使用的是"金手指"触点，即印制电路板上的覆铜导线，如图 2.8 所示。

⑦ S.E.C.C.2 封装较 S.E.C.C.封装使用更少的保护性包装，并且不含有导热镀层。

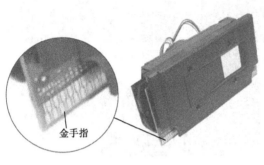

图 2.8　金手指

11. 接口类型

CPU 需要通过接口与主板连接才能工作。接口类型主要有引脚式、卡式、触点式、针脚式等，对应到主板上就有相应的插槽（slot）或插座（socket）。接口类型不同，金手指指数、针数或触点数，以及接点的布局、形状等都有变化。目前使用的接口基本都是触点式（LGA）和针式（PGA），如 LGA1155（1155 个触点）、Socket AM3+（938 个针）。

📖 知识拓展——CPU 中使用的技术（一）

① 流水线、超流水线和超标量技术。流水线（pipeline）是 Intel 公司首次在 486 芯片中开始使用的，其工作方式就像工业生产的装配流水线。在 CPU 中由 5~6 个不同功能的电路单元组成一条指令的处理流水线，然后将一条 x86 指令分成 5~6 步后再由这些电路单元分别执行，这样就能实现在一个 CPU 时钟周期完成一条指令，提高 CPU 的运算速度。到了 Pentium 时代，CPU 中设置了两条各自独立的流水线，两条流水线同时执行两条指令，因此实现了在一个时钟周期完成两条指令的目的。

超流水线是指 CPU 内部流水线长度超过 5~6 步以上，例如 Pentium pro 的流水线长达 14 步。流水线步（级）数越多，完成一条指令的速度越快，能支持的 CPU 主频更高。

超标量（super scalar）是指 CPU 中有一条以上的流水线，并且每个时钟周期完成一条以上的指令。

② 乱序执行技术。乱序执行（out-of-order execution）是指 CPU 将多条指令不按程序顺序，而发送给各相应电路单元处理的技术。例如，某程序段有 7 条指令，此时 CPU 根据对各单元电路的空闲状态和各指令能否提前执行的具体情况进行分析后，将能提前执行的指令立即发送给相应的电路执行。当然在各单元不按规定顺序执行完指令后，还必须由相应电路再将运算结果重新按原来程序指定的指令顺序排列后才能返回程序。采用乱序执行技术的目的是为了使 CPU 内部电路满负荷运转，提高 CPU 运行程序的速度。

③ 分枝预测和推测执行技术。分枝是指程序运行时需要改变的节点，可以分为无条件分枝和有条件分枝。其中无条件分枝只需 CPU 按指令顺序执行，而有条件分枝则必须根据处理结果再决定程序运行方向是否改变。因此需要用"分枝预测（branch prediction）"技术处理的是条件分枝。

分枝预测和推测执行（speculation execution）属CPU动态执行技术，主要目的是为了提高CPU的运算速度。推测执行依托于分枝预测基础之上，在分枝预测程序是否分枝后所进行的处理也就是推测执行。

由于程序中的条件分枝是根据程序指令在流水线处理后的结果再执行的，所以当CPU等待指令结果时，流水线的前级电路也处于空闲状态等待分枝指令。如果CPU能在前条指令结果出来之前就能预测到分枝是否转移，那么就可以提前执行相应的指令，避免流水线的空闲等待，相应也就提高了CPU的运算速度。但另一方面，一旦前指令结果出来后证明分枝预测错误，就必须将已经装入流水线执行的指令和结果全部清除，然后再装入正确指令重新处理，这样就比不进行分枝预测还慢。因此，推测执行时的分枝预测准确性至关重要。目前Intel公司通过努力，使分枝预测正确率已达到90%。

④ 超线程技术。超线程（Hyper Threading, HT）技术指一个物理CPU能够同时执行两个独立的代码流（称为线程）。从体系结构上讲，一个具有超线程技术的CPU包含两个逻辑CPU，其中每个逻辑CPU都有自己的架构中心。在加电初始化后，每个逻辑CPU都可以单独被停止、中断或安排执行某一特定线程，而不影响另一逻辑CPU的性能。因此，来自两个线程的指令可以同时被发送到CPU，CPU"并发"执行这两个线程。使用乱序指令调度，可使在每个时钟周期内有尽可能多的执行单元投入运行。

虽然超线程技术能同时执行两个线程，但它并不是两个真正的CPU，具有各自独立的资源。两个逻辑CPU需要共享CPU的执行资源，其中包括执行引擎、高速缓存、系统总线接口等。因此，当两个线程同时需要某一共享资源时，其中一个要暂停并让出资源，直到这些资源闲置后才能继续使用。

有超线程技术的CPU需要芯片组、软件的支持才能发挥其优势。在CMOS设置中将CPU超线程打开，允许超线程运行后，在操作系统中可以看到CPU的数量是实际物理CPU数量的两倍。如果有软件不支持超线程运行，打开超线程后可能会导致某些问题，速度也不一定能提高。

2.1.2　CPU散热器

CPU工作时会产生大量热量，为了及时散发热量，需要为CPU安装散热装置。按散热机制的不同，可将CPU散热装置分为半导体制冷、水冷和风冷散热。半导体制冷、水冷设备安装繁琐，成本较高；而风冷散热成本较低，安装便捷，最为常用。以下介绍风冷散热结构。

不同系列、不同型号的CPU封装不同，所需的散热器也不同。如图2.9所示是Intel公司和AMD公司生产的CPU风冷散热器举例。

（a）Intel公司生产的散热器　　　　　　（b）AMD公司生产的散热器

图2.9　CPU散热器举例

通常，风冷散热器由以下几个部分组成。

（1）底座与散热片。铜和铝常用来做散热器的底座和散热叶片。铜比铝的热传导快，散热效果好，但价格昂贵。因此，绝大多数散热片用铝合金，高端 CPU 的散热器底座用铜。

影响散热效果的另一主要因素是散热片的表面积。因为散热片的热是经流动的冷空气带走的，与空气接触的面积越大，相应的热交换面积越大，散热速率越快。所以散热片越薄越密集、表面积越大，散热效果越好。

（2）风扇。风扇作为风冷散热器的最主要组成部分，其质量很大程度上决定了散热器的散热效果和使用寿命。衡量风扇性能好坏的主要指标有风量、噪声、风压大小、采用的轴承及使用寿命等。

（3）扣具。扣具是固定 CPU 散热器的装置。它需要承受的压力必须达到一定的标准之上，且有足够的强度应付冲击和长期的金属疲劳变化，以使散热器底面能与 CPU 表面紧密接触，保障长期稳定的散热效果。如图 2.10 所示是 CPU 散热器扣具举例。

图 2.10　CPU 散热器扣具举例

2.1.3　CPU 实例

1．CPU 主流产品简介

目前，市场上主流 CPU 产品主要由 Intel 公司和 AMD 公司生产。两公司的同级产品性能相近，各有千秋，但 AMD 的价格相对略低。

（1）Intel CPU。目前 Intel CPU 主流产品是酷睿第四代、第三代和第二代，每代又分 i7、i5、i3 三个系列。各代产品在推出时的三系列定位是：i3 是低端入门级产品，能满足一般娱乐、学习的要求；i5 是中端产品；i7 属高端产品，适于超炫娱乐、高清数字摄影和视频编辑等运行要求苛刻的应用场合。此外，还有性价比较高的低端入门级产品 Pentium E/G 两系列。

对 Intel CPU 更详细的介绍请参阅 www.intel.com.cn 网站中产品介绍。

（2）AMD CPU。目前，AMD CPU 主要有针对入门级市场的闪龙（Sempron）系列，面向主流市场的速龙 II（Athlon II）系列，以及面向高端市场的羿龙 II（Phenom II）系列。最新的是 FX 系列，面向高、中、低端市场有不同的产品。

A 系列产品即 APU（Accelerated Processing Unit）称为加速处理器，它将多核处理器和显示核心制作在一块芯片上，适于高清娱乐、高速因特网浏览以及流畅的媒体应用等。

关于 AMD CPU 详细介绍请参阅 www.amd.com.cn 网站介绍。

📖 知识拓展——微架构与核心代号

微架构是指 CPU 的组织、结构。为区别同一微架构下不同类型的核心，又给核心赋予代号。代号不同，CPU 的核心数、工作频率、制程、支持的指令集等就不同；而代号相同，型号不同，CPU 的工作频率、缓存大小等性能也不同。

Intel CPU 近期产品中，Nehalem 微架构 45nm 制程核心是 Nehalem，32nm 制程核心是 Westmere；Sandy Bridge 微架构 32nm 制程为 Sandy Bridge，22nm 制程为 Ivy Bridge；Haswell 微架构 22nm 制程为 Haswell。酷睿微架构第一代产品是 Nehalem，第二代是 Sandy Bridge，第三代是 Ivy Bridge，第四代为 Haswell。

AMD CPU 近期产品中 K10 微架构 45nm 制程核心是 Phenom II-Star、Thubans、Deneb、Athlon II-Propus、Regor、Rana。32nm 制程 Bulldozer 微架构 FX-Bulldozer、Vishera，APU 微架构 A-Llano、Piledriver、Trinity。

一般来说，新核心类型比老核心类型具有更好的性能，但也不是绝对的，这种情况通常发生在新核心类型刚推出时，由于技术不完善或新的架构和制造工艺不成熟等原因所致。但随着技术的进步，以及 CPU 生产商对新核心的不断改进和完善，新核心中后期产品的性能必然会超过老核心产品的性能。

2. CPU 型号命名方法

首先介绍目前主流 CPU 型号的命名方法。AMD FX 系列 CPU 的命名方法是 FD$n$xxxWMWm$KGU，其中，$n$ 表示核心数，取值分别为 4、6、8；xxx 为 3 位数字，在相同核心数的前提下，数字越大，性能越好，主频越高。所有系列中，如果型号有后缀字母 K 则称为黑盒版，可以使用 AMD Overdrive 和 Catalyst Control Center 软件套件对其超频。

Intel CPU 的命名方法如图 2.11 所示。

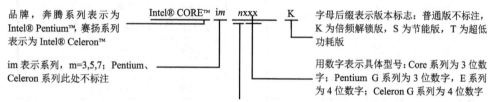

图 2.11　Intel CPU 命名

📖 知识拓展——CPU 中使用的技术（二）

① Turbo Boost 与 Turbo CORE。Turbo Boost 即 Intel 睿频加速技术，是指处理器自动判断其当前工作功率、电流和温度是否达到极限值，如果未达到便逐渐提高活动核心的频率并关闭未使用的核心，以提高当前任务的处理速度。带有核显的处理器也会提高核显的频率。CPU 加速至所允许的最大频率值称为最大睿频。是否启用睿频加速可以在 CMOS 和操作系统中设置。注意，不是所有的 Intel CPU 都具有 Turbo Boost 功能。

AMD Turbo CORE 也是为了在 TDP 允许范围内，尽可能提高运行核心的频率，以达到提升 CPU 工作速率的技术。因为 AMD 没有 Intel 电源门控（Power Gating）技术，采用的是电源管理状态（P-State）切换，这种技术只能降低空闲核心的频率而不能将其断电关闭。AMD 新推出的 CPU 电源管理技术——PowerNow! 3.0 可以根据处理器需求即时调整每个核心的性能状态和特性，并能关闭空闲核心的电源。

② Intel VT 与 AMD-V。两者都为虚拟化技术 VT（Virtualization Technology）。

计算机操作系统运行时完全占用全部硬件资源。因此，一台计算机只能装载一个操作系统。虚拟化技术是指把一台计算机在逻辑上分割成几个虚拟机，每个虚拟机均配有独立的硬件资源，从而在各虚拟机上能够分别独立运行各自的操作系统，实现在一台计算机上同时运行多个不同操作系统的技术。

VT 与 Multi-Tasking（多任务）、Hyper Threading 技术完全不同。Multi-Tasking 是指在一个操作系统中有多个程序同时并行运行；VT 是指有多个操作系统同时运行，每个操作系统中又都有多个程序运行，一个操作系统运行在一个虚拟机上；Hyper Threading 只是单 CPU 模拟双 CPU 提高程序运行性能，由于这两个模拟 CPU 共享内存子系统以及总线结构，因此不能分离，只能协同工作。如果一个 CPU 同时支持以上技术的话，就是每一个虚拟 CPU 在各自的操作系统中都被看成是两个多任务处理的 CPU。

3. CPU 实例

AMD CPU 和 Intel CPU 举例分别如表 2.1、表 2.2 所示。

表 2.1 FX-8350 参数

主要参数	
适用类型	台式机
CPU 系列	FX
型号	FX-8350
接口类型	Socket AM3+
核心代号	Vishera
制程工艺	32nm
核心数量	八核
线程数	八线程
主频	4GHz
Turbo Core	支持
动态加速	4.2GHz
一级缓存	128KB
二级缓存	8MB
三级缓存	8MB
功能参数	
指令集	MMX（+），SSE（1，2，3，3S，4.1，4.2，4A），x86-64，AES，AVX，XOP
内存控制器	双通道 DDR3 1866MHz
64 位处理器	是
虚拟化技术	AMD-V
TDP	125W
其他参数	
包装形式	盒装
属性关键字	64 位处理器，八核处理器

表 2.2 CORE i5 4570 参数

主要参数	
适用类型	台式机
型号	Core i5 4570
接口类型	LGA 1150
核心代号	Haswell
生产工艺	22nm
核心数量	四核
线程数	四线程
主频	3.2GHz
Turbo Boost	支持
动态加速	3.6GHz
外频	350MHz
一级缓存	4×64KB
二级缓存	4×256KB
三级缓存	6MB
功能参数	
显示核心型号	Intel HD Graphic 4600
内存控制器	双通道 DDR3 1333/1600
超线程技术	无超线程技术
64 位处理器	是
虚拟化技术	Intel VT
TDP	84W
指令集	AES、AVX2
其他参数	
包装形式	盒装
属性关键字	64 位处理器，四核处理器

2.1.4 选购 CPU

CPU 是计算机中最重要的部件之一，其性能直接影响到整机的性能，因此 CPU 的选购非常重要。目前，CPU 可选择的范围很大，有高端产品，也有低端产品，且在每一档次上都有不同选择。因此，选购时要根据需求，准确定位，结合应用和财力综合考虑，做出合理的选择。选购 CPU 时需要考虑以下几点。

（1）按需选购。不同的用户群对 CPU 的要求不同，因此，正确划分用户群是合理选购 CPU 的前提。对于学生群体主要利用计算机写文章、编程、学软件、做网页等，AMD Sempron 系列、Athlon II 低端产品或 Intel Pentium G/E、Core 三代 i3 系列就可以满足要求。对于家庭用户主要是上网、娱乐等，可考虑选购 Intel Core 三代 i5 系列或 AMD Athlon II 高端、Phenom II 低端和 FX 低端产品。对于追求高性能的发烧友、游戏爱好者或专业图形图像处理的用户，可选择 Intel Core 三代或四代 i7，或者 AMD Phenom II、FX 系列中的高端产品。

选购 CPU 时不要盲目追求高主频，就目前的市场状况来说，相同的架构和核心数的前提下，主频越高价格越昂贵，要根据实际使用情况综合考虑 CPU 的指标，尽量做到物尽其用。

（2）盒装与散装。CPU 的包装有盒装和散装两种形式。盒装（也称原包）是指 CPU 被包装在一个一次性包装盒内，且包装盒内同时还提供一个经过 Intel 认证的高品质原装风扇或 AMD CPU 原装风扇。散装（也称散包）CPU 无外包装盒，散热器需要单独购买。

盒装 CPU 相对散装 CPU 的质保时间长，价格也高一些。

（3）辨识真假 CPU。市场上 CPU 的造假手段常用的有 Remark、以次充好和以散包充原包三种方法。Remark 是将 CPU 表面的印刷字体打磨掉，重新印刷新的字体；以次充好是以残次品、拆机品等性能差的 CPU 冒充性能好的 CPU；以散包充原包是将散包 CPU 装入原包包装盒或伪造包装盒，冒充原包 CPU。所以，掌握一些简单的 CPU 真假辨别法是非常必要的。

① 手工识别法。

● 相面法。

➢ 看纸盒外观及封口封条。

正品盒装 Intel CPU 包装纸盒印刷质量高、颜色鲜艳、字迹清晰。盒的两个封口采用不同的封条：一是纸质参数标签封条，其上字体印刷非常清晰，完全看不到毛边等现象，此封条只要拆开必然损坏；二是用了特殊黏合材料的带字塑料一次性封条，只要拆开便会在纸盒上留下字迹。此外，盒上贴有被授权的代理商的标签。

AMD 正品盒装 CPU（记作 AMD PIB）的包装盒封口封条都带有激光防伪标签。标签的颜色比较暗，可以很容易看到激光图案全图，而且用手摸上去有凸凹的感觉。标签周围的封条部分用手摸则会有磨砂的感觉。封条用工业强度粘合剂粘贴，很难撕下。此外，盒上贴有授权代理商的标签，同时还另贴一张标有销售商名称和地址的中文标签。

需要说明，为了打击假冒盒装 CPU，Intel 公司和 AMD 公司总是在不断更新包装。因此，在购买时要多走几家，了解当前产品的包装特点和防伪措施。

➢ 看散热器。真品的散热片表面光滑，底端厚实；而假货做工粗糙、手感很轻。原装风扇的质量很好，冒牌的风扇质量差。揭开防伪标贴看轴承，假货一般都是塑料轴承，个别在运转时噪声很大。

➢ 看 CPU。CPU 都是在无尘环境下包装的，表面相当清洁。如果 CPU 上有灰尘，或有上机痕迹（Intel CPU 触点或 AMD CPU 引脚有用过的痕迹），则表明 CPU 有假。

➢ 看细节说明。Intel 包装盒中附带一张细节说明，印刷字体非常清晰，而且没有难闻的气味。假品中赠送的细节说明不仅字体印刷模糊，甚至还带有一股难闻的油墨味，用手轻搓表面，还会出现墨迹脱落的现象。此外，Intel 赠送的 Logo 贴纸是在细节说明上的，它是购买了 Intel 盒装处理器的标志之一。如果没有 Logo 贴纸，或是与细节说明分离，独立赠送，表明此 CPU 是假的盒装。

● 刮磨法。真品 CPU 标志是刻蚀在 IHS 表面的，用手刮擦不会把字擦掉；而赝品只要用指甲轻轻刮磨，慢慢地可刮掉一层粉末，字迹随之消失。此方法可以识别 Remark CPU。

● 比价格。从价格上也可进行比较，因为同样的 CPU，各个零售商真品的价格几乎没有差别；如果价格低很多，有可能是假货。

② 软件识别法。现在计算机硬件的测试软件非常多，如 CPU-Z，只要在计算机上运行一

下,就可显示 CPU 的信息。对 Intel CPU 也可登录 www.intel.com/support/cn/siu.htm,用 Intel 公司自己推出的系统识别实用程序检测 CPU。

③ 查验序列号。正品盒装 Intel CPU 外包装的序列号和 CPU 表面的序列号是一致的,而且与散热风扇的序列号也是对应的,务必拨打 800 免费电话进行验证,序列号校验正确后,才可以得到 Intel 公司三年的质保。AMD CPU 外包装序列号和 CPU 表面的序列号也是一致的,可以登录 http://amdsnv.amd.com/querycn.php 进行查询验证。

2.2 主板

主板又称母板(Mother Board),位于主机箱底部,其主要作用是为 CPU、内存、显卡、声卡、硬盘及光驱等设备提供稳定的运行平台。主板是计算机硬件系统的基础,计算机系统的运行速率、整体稳定性与兼容性在很大程度上取决于主板的性能和质量。

2.2.1 主板构成

主板实物图举例如图 2.12(a)所示。

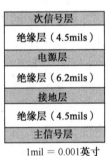

(a)主板实物图 　　　　　　　　(b)四层板结构示意图

图 2.12　主板结构

主板的基板是一块多层印制电路板(Printed Circuit Board,PCB),分为四层板、六层板和八层板。四层结构自下而上依次为:主信号层、接地层、电源层、次信号层,如图 2.12(b)所示。六层板、八层板增加了辅助电源层和中信号层,使系统抗电磁干扰能力更强,工作更加稳定。

主板上的主要部件和芯片有:CPU 插座、内存插槽、外设扩充插槽、驱动器数据接口、芯片组、BIOS 芯片、I/O 控制芯片、键盘接口、面板控制开关接口和指示灯接口、电源插座等。

1. CPU 插座和 CPU 插槽

CPU 插座 Socket 和插槽 Slot 用来安装 CPU 的接口。CPU 只有正确地安装在 CPU 插座或插槽上,才可以正常工作。

(1)Socket 插座。Socket 插座是一个方形插座,插座上分布着数量不等的针脚孔或金属触须。常见的有支持 AMD FX 系列的 Socket AM3+(即 AM3b),Phenom II 系列的 Socket AM3,A4/6/8 系列的 Socket FM1,A10 系列的 Socket FM2。支持 Intel Core 系列第四代的 LGA1150

（或记作 Socket 1150），Core 第二代、第三代的 LGA1155。如图 2.13 所示。主板支持的 CPU 系列不同，即使接口的针孔数或触须数相同，电气结构也不同。

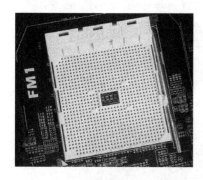

(a) Socket FM1　　　　　　　　　　(b) Socket T

图 2.13　Socket 插座

（2）Slot 插槽。Slot 插槽是主板上的一条细长的插槽，早期的 CPU 用此接口，如图 2.14 所示。

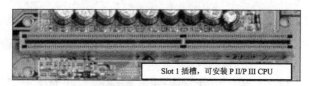

图 2.14　Slot 插槽

知识拓展——CPU 安装形式的变迁

8086、286、386 等早期的 PC 中，CPU 采用 DIP（Dual In-line package，双列直插式）封装，直接焊在主板上，不便于拆卸。到了 486 CPU 以后，生产商为了增强用户购买计算机时的灵活性，开始采用插座或插槽安装 CPU。

Socket 是专为 CPU 设计的带固定扳手的插座，其特点是通过提起或按下插座旁边的一个小杠杆，可方便、灵活地将 CPU 从插座上取出或将 CPU 卡紧在插座上。最早的 Socket 称为 486 Socket，随后相继出现了 Socket1、…、Socket8、Socket370、Socket A、Socket423、…、Socket940 等。Socket 后的数字有的表示针脚数，有的表示序号。Socket 1155、Socket 1150 即 LGA1155、LGA1150 是目前最流行的插座。

Slot 插槽内侧有金属触脚。在 Slot 插槽上安装 CPU 时，将 CPU 子卡（如图 2.8 所示）按照特定方向均匀用力插入槽中即可。

2．内存插槽

按内存条与内存插槽的连接情况，内存插槽分为 SIMM（Single Inline Memory Module，单内联内存模块）和 DIMM（Dual Inline Memory Module，双内联内存模块）两种。目前 SIMM 已被淘汰。

采用 DIMM 的内存条有 SDRAM（Synchronous Dynamic RAM，同步动态随机存取存储器）、RDRAM（Rambus Dynamic RAM，总线式动态随机存取存储器）和 DDR（Double Data Rate，双倍数据速率）SDRAM、DDR2 SDRAM、DDR3 SDRAM。SDRAM 为 168 线，槽口有两个防插错分隔。RDRAM 是 184 线，槽口也有两个分隔，但与 168 线 SDRAM 分隔的位置不同。DDR 内存也采用 184 线，但槽口只有一个分隔。DDR2 和 DDR3 内存都是 240 线，也都只有一个分隔，但二者分隔的位置稍有不同，与 DDR 分隔位置也不同。以上内存插槽如图 2.15 所示。主板上内存插槽按组（称为 Bank）设置，每组有 2～4 个插槽。

(a) 168 线 SDRAM 内存插槽

(b) 184 线 RDRAM 内存插槽

(c) 184 线 DDR SDRAM 内存插槽

(d) 240 线 DDR2 与 DDR3 SDRAM 内存插槽（上方为 DDR3 插槽）

图 2.15　内存插槽

3．PCI-E 插槽

PCI（Peripheral Component Interconnect）是指外部部件连接，PCI-E 插槽即 PCI Express 插槽，用来安装 PCI-E 接口的显卡、声卡、网卡等部件。

PCI Express 的连接创建在一个双向串行的点对点连接基础之上，称之为"传输通道"。采用这种连接技术，可使每个部件到控制芯片间都有专用的传输通道而独享带宽，增加带宽可通过增加通道实现。PCI Express 单通道位宽是 1b，编码方式为：PCI-E 1.x/2.x 是 8b/10b（传输 10b 中有 8b 是有效数据位）；PCI-E 3.0 是 128b/130b。总线频率为：PCI-E 1.x 是 2.5GHz，PCI-E 2.x 是 5GHz，PCI-E 3.0 则提高到 8GHz。所以 PCI-E 2.x 双向单通道（X1）带宽为 1GB/s，16 通道（X16）带宽为 16GB/s；PCI-E 3.0 双向 X1 带宽为 2GB/s，X16 为 32GB/s。

目前 PCI Express 在规格上有四种插槽模式：X1、X4、X8 和 X16。如图 2.16 所示是 PCI Express X1 和 X16 插槽。

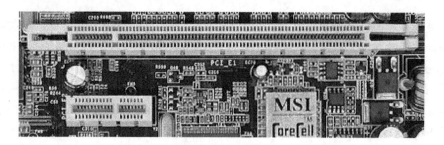

图2.16　PCI Express X1 插槽（图片下方）和 PCI Express X16 插槽（图片上方）

📖知识拓展——主板扩展插槽的演变

扩展插槽是总线的延伸，也是总线的物理体现，其上可以插入与插槽标准相兼容的各种标准板卡。扩展插槽的发展历程如图2.17所示。

ISA（Industrial Standard Architecture，工业标准结构）总线是8/16b系统总线，工作频率8MHz，最大传输速率仅为8MB/s。由于兼容性好，在20世纪80年代它是最被广泛采用的系统总线。ISA插槽一般为黑色，如图2.18所示。ISA的明显弱点是传输速率过低、CPU占用率高等，在PC'98规范中被放弃。1988年，ISA扩展到32b，这就是著名的EISA（Extended ISA），工作频率仍是8MHz，但带宽为32MB/s，由于传输速率有限，且成本过高，还没成为标准总线就被PCI总线取代了。

MCA（Micro Channel Architecture，微通道结构）总线是IBM公司首次在其PS/2型台式机中使用的一种总线，尽管它有许多优于传统总线的设计，但由于与当时广泛使用的ISA总线不兼容，而且为防止仿制，IBM公司没有公开其技术标准，又注册了版权，从而影响了它的推广。VESA总线是由视频电子标准协会VESA（Video Electronics Standard Association）推出的一种局部总线体系结构，是指除主存和Cache外，其他设备与CPU相连的总线，该总线最大传输速率为133MB/s。

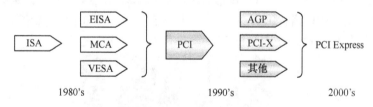

图2.17　扩展插槽的发展历程

进入20世纪90年代，PCI总线最为流行，其插槽颜色一般为白色，如图2.18所示。它是Intel公司推出的一种局部总线，功能比VESA、ISA有了极大的改善。PCI总线是共享并行总线结构，可同时支持多组外围设备。最早标准为32b，工作频率33MHz，最大数据速率为133MB/s，发展到PCI 3.0版本后，位宽增加到64b，工作频率66 MHz，最大数据速率533MB/s。PCI不兼容ISA、EISA、MCA，不依附于任何处理器。

图2.18　ISA插槽（下）和PCI插槽（上）

PCI-X 是 PCI 总线的一种扩展架构。PCI 总线的共享并行结构使得总线设备与目标设备必须通过总线频繁地交换数据,而 PCI-X 则允许目标设备仅与单个 PCI-X 设备进行数据交换,同时如果 PCI-X 设备没有任何数据传送,总线会自动将它移除,以减少设备间的等待周期。所以在相同频率下,PCI-X 的性能比 PCI 高 14%~35%。PCI-X 的另一特点是频率可扩展,即其频率不像 PCI 那样固定不变,而是随设备频率变化,PCI-X 可支持的频率有 66、100、133MHz。由于 PCI-X 是并行结构,传输信号时数据间信号的电磁干扰比较严重,且当速率较高时,信号间的同步也是问题,因此,许多性能较 PCI-E 低,所以 PCI-X 仅在 1999 年到 2001 年由 1.0 发展到 2.0,到 2002 年就被 PCI-E 取代了。

AGP(Accelerated Graphics Port,图形加速端口)不是总线,它是使控制芯片与显卡之间进行点对点的直接相连。它在主内存与显卡间提供直接通道,允许图形数据直接送入显示子系统,从而实现了图形的高性能描绘。AGP 工作模式主要有 AGP 1x、2x、4x、8x。如图 2.19 所示为 AGP 8x 显卡插槽,颜色为棕褐色,右边顶端有防脱落卡子。AGP 位宽 32b,工作频率 66MHz,1x 的带宽为 266 MB/s,8x 带宽为 1x 的 8 倍即 2132 MB/s,远低于 PCI-E 3.0 X16 的带宽 32GB/s,所以,现在的显卡基本都是 PCI-E X16 卡。

图 2.19　AGP 8x 显卡插槽

4．IDE 接口

IDE(Integrated Drive Electronics,集成电子驱动器)接口也称为 PATA(Parallel Advanced Technology Attachment,并行高级技术附件)接口,用来连接硬盘和光驱等 IDE 设备。较早些的主板上一般有两个 40 针的 IDE 接口(为防插错,去掉第 20 针,且围栏有缺口),标注为 IDE1、IDE2 或 Primary IDE、Secondary IDE,如图 2.20 所示。IDE1 称为第一 IDE 接口,一般连接装有操作系统的硬盘;IDE2 称为第二 IDE 接口,一般连接光驱或第二块硬盘。每个 IDE 接口可连接两个 IDE 设备,这两个 IDE 设备有主盘与从盘之分。

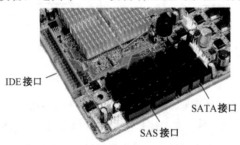

图 2.20　IDE 接口、SATA 接口、SAS 接口

PATA 接口标准称为 Ultra ATA 或称为 Ultra DMA 标准,共有 7 个版本。最为典型的是第 4 标准 UDMA33 或称 ATA-33,此标准指控制芯片与 UDMA33 接口的硬盘以 33MB/s 的带宽交换数据。第 5 标准 UDMA66 或称 ATA-66,数据带宽为 66MB/s。

如图 2.21(a)所示为用于连接 UDMA33 IDE 设备的 40 线数据线,也称为 ATA-33 数据线。ATA-66 数据线是 80 线,增加了 40 条地线插入数据线之间,如图 2.21(b)所示,因此,减小了传输数据信号时的电磁干扰,提高了数据传输速率。UDMA 标准只能向下兼容,即 UDMA66 可用于 UDMA33 的连接,反之则不可用。

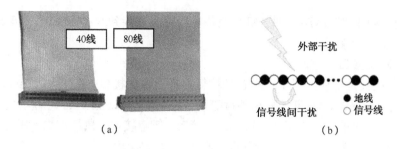

图 2.21 IDE 接口数据线

5. SATA 接口

SATA（Serial ATA）接口是串行 ATA 接口，在主板上它是一个 7 引脚柱槽，如图 2.22 所示，通过 7 线数据线与 IDE 设备相连。目前，SATA 有如下 3 个版本。

（1）SATA 1.x。SATA 1.x 或称 SATA I 为第一代 SATA，传输速率为 1.5Gb/s。

（2）SATA 2.x。SATA 2.x 或称 SATA II，传输速率 3Gb/s。数据线长度增加到最长 2m（SATA 1.0 最长 1m，PATA 最长 50cm），并且采用更稳固的围挡式接口，如图 2.20 所示。

（3）SATA 3.x。SATA 3.x 或称 SATA III，传输速率 6Gb/s。相比 SATA 2.0 版，3.0 版不仅提升了传输速率，还增加了多项提升系统运行效率的新技术，并降低了传输时的耗电量。

与 IDE 接口相比，SATA 接口具有数据传输速率高、支持带电热插拔（SATA 2.0 及以上）、数据线窄（利于机箱内空气流通，提高散热效果）等优点，因此，现在 IDE 接口已完全由 SATA 接口所取代。主板上一般提供 2～8 个 SATA 接口，主板档次越高，提供的接口数越多。

图 2.22 SATA 接口

6. SAS 接口

SAS 是新一代 SCSI 技术。SCSI（Small Computer System Interface，小型计算机系统接口）是一种连接主机和外围设备的接口，应用时需要有 SCSI 控制器（一般是个独立的卡）支持，具有应用范围广（可连接磁盘驱动器、光驱、扫描仪等多种设备）、多任务（挂在一个 SCSI 母线上的多个外设可以同时工作）、带宽大、CPU 占用率低，以及热插拔等优点。SCSI-1 是第一个 SCSI 标准，支持同步和异步 SCSI 外围设备，8 位通道宽度，最多允许连接 7 个设备，异步传输速率 3MB/s，同步传输速率 5MB/s。目前发展到 Ultra320 SCSI，数据总线 16 位，传输速率 320MB/s，在 1 个通道上支持多达 15 个 SCSI 设备，单个设备电缆长度可达 25m，用于 2 个或多个设备的电缆长度可达 12m。SAS（Serial Attached SCSI）即串行连接 SCSI，是继并行 SCSI 接口开发出的全新接口，如图 2.20 所示。SAS 接口采用点到点的串行传输方式，起步传输速率 3Gb/s，目前达到 6Gb/s，SAS 3.0 将为 12Gb/s 的高速接口。在系统中，一个 SAS 接口可以连接多达 16 256 个外部设备。SAS 的串行线缆，不仅实现了更长的连接距离，还提高了抗干扰能力，并且这种细缆结构显著改善了机箱内部的散热。

SAS 技术向下兼容 SATA，即 SATA 设备可以直接连接到 SAS 接口上，但 SAS 设备不能连接到 SATA 接口上使用。

7. 输入/输出接口

输入/输出接口是主板上用于连接各种机箱外部设备的接口。通过这些接口，可以把键盘、鼠标、打印机、扫描仪、U 盘、移动硬盘等设备连接到计算机上，还可以实现计算机间的互连。目前主板上常见的输入/输出接口有 USB 接口、键盘接口、鼠标接口、串行接口、并行接口、IEEE 1394 接口等。如图 2.23 所示为一种主板接口实例。

图 2.23 输入/输出接口实例

① 串行接口。串行接口又称 COM 接口（Communication port），一次只能传送一位数据，虽然数据传输速率较低（115～223 Kb/s），但传送距离较长。如图 2.24 所示是两个 9 针 D 型串口插座，用于连接 9 芯的大口鼠标及外置的串口设备，如 Modem 等。

② 并行接口。因并行接口主要连接打印机，所以也称打印口，记作 LPT 或 PRN。它是多位数据同时传输，速度相对较快（EPP 模式为 0.5～2 MKb/s），用于短距离通信。主板上的并行接口是一个 25 针 D 型插座，如图 2.24 所示。

③ PS/2 接口。PS/2 接口俗称小口。ATX 结构的主板一般有两个 6 芯 PS/2 接口，如图 2.24 所示，其中紫色的接键盘，绿色的接鼠标。PS/2 接口的传输速度比串行接口稍快。

④ USB 接口。USB（Universal Serial Bus，通用串行总线）1.x、2.x 接口是一个 4 针接口，如图 2.25 所示，接口内挡板 1.x 为白色，2.x 为黑色。1.0 接口支持低速（1.5 Mb/s）USB 外设的访问，1.1 接口支持全速（12 Mb/s），2.0 接口支持高速，最高传输速率理论值为 480 Mb/s。USB1.x、2.x 线缆是一条 4 芯电缆：一对正、负电源线，能向外设提供 500mA 电流；一对数据线，数据传输为单向半双工。理论上一条线缆可连接 127 个 USB 设备，长度不超过 5m。USB3.x 接口挡板蓝色，接口内除具备 1.x、2.x 接口的靠外部的 4 针外，里面增加了 5 针，如图 2.26 所示。增加的 5 针中，2 针用于发送，2 针用于接收，1 针接地。USB3.x 线缆为 8 芯：2 对 3.0 数据线，实现全双工双向传输；1 对兼容 1.x 和 2.x 的数据线；1 对电源线，供电电流可达 900mA。USB3.0 为超高速接口，最高传输速率理论值为 5 Gb/s，传输距离限制在 3m 以内，电源管理支持 USB 设备待机、休眠以及暂停等状态，保证设备在空闲时能最大限度地降低电能消耗。USB3.1 为超高速+接口，最高传输速率理论值达到了 10 Gb/s。

由于 USB 接口的传输速率高于串口、并口和 PS/2 口，又支持热插拔和即插即用，所以现在的主板除提供一个混合键盘与鼠标的 PS/2 接口外，以上其他各口都用 USB 口所取代。

⑤ IEEE 1394 接口。Apple 公司称该接口为火线（FireWire）接口，Sony 公司称其为 i.Link，Texas Instruments（德州仪器）公司称其为 Lynx。它是高速串行总线接口，支持热插拔，主要用在数字摄像机和高速存储驱动器上。1394a 规范最高传输速率为 400 Mb/s，通过一条 6 芯

或 4 芯电缆与外设连接，6 芯电缆除包含一对视频信号线和一对音频信号线外，多出了一对电源线，能向所连外设提供 8～40 V 的直流电源。如图 2.25 所示为 6 芯电缆接口，理论上连接的设备可多达 63 个，每个设备相距可远至 4.5m。1394b 的传输速率为 800 Mb/s，接口针数增加到 9 针，外形图参见练习所示。最新的规范是 S1600 和 S3200 模式，传输速率理论值分别达到 1.6Gb/s、3.2 Gb/s，使用 9 针接头和缆线，完全兼容 1394a 和 1394b 的设备。

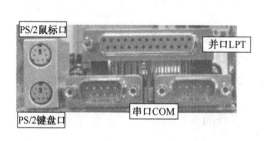

图 2.24　PS/2 接口、串行接口、并行接口　　　图 2.25　高速输入/输出接口

图 2.26　USB3.x 接口

⑥ eSATA 接口。eSATA 是外置 SATA 接口，如图 2.25 所示，用来连接外部 SATA 设备。

8．BIOS 芯片和 CMOS 电池

BIOS（Basic Input Output System，基本输入输出系统）芯片是 Flash ROM 芯片，其中固化了计算机最基础而又最重要的程序：CMOS 设置程序、开机自检程序、部分启动自举程序和输入/输出程序等，因此又称之为固件。目前 BIOS 芯片的生产商有 American Megatrends Inc.（美国安迈）、Phoenix Technologies Ltd.（美国凤凰科技）、Insyde Software（中国台湾系微）和 Byosoft（中国百敖软件）。芯片举例如图 2.27 所示，其中，图 2.27（a）芯片直接焊在主板上，不易拆下；图 2.27（b）芯片插入焊在主板上的 IC 底座，易于更换；图 2.27（c）用了双芯片，M_BIOS 为主芯片，B_BIOS 为备份芯片。芯片的封装类型主要是 PLCC（Plastic Leaded Chip Carrier，带引线的塑料芯片载体），如图 2.27（a）所示，SOP（Small Out-line Package，小外形封装），如图 2.27（c）所示。

　　　　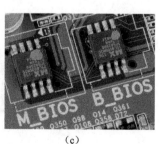

　　　　（a）　　　　　　　　　　（b）　　　　　　　　　　（c）

图 2.27　BIOS 芯片举例

图 2.28 主板上的 CMOS 电池

利用 BIOS 中的 CMOS 设置程序，可将当前系统中的硬件配置信息保存在 CMOS RAM 芯片中以备下次启动计算机时完成硬件自检。由于 CMOS RAM 具有掉电后存储内容丢失的特点，为保证存储在其中的参数保持不变，在关机后一般采用锂电池为其供电，如图 2.28 所示。

早期主板的 CMOS RAM 是一块独立芯片，现在都把它集成到控制芯片中，所以现在的主板上已看不到它了。

9．芯片组

芯片组是主板的灵魂，它几乎决定了主板的性能，进而影响整个系统性能的发挥。其作用是在 BIOS 和操作系统的控制下，按规定的技术标准和规范通过主板为 CPU、内存条、显卡等部件建立可靠、正确的安装及运行环境，为各种接口的存储设备及其他外设提供方便、可靠的连接接口。

芯片组的作用仅次于 CPU，它直接反映了系统的支持能力，其功能与 BIOS 程序的性能是确定主板品质和技术指标的关键因素。

芯片组按其所包含的芯片个数主要分成三种结构：单片式、两片式、三片式。

① 两片式，即南北桥架构，如图 2.29 所示。南桥芯片主要负责管理 IDE 接口、USB 接口及键盘控制器（Keyboard and Mouse controller）、实时时钟控制器等相对低速的部件。南桥芯片如图 2.30（a）所示。北桥芯片起主导性作用，主要负责管理 CPU、内存、AGP 显卡、PCI 等高速设备。由于散热量较大，其上通常装有散热器或风扇，如图 2.30（b）所示。主板支持的 CPU 类型、内存条类型及容量、AGP 模式等都由北桥芯片决定。

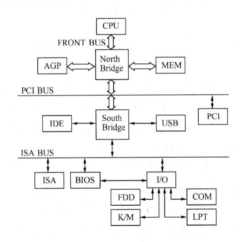

图 2.29　南北桥架构

（a）南北桥芯片

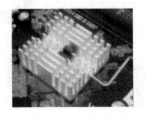

（b）北桥芯片散热器

图 2.30　芯片组

② 三片式，即加速中心式架构，如图 2.31 所示。图形与存储中心控制器（Graphic and Memory Controller Hub，GMCH）的作用类似于北桥，输入/输出中心控制器（Input/output Controller Hub，ICH）的作用类似于南桥，固件中心（FirmWare Hub，FWH）即 BIOS 芯片。各中心控制器所连接的设备或部件可以通过中心控制器直接交换数据，这样诸多设备不用共同占用总线，因此使整个系统的速度提高很多。由于各设备使用其专用通道交换数据，相互之间的干扰也减小了。

随着 Intel 公司将内存控制器集成至 CPU 芯片，AGP 显卡由 PCI-E 显卡取代，三片式架构演变成了北桥为 IOH（Input/Output Hub），南桥为 ICH，以及 BIOS 芯片的架构。

③ 单片式。早期的单片式是将芯片组功能整合到一个芯片中的架构。现在的单片式是将北桥功能整合到 CPU 中，只保留一个控制芯片 PCH（Platform Controller Hub）的架构。

10．面板插针

面板插针用来连接机箱面板上的电源指示灯、硬盘工作指示灯、电源开关、复位开关和机箱喇叭等，如图 2.32 所示。

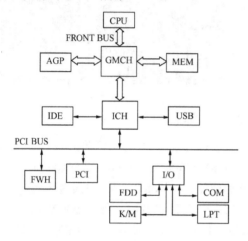

图 2.31　三片式架构

图 2.32　主板的面板插针

11．电源接口

计算机电源通过电缆接主板电源接口为主板供电，电源接口类型依电源版本或标准而定。如图 2.33（a）所示是 ATX 12V 2.2 标准使用的 24 针主电源接口，图 2.33（b）所示是 4 针 12V CPU 电源接口。

（a）　　　　　　　　　　　　　　（b）

图 2.33　电源接口

CPU 12V 电源送到主板后，必须经过滤波和稳压才能供 CPU 使用。目前，CPU 多采用两相以上供电电路,每相电路由 LC(电感电容)滤波器和 MOSFET(金属-氧化物场效应晶体管)稳压芯片及 MOSFET 驱动芯片组成,也有主板采用 LC 滤波器与集成电源模块组成供电电路。随着 CPU 功耗的不断增加,对 CPU 供电电路的功率及电压稳定性也都提出了更高的要求。因此,选用高质量的滤波电感和电容至关重要,可以减小输出电流纹波,提高电压稳定性。增加供给功率可以通过增加相数(即提供电流的支路)实现。如图 2.34(a)所示是 3 相供电电路;图 2.34(b)所示是 8 相电路,驱动芯片因输出功率大而加了散热器。有些 CPU 供电模式注明为 x+1 相,专门独立的一相是给 CPU 内存控制器供电的,由于内存控制器的电源要求相对低些,所以独立 1 相的供电电路 MOSFET 芯片比普通的少一个。这样做的好处是既对稳定性有利,还可以节省成本。

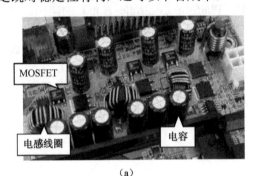
(a)

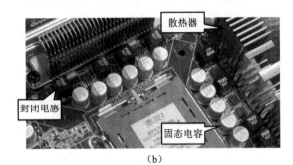
(b)

图 2.34 CPU 供电电路

CPU 风扇的电源接口分为 3 针和 4 针插座。3 针分别为 GND(接地)、+12V 及风扇转速检测;而 4 针所多的 1 针为控制端 PWM(Pulse Width Modulation,脉宽调制),如图 2.35 所示,通过该端信号可以控制风扇的转速为高速或低速。Intel CPU 在其内部还配备了 TCC(Thermal Control Circuit,温度控制电路),实现了 CPU 温度内、外双监控模式,一旦 CPU 内部温度接近极限,TCC 会降低 CPU 的主频以降低其功耗。有些 CPU 还能够在最紧急状态下,强制关闭计算机电源以保护硬件。

有些主板的控制芯片散热器带有风扇,这时主板上会为该风扇提供一个 2 针电源接口。

12. 时钟电路与跳线开关

主板时钟产生电路为 CPU、内存、各类总线等提供时钟信号。它由石英晶体振荡器与振荡电路模块(分频器)共同组成,如图 2.36 所示。

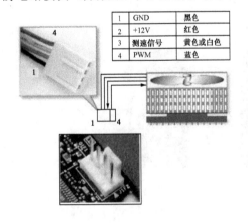

图 2.35 4 针 CPU 风扇电源接口

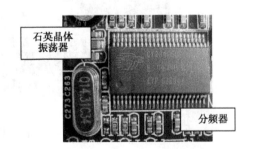

图 2.36 主板时钟电路

跳线开关 JP（Jumper）由跳针和跳线帽（也称跳线环、短路环）组成，如图 2.37（a）所示，主要用于设置 CPU 外频、倍频、电压、清除 CMOS 内容等。有些主板使用 DIP 开关进行跳线，如图 2.37（b）所示。

图 2.37　跳线开关

2.2.2　芯片组产品

主板芯片组有专门的厂家生产。比较知名的品牌有 Intel、AMD、NVIDIA（英伟达）、VIA（威盛）和 SiS（矽统）等。芯片组按所支持的 CPU 分类主要有两大类型：For Intel（支持 Intel CPU）和 For AMD（支持 AMD CPU）。支持的 CPU 系列不同，芯片组系列也不同。

（1）支持 Intel CPU 的芯片组。随着 Intel 智能处理器的发展，目前支持 Intel CPU 的芯片组生产商只有 Intel 公司自己，产品主要是 4～8 系列。8 系列有：Q85/87、B85、H81/87、Z87，支持 Core i 第四代。7 系列有：Q75/77、B75、H77、Z77/75，支持 Core i 第三代。6 系列有：Z68、B65、Q65/67、P67、H67，支持 Core i 第二代。5 系列有：X58、Q57、P55、H57/55，主要支持 Core i 系列。4 系列产品为：X48、Q45/43、P45/43、G45/43/41，支持 Pentium 和 Celeron 系列。其中，Q 系列是商业芯片组，H 系列为低端产品，X 系列为发烧级芯片组，Z 系列为高性能芯片，P 和 B 系列为主流芯片组。5（不包括 X58）/6/7/8 系列均为 PCH 架构，X58 为 IOH/ICH 架构，4 系列为 MCH/ICH 架构。目前常用的 ICH 芯片有 ICH10/10R/7/7R。更多介绍请登录 http://ark.intel.com/zh-cn/ 查询。

（2）支持 AMD CPU 的芯片组。目前支持 AMD CPU 的芯片组生产商基本也是 AMD 公司自己，主要产品是 7/8/9 系列。9 系列主要支持 FX 系列，有 970/980G/990X/990FX。8 系列主要支持 Phenom II 系列，有 870/880G/890GX/890FX。7 系列主要支持 Sempron、Athlon II 系列，其中，集成芯片组将显卡芯片功能也集成到了北桥中，有 740G/760G/780G/780V/785G/790GX，独立芯片组有 770/790X/790FX。南桥芯片对应的是 SB7/8/9 系列，例如，北桥用 890GX，则南桥用 SB850。各系列中，后 2 位数字越大性能越优。更多介绍登录 www.amd.com.cn 在产品与技术下台式机芯片组页面中查询。

2.2.3　主板的分类

主板可以有多种分类方法，以下介绍两种。

1．按结构分类

主板的生产必须遵循行业规定的技术结构标准，以保证安装时的兼容性和互换性。结构标准决定了主板的尺寸和结构类型，不同结构的主板对机箱规格和箱内电源的技术规格要求不同。以下介绍 3 种常见的主板结构。

① AT 主板。AT 主板因首先在 IBM PC/AT 机上使用而得名，后成为一种工业标准。
- AT 主板，即标准 AT 主板，尺寸为 32 cm×30 cm。
- Baby AT 主板，也称 Mini-AT 主板，尺寸为 26.5 cm×22 cm。

② ATX 主板。ATX 即 AT eXternal，指扩展的 AT 主板规范，是目前主板的主流结构。
- ATX 主板，指标准 ATX 主板，尺寸为 30.5 cm×24.4 cm。支持 7 个 I/O 槽，可为 PCI 槽、PCI-E 槽等；I/O 背板尺寸为 15.9 cm×4.45 cm，背板接口如图 2.23 所示。
- Micro-ATX 主板，又记作 M-ATX 主板，俗称小板，尺寸为 28.4 cm×20.8 cm。它与 ATX 基本相同，但通常只有 4 个 I/O 槽，两个 DIMM 内存槽。

2．按功能分类

主板按功能分类有多种功能各异的主板，下面仅介绍 3 种。
- PnP 功能主板。PnP 即 Plug and Play，指即插即用标准。如果主板带有 PnP BIOS，配合 PnP 操作系统就可以自动配置主机外设，做到"即插即用"。

图 2.38　能源之星

- 节能功能主板。该类主板又称绿色功能主板，带有能源之星（Energy Star）认证标志，如图 2.38 所示，如果机器长时间不工作，能自动依次进入等待、空闲、休眠、深度休眠等节能状态。
- 免跳线主板。该类主板是对 PnP 主板功能的进一步改进。它能自动识别 CPU 类型、工作电压等而免去硬跳线。这类主板一般还能利用 BIOS 对 CPU 频率、电压进行设置，功能更强的主板还可以设置显卡、内存等部件的频率。

2.2.4　主板的技术

目前市场上的主板品牌很多，每个主板生产商在设计和制造自己的主板时都采用了一些独到的技术，以下仅介绍几项主流技术。

1．多通道内存控制技术

多通道内存控制技术是控制和管理内存的技术。下面以双通道为例进行介绍。双通道是指在北桥芯片与内存之间有两条交换数据的通道，如图 2.39 所示。"双通道内存体系"包含两个独立的、具备互补性的智能内存控制器，两个内存控制器能并行运作。例如，当控制器 B 准备进行下一次存取内存的时候，控制器 A 正在读/写内存，反之亦然。两个内存控制器的这种互补特性使存取内存的等待时间较单通道缩短 50%，因此内存带宽较单通道的内存带宽理论上增加了一倍。可见，双通道内存控制技术通过内存控制器进行独特的寻址和数据交换，能够使两条内存发挥出更高的效率。

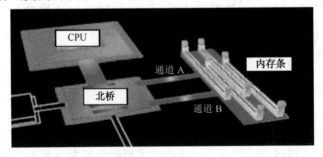

图 2.39　双通道内存

内存控制器是北桥芯片的一个重要组成部分，所以，是否支持双通道内存取决于芯片组而不是内存本身。需要指出，AMD 公司自 Athlon 64、Intel 公司自第二代 Core i7 起将内存控制器集成到了 CPU 芯片中，并相继推出了三通道、四通道内存控制技术。

2. RAID

RAID（Redundant Array of Independent Disks，独立冗余磁盘阵列）是基于多个磁盘组成的一个阵列。RAID 模式分为 10 个级别：RAID 0～RAID 7、RAID 10、RAID 50，其中 RAID 2、RAID 4 已被淘汰，而 RAID 6、RAID 7 由于某些原因没有被应用。以下介绍最为常用的 3 种。

① RAID 0 是快速模式，是 RAID 模式中最简单的一种形式。它采用两个以上的硬盘，将数据分成 512 字节到数兆字节大小的若干数据块，这些数据块被交替写到硬盘中。例如，第 A 段被写到 HDD 1 中，第 B 段被写到 HDD 2 中，如此不停地交替写入，如图 2.40（a）所示。由于阵列中的每个硬盘可以同时写入或读出，所以读写速度在 RAID 模式中是最快的。但要注意，因为数据是交替写入硬盘的，如果其中一个硬盘出故障，那么数据将会由于不完整而导致丢失。所以 RAID 0 没有数据保护能力，它只适合工作在视频生产和编辑、图像编辑等绝对注重硬盘性能的应用，而不适用于关键任务环境。此外，因为磁盘阵列的容量等于硬盘个数乘以硬盘容量最小的盘容量，阵列的速度取决于速度最慢的那个硬盘。因此，在使用 RAID 0 时，要尽量采用相同类型的硬盘，才能更好地发挥系统的效能。

② RAID 1 是安全模式，又被称为磁盘镜像。在阵列中每一个硬盘都具有一个对应的镜像盘，对任何一个硬盘的数据写入都会被复制到镜像盘中，如图 2.40（b）所示。这样不论其中哪一个硬盘坏了，数据都可以从镜像盘恢复而无须停机，镜像盘可以提供最完整、实时的备份。RAID 1 在 RAID 模式中数据安全性最高，故障恢复时间最短，但需要的硬盘数量最多，因为两组硬盘中的数据相同，因此磁盘阵列的实际容量是硬盘总容量的一半。所以这种模式是用牺牲容量来换取系统稳定的。它只适用于对数据流量要求不大的财务处理、金融等安全性很高的数据环境。

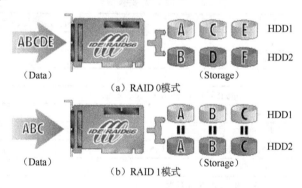

图 2.40　RAID 0、RAID 1 模式存储数据示意图

③ RAID 10 是 RAID 0 和 RAID 1 的结合，也记作 RAID 1+0。采用两对或者多对硬盘，并且两两镜像。数据块在用 RAID 0 方式写入每对硬盘的同时，也通过 RAID 1 方式在其镜像盘上写入镜像数据。它既具有 RAID 0 的快速，同时也具有 RAID 1 的冗余和镜像能力。但 RAID 10 必须由 4 个或 4 个以上的硬盘构成，因此这种模式的主要缺点是价格昂贵。

如图 2.40 所示的 RAID 功能是在 IDE 环境下实现的，这时需要配置一个 RAID 控制器板卡。当然也可以把 RAID 控制器集成到主板上而省去板卡。现在的主板是否支持 RAID 由芯片组和 BIOS 共同决定。如果芯片组集成了 RAID 功能，则其模式要在 BIOS 中设置，而利用 SATA 环境便于实现，这就是为什么主板上设置多对 SATA 接口的原因。

知识拓展——功能各异的主板技术

计算机硬件的发展非常迅速,特别是主板,新技术更是层出不穷。限于篇幅,以下只能介绍几种。

① 技嘉主板的"@BIOS"具有在线更新 BIOS 功能。用户更新 BIOS 时,只要运行@BIOS,它便可以检测到主板的型号,并自动地到最新的技嘉 FTP 站点上下载 BIOS 升级文件。@BIOS 基于 Windows 平台,使更新变得十分简单,且不必担心在纯 DOS 环境下手动更新 BIOS 过程中出错的问题。

② 梅捷主板的 AI-BIOS(Active Interception-BIOS)是在硬件中加入 BIOS 写入锁定机制,在外界指令欲向 BIOS 写入新资料时,必须触动硬件信号,才能开启写入功能。任何外界资料或非梅捷认可的 FLASH 程序,都将因无法打开写入信号而不能写入 BIOS。AI-BIOS 技术优于双 BIOS 技术。双 BIOS 技术是当第一块 BIOS 芯片中毒或毁坏后,由第二块 BIOS 芯片接替工作,强调的是补救和恢复,而 AI-BIOS 则强调预防的重要性,通过软、硬件的双重保护,有效地防止不明资料对 BIOS 的入侵。

图 2.41 自动诊断 LED 显示

③ 华硕主板的智能功能如下。智能音效:指导用户正确连接麦克风、音箱和其他外围音频设备。网络智能管理(Network iControl):支持配置文件多种不同优先级设置,并能根据当前使用程序自动切换最高的网络优先级。智能超频:根据 CPU 和内存的情况自动测试并确定相关参数,确保性能和稳定性的平衡。风扇达人:监测温度,自动调节各个风扇转速,在散热与低噪声之间达到最佳平衡。CrashFree BIOS 3:自动恢复受损 BIOS。Q-Code:用数码二极管代码指示灯报错,如图 2.41 所示,方便配合说明书进行排错。

2.2.5 主板实例

表 2.3 是主板的重要参数,表 2.4 是主板的详细参数。

表 2.3 主板的重要参数

适用类型	台式机
芯片厂商	Intel
主芯片组或北桥芯片	Intel B85
CPU 插槽	LGA 1150
支持 CPU 类型	Core i7/Core i5/Core i3/Pentium/Celeron
支持内存类型	DDR3
集成芯片	声卡/网卡
显示芯片	CPU 内置显示芯片(需要 CPU 支持)
主板板型	ATX
USB 接口	8×USB2.0(4 内置+4 背板)
SATA 接口	2×SATA II 接口;4×SATA III 接口
PCI 插槽	3×PCI
供电模式	3+1 相
显卡插槽	PCI-E 3.0 标准

表 2.4 主板的详细参数

主板芯片	
集成芯片	声卡/网卡
芯片厂商	Intel
主芯片组	Intel B85
芯片组描述	采用 Intel B85 芯片组

续表

主 板 芯 片	
显示芯片	CPU 内置显示芯片（需要 CPU 支持）
音频芯片	集成 Realtek ALC 887 8 声道音效芯片
网卡芯片	板载 Realtek RTL8111G 千兆网卡
处理器规格	
CPU 平台	Intel
CPU 类型	Core i7/Core i5/Core i3/Pentium/Celeron
CPU 插槽	LGA 1150
CPU 描述	支持 Intel 22nm 处理器
支持 CPU 数量	1 颗
内 存 规 格	
内存类型	DDR3
内存插槽	4×DDR3 DIMM
最大内存容量	32GB
内存描述	支持双通道 DDR3 1600/1333/1066MHz 内存
扩 展 插 槽	
显卡插槽	PCI-E 3.0 标准
PCI-E 插槽	2×PCI-E X16 显卡插槽，2×PCI-E X1 插槽
PCI 插槽	3×PCI 插槽
SATA 接口	2×SATA II 接口；4×SATA III 接口
I/O 接口	
USB 接口	8×USB2.0 接口（4 内置+4 背板）；4×USB3.0 接口（2 内置+2 背板）
外接端口	1×DVI 接口，1×VGA 接口
PS/2 接口	PS/2 鼠标接口，PS/2 键盘接口
其他接口	1×RJ45 网络接口，音频接口
板 型	
主板板型	ATX 板型
外形尺寸	30.5cm×20.8cm
软 件 管 理	
BIOS 性能	128Mb Flash ROM, UEFI AMI BIOS, PnP, DMI2.0, WfM2.0, SM BIOS 2.7, ACPI 4.0a, 多国语言 BIOS, 收藏夹，快捷便签，历史记录，截屏，快捷键功能
其 他 参 数	
多显卡技术	支持 AMD Quad-GPU CrossFireX 双卡四芯交火技术
音频特效	不支持 Hi-Fi
电源插口	一个 8 针，一个 24 针电源接口
供电模式	3+1 相
主 板 附 件	
包装清单	主板×1，使用手册×1，I/O 挡板×1，SATA 6.0Gb/s 数据线×2
保 修 信 息	
保修信息	保修政策：全国联保，享受三包服务 质保时间：3 年 质保备注：1 年包换良品，3 年保修 客服电话：800-xxx-xxxx 电话备注：24 小时服务 详细内容：××公司对中国大陆地区（不包含港澳台地区）发售的、经由合法渠道销售给消费者的××主板产品实行全国联保服务。主板 15 天（含）内如发生产品不良，可以实施新品 DOA（包换新品服务），以所购买的凭证日期为准，向购买渠道商家申请更换。16 天（含）至一年内实施"包换良品"服务，以所购买的凭证日期为准，向所购买商家隶属的××服务中心更换

2.2.6 选购主板

1. 选购原则

好的主板不但是机器稳定工作的保障，也是确保系统各个配件发挥最佳性能的平台。面对市场上质量各异、价格不等、品牌众多的主板，选购一个合适的主板非常重要。

① 实际需求。选购主板应坚持"以人为本，以用为本"的原则，应根据实际需要的功能和经济状况确定选择什么档次的主板，不要盲目追求最贵、最新、功能最全。在"物尽其用"的基础上还要注意"物超所值"。

对于计算机配件来说永远没有最好的，只有最合适的。在选购主板之前先明确自己的需要、预算，一旦确定了采用何种CPU、内存、显卡、硬盘等配件，主板的型号也就容易确定了。也就是说，应先确定计算机的大致配置，特别是要先想好买什么样的CPU，然后再确定主板的类型，而不应该让主板的功能去决定配置方案。

② 注重品牌和服务。主板是一种融高科技、高工艺为一体的集成产品，对于选购者来说应首先考虑"品牌"。目前国内市场上的主板品牌有二三十种，购买前要先认真考查产品的售后服务，如能否提供完善的质量保证，包括产品售出时的质量保证卡、承诺产品保换时间的长短、配件提供是否完整等。目前比较知名的主板品牌有华硕（ASUS）、微星（MSI）、七彩虹（Colorful）、Intel、技嘉（Giga-Byte）、华擎（ASRock）、映泰（BIOSTAR）等。

2. 注意的问题

① 注意与CPU相匹配。在组装计算机时，首先确定选择何种档次的CPU，然后根据CPU的性能选择配套的主板芯片组，然后选购安装合适芯片组的主板。

② 注意芯片组。芯片组是主板的灵魂，对系统性能的发挥影响极大。不同的芯片组，性能会有较大差别。而采用同样芯片组的主板一般来说，功能、性能都差不多，所以选择主板重要的就是选择芯片组。

③ 注意散热。主板上除了CPU外还有各种各样的器件，工作时要散发大量的热量，为保证机器的稳定运行，主板必须具有良好的散热性能。除了安装高质量的CPU风扇外，还要注意CPU插座和附近的电容距离不能太近。芯片组要带有散热装置。对于一些高性能的主板来说，CPU供电模块如果也带有散热器则散热效果更佳，但成本也高。

④ 注意主板布局。主板的布局主要从主板上各部件的位置安排与线路的走线来体现。布局合理的主板主要有以下特点：CPU插座周围空间比较宽敞，既便于拆卸CPU风扇又利于CPU的散热；内存插槽和显卡插槽不能发生"冲突"，也就是说在安装比较长的显卡之后，保证内存插拔不受阻碍；显卡插槽与PCI或PCI-E插槽之间的距离比较远，以避免某些显卡巨大的散热器占用一个槽位。

⑤ 注意扩展性。计算机买回来使用一段时间以后，可能需要升级，因此其扩展性也很重要。主板由于受价格和体积的影响，不可能什么接口都有，用户可以根据自己的需要选购一些具有特殊接口的主板，如IEEE 1394接口、红外接口等。一般这些特殊接口成本较高，普通用户可能用不到，应根据实际需求进行选择，否则会造成浪费。

⑥ 注意主板元器件质量。

第1步，看主板电池。选购时，观察电池是否生锈、漏液等。

第2步，试插槽。仔细观察插槽中弹簧片的位置形状，把PCI板卡或显卡板卡插入对应的插槽中后接着拔出，观察槽内的弹簧片位置形状是否与原来相同。若有较大偏差，说明该槽的弹簧片弹性不好，质量较差。

第3步，看外表。首先看主板厚度，两块主板比较，厚者为宜。再观察主板电路板的层数及布线是否合理。把主板拿起来对着光源看，若能观察到另一面的布线元件，则说明此主板为双层板；否则，主板是四层或六层板。主板层数越多，质量越好，价格也越高。另外，布线是否合理流畅，也会影响整块主板的电气性能。

第 4 步，注意电容和电感。主板上常见的电容主要有小型贴片电容、钽电容和铝电解电容。小型贴片电容多为棕色，大量集中在 Socket 插座内。钽电容与普通电解电容相比，使用寿命长，可靠性高，不易受高温影响，属于优质电容。主板上使用的钽电容越多，说明主板的用料越好，主板的质量也就相应地提高。另外，还要注意 CPU 供电电路使用的滤波电容，最好采用高品质的大容量全固态电容，全固态电容性能优于钽电容。滤波电感最好使用全封闭式的而不是电感线圈，前者产生的电磁干扰要小一些。

2.3 内存

内存是计算机系统不可缺少的部件，其性能直接影响到计算机系统的数据处理速率、稳定性和兼容性。

计算机内部存储器分为只读存储器（ROM）和随机存取存储器（RAM）两种。ROM 主要用于存放计算机固化的控制程序，如主板 BIOS 程序等。RAM 又分为静态随机存取存储器（SRAM）和动态随机存取存储器（DRAM）。SRAM 速率快，但价格高，一般用作高速缓存 Cache；DRAM 价格相对较低，容量较大，一般用作内存。需要指出，通常所说的内存实际是指内存模组（RAM Module），俗称内存条，即安装有 DRAM 及其他电子元器件的条状电路板。

2.3.1 内存条的类型、结构及性能指标

1．内存条的类型

计算机中使用的内存条的类型主要是 SDRAM、DDR 内存，如图 2.42 所示。

（1）SDRAM 内存条。

SDRAM 内存条输入/输出信号的传输频率与系统时钟频率同步，接口采用 168 线，工作电压 3.3V，分为 PC66、PC100、PC133 等规格，PC 后的数字表示内存最大的稳定工作频率，单位为 MHz。随着 CPU 总线频率的提高，SDRAM 内存条因不满足要求现已退出了市场。

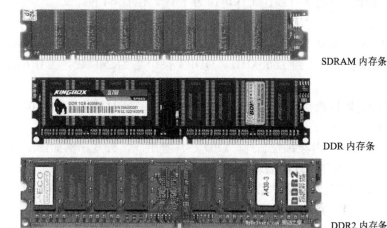

图 2.42 内存条

加散热器的 DDR2 内存条

DDR3 内存条

图 2.42　内存条（续）

(2) DDR 内存条。

DDR 内存条接口采用 184 线，工作电压为 2.5V，位宽 64 位。

DDR 内存在系统时钟的上升沿及下降沿都传输数据，因此，在相同的系统频率下，数据传输频率（也称等效频率）是 SDRAM 的两倍，所以在标志上采用了"数据传输频率＝时钟频率×2"的方法，如 DDR433 传输频率为 433MHz，时钟频率为 216MHz。DDR 内存有 6 个规格：DDR200、DDR266、DDR333、DDR400、DDR433、DDR533。

用 PC 值表示 DDR 规格的方法与 SDRAM 不同，PC 后面的数字表示传输速率，如 PC3200，表示内存传输速率（或称为带宽）为 3200MB/s，传输频率 400MHz，工作频率 200MHz。

(3) DDR2 内存条。

DDR2 可以看作是 DDR 技术标准的一种升级和扩展。DDR 内存的 DRAM 内核频率与时钟频率相等，但数据频率为时钟频率的两倍，也就是说在一个时钟周期传输两次数据。而 DDR2 采用"4 位预取"机制，核心频率仅为时钟频率的一半、时钟频率再为数据频率的一半，这样当核心频率为 200MHz 时，数据频率为 800MHz，这就是 DDR2 800。

DDR2 内存分为 6 种规格，数据传输频率即等效频率依次为 400 MHz、533 MHz、667 MHz、800 MHz、1066 MHz、1200MHz，对应的系统总线频率即时钟频率依次为 200 MHz、266 MHz、333 MHz、400 MHz、533 MHz、600MHz，对应的带宽分别为 3.2GB/s、4.3GB/s、5.3GB/s、6.4GB/s、8.5GB/s、9.6GB/s，用 PC 值标注为 PC2-3200、PC2-4300、…。如果采用多通道内存技术，还可以使传输带宽提高。

DDR2 内存条接口采用 240 线，工作电压为 1.8V，位宽 64 位。

(4) DDR3 内存条。

DDR3 采用"8 位预取"机制，使内核频率达到了接口频率的 1/8，因此核心频率运行在 200MHz 时，传输频率达到 1600MHz。DDR3 接口也为 240 线，工作电压 1.5V，位宽 64 位。

DDR3 内存的起始传输频率为 1066MHz，最高传输频率目前为 2400 MHz。

2．内存条结构

内存条主要由 PCB、内存颗粒芯片、SPD 芯片等组成，外观举例如图 2.43 所示。

① PCB。PCB 是内存芯片的物理载体，多为 4 层或 6 层板。

② 内存芯片。内存芯片又称内存颗粒，决定了内存条的性能、速率及容量。目前的内存条一般都有 8 颗同品牌、规格、型号完全相同的内存颗粒。

③ 内存颗粒空位。有些内存条预留了一片内存芯片的位置，用于安放 ECC 校验模块芯片。因此，有 9 片芯片的内存条具有 ECC 校验功能。

④ 金手指。内存条金手指多是铜质材料，少数采用化学镀金制造工艺，金层越厚实，耐磨性能越好。

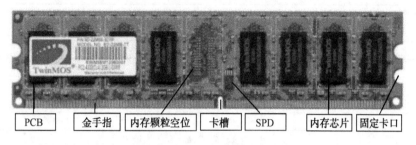

图 2.43 内存条的外观结构

⑤ 卡槽。卡槽也称缺口，有两方面的作用：一是用来指示内存条的插入方向，二是用来区分不同线数和规格的内存条。SDRAM 内存条有两个卡槽；而三代 DDR 内存条都只有一个卡槽，但卡槽的位置不同。

⑥ SPD。SPD（Serial Presence Detect）是 1 块 8 针的 EEPROM（Electrically Erasable Programmable ROM，电擦写可编程只读存储器）芯片，其中保存着内存的相关资料，如容量、芯片生产商、内存模组厂商、工作速率、是否具有 ECC 校验等。支持 SPD 的主板在每次开机时，BIOS 都会自动读取 SPD 中记录的信息，并以此设定内存的工作参数，使之以最佳的状态工作，确保系统的稳定。

3．内存条性能指标

内存性能是决定计算机系统性能的最重要因素之一，内存的稳定运行是系统稳定运行的前提。内存性能指标主要包括容量、速率等。

① 容量。内存容量是指内存条所能存放的二进制信息量，单位为 MB 或 GB。通常有 512MB、1GB、2GB、4GB、8GB 等规格，其中 4GB 为目前的主流配置。

② 存取时间。存取时间表示内存存取一次数据所需要的时间，它反映了内存存取数据速率的快慢，以 ns（纳秒）为单位，该数越小越好。目前大多数内存条的存取时间都小于 10ns。

③ 时钟频率。时钟频率表示内存条能稳定运行的最大频率。如 DDR2 400、DDR3 1066，分别表示对应的内存条能以 100MHz 和 133MHz 的核心频率稳定运行。

④ CL。CL（Column address strobe Latency，列地址译码器延迟）即 CAS 延迟时间，是指由于列地址译码器 CAS 打开需要时间，必须等待其打开后才能开始读写数据，所设定的等待时间即为 CL，用时钟周期的个数表示。不难理解，频率相同时，设置较小 CL 的内存速率更快，但稳定性和可靠性也会降低。

如果在参数表中表示为 "CL 延迟：nT-x-y-p-q"，如 "CL 延迟：2T-5-5-5-15"，则表明除 CL 外，还包含了对行地址译码器 RAS 等电路所规定的延迟时间的标准值，其中 xT 表示周期。这些参数在内存制造过程中被写入 SPD，开机时主板的 BIOS 会自动检查该参数。

⑤ 带宽。内存带宽即内存的数据传输率，值越大，传输速率越高，数据传输得越快。

2.3.2 内存条实例

如表 2.5 所示是一个实际内存条的参数。

表 2.5　DDR3 1333 内存条参数

基 本 参 数	
适用机型	台式机
容量	4GB
容量描述	单条，1×4GB
内存类型	DDR3
内存主频	1333MHz
针脚数	240Pin
插槽类型	DIMM
技 术 参 数	
内存电压	1.5V
传输标准	PC3-10600
CL 设置	9
颗粒封装	FBGA

2.3.3　选购内存条

内存作为计算机的三大件之一，一直是人们关注的焦点。从一定程度上讲，计算机的性能瓶颈并不在于 CPU 或者其他部件，而在于内存的容量与速率。随着半导体集成制造工艺的发展，各种内存新技术层出不穷，内存条的容量越来越大，速度越来越快，但价格越来越低。面对种类繁多、质量不等的内存条，选购时应注意以下几个方面。

① 考虑主板类型。由于不同的主板所采用的芯片组不同，因此不同的主板所支持的内存类型与内存的最大容量不同。除此之外，主板支持的最大内存容量还受到主板上内存插槽数量的限制。主板生产商出于设计、成本上的需要，可能会在主板上采用较少的内存插槽，此时即使芯片组支持很大的内存容量，但主板上并没有足够的内存插槽可供使用，也无法达到理论最大值。因此，在选购内存前首先应考虑主板的类型。

② 确定内存的容量。内存的容量要有足够的余地，如果内存容量太小，会降低系统的运行速率。就目前的软件使用情况看，内存容量一般都应该配置在 2GB 以上，最好为 4GB。如果要运行规模大的图形软件，可以使用 8GB 内存。另外，为便于今后扩充内存，尽量使用单条容量大的内存。对于支持 x 通道内存的主板要配 x 个内存条。

③ 注重内存的品牌。最好选择比较熟悉、口碑好的内存品牌。有些实力强的品牌能够三年包换、终生保修。目前市场上主要的内存模组品牌有，金士顿（Kingston）、威刚（ADATA）、海盗船（CORSAIR）、胜创（Kingmax）、现代（Hynix）、宇瞻（Apacer）、三星（Samsung）等，这些内存产品采用的工艺略有不同，因此在性能上多少有些差异。

④ 其他注意事项。确定内存条的类型、容量和品牌后，在购买内存条时还要注意以下几点。

➢ 注意 Remark 内存条。由于 Remark 要打磨或腐蚀芯片的表面，一般都会在芯片的外观上表现出来。正品芯片的表面一般都很有质感，要么有光泽或荧光感，要么就是亚光的。如果芯片表面色泽不纯甚至比较粗糙、发毛，这个芯片的表面就一定受到了磨损。

➢ 仔细察看电路板。PCB 做工要求板面光洁，布线清晰明了；元器件焊接整齐划一，绝对不允许错位；焊点有光泽、均匀、饱满；金手指光亮，不能有发白或发黑的现象；电路板上应该印有厂商的标志；电路板边缘整齐而无毛边。常见的劣质内存条经常是芯片上的标志模糊或混乱，电路板毛糙，金手指色泽晦暗，电容歪歪扭扭如手焊一般，焊点不干净。

> 注意售后服务。要注意询问商家一些必需的问题，例如产品的品质、使用时的注意事项等。而最重要的是问清商家的售后服务事项，特别要注意的就是质保期限，一般都是三个月。另外，一定要商家出具收据和发票并妥善保存。最后还要货比三家，一定要多跑几个商家，搜集最近的市场行情，做到心中有数。

> 验证。有些生产商为了维护用户权益和保护品牌形象，建立网站，使用户能验证所购买的内存是否是正品。验证时只需登录验证网站，根据产品标签，按照提示输入相关信息即可，如金士顿验证网站。

2.4 显卡与显示器

显卡与显示器一起构成了计算机的显示输出系统。

2.4.1 显卡

显示卡简称显卡，是显示器与主机通信的控制电路和接口电路，其主要作用是根据 CPU 提供的指令和数据，将程序运行过程中的结果进行相应的处理，并转换成显示器能接受的图形显示信号后送给显示器，最后再由显示器形成人眼所能识别的图像在屏幕上显示出来。

1. 显卡结构

显卡主要由显示芯片、显示存储器、RAMDAC、显卡 BIOS、总线接口、输出接口及其他外围元器件构成，如图 2.44 所示。

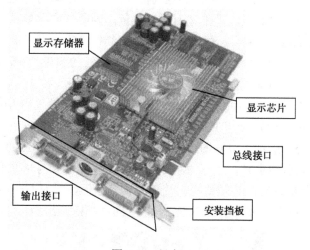

图 2.44 显卡

① 显示芯片。显示芯片是显卡的核心部件，主要负责图形数据的处理。它决定了显卡的档次和部分性能。

早期显卡分为 2D 和 3D 显卡。2D 显卡其芯片在处理三维图像和特效时，主要依赖 CPU 的处理能力，称为"软加速"。3D 显卡芯片集成了三维图形和特效处理功能，能承担许多原 CPU 处理三维图形的任务，减轻了 CPU 的负担，加快了三维图形的处理速度，称之为"硬加速"。之后，因显示芯片集成了能够对 3D 对象进行几何处理的逻辑单元而被称为 GPU（Graphic Processing Unit，图形处理器）。现在的显示芯片被称为 GPGPU（General Purpose GPU，通用计算图形处理器），它不仅能处理 3D 图形数据，还能利用其可编程性实现处理 3D 图形以外的计算应用，如音频视频处理、物理效果模拟等。

显示芯片是显卡上最大的芯片。一般都装有带风扇的散热器。芯片上面标有商标、生产日期、型号和厂商名称。同一商标不同型号的芯片其档次不同。目前显示芯片品牌有 NVIDIA、AMD 和 AMD-ATi。

② 显示存储器。别名显存颗粒，简称显存，是显卡上的关键部件之一，其性能和容量直接关系到显卡的最终性能表现。如果说显示芯片决定了显卡所能提供的功能和基本性能，而显卡性能的发挥则很大程度上取决于显存。

显存用于存放显示芯片正在处理以及处理后的数据。过去的显存用 SDRAM 和 SGRAM。SDRAM 封装采用 TSOP（Thin Small Outline Package，薄型小引线封装），SGRAM 则采用 PQFP（Plastic Quad Flat Package，四侧引线扁平塑料封装），如图 2.45（a）、图 2.45（b）所示。SGRAM（Synchronous Graphics dynamic RAM，同步图形动态随机存取存储器）是专为显卡设计的，具有较强图形读写能力的存储器。它改进了用 SDRAM 作为显存效能低、传输速率较低的缺点，为显卡性能的提高创造了条件。但其制造成本较高，主要用于当时高端的显卡。目前此类显存不再使用，而由 GDDR 显存取代。

在数据传输机理上，GDDR 与 DDR 相同，都在系统时钟的上下沿传输数据。GDDR2/3 与 DDR2 一样，都是 4 位预取架构，而 GDDR3 主要针对 GDDR2 高功耗高发热进行了改进，并通过不断改进工艺提升了工作频率。GDDR4/5 使用了 DDR3 的 8 位预取技术，相对 GDDR4，GDDR5 不只是提升了频率，而是采用两条并行数据总线传输，从而使接口带宽成倍增加。

GDDR 颗粒采用 TSOP 封装，外观、电气特性都与 DDR 内存颗粒没有区别，但在技术性能方面是有差别的，GDDR 更注重带宽而不是容量，因此，它主要从提高频率，增加位宽上进行改进。GDDR 颗粒的容量小、位宽大，一般是 8M×16b 的规格，其中 8M 表示该颗粒所包含存储单元的个数，16b 是每单元的位宽，因此，颗粒的容量为 16MB。而 DDR 颗粒的容量大、位宽小，虽然也有 16b 位宽的颗粒，但最常见的还是 8b 和 4b，容量为 32MB 或 64MB。为了实现更大的位宽，并进一步提升性能，目前的 GDDR 颗粒采用 MBGA（Micro Ball Grid Array，微型球脚栅格阵列）或 FBGA（Fine-pitch BGA，密间距球脚栅格阵列）封装，如图 2.45（c）、图 2.45（d）所示，位宽增加到了 32b，该规格被 GDDR2/3/4/5 一直沿用至今。相对 TSOP 和 PQFP 的引线引脚，底部微小球状引脚可以减小信号干扰和电磁干扰，并且这类封装可以使内部器件的间隔制作得更小，使信号传输延迟小，有利于频率的提高。

需注意，内存颗粒现在也有用 MBGA 封装的，但规格有较大差异，主要是颗粒位宽不同。

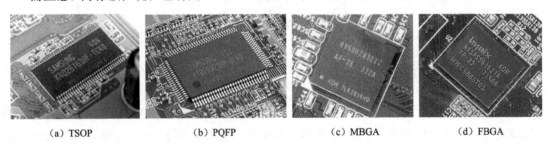

(a) TSOP　　　　　　(b) PQFP　　　　　　(c) MBGA　　　　　　(d) FBGA

图 2.45　显存的封装

③ RAMDAC。RAMDAC（RAM Digital to Analog Converter，随机存取存储器数/模转换

器）的作用是将显存中的数字信号转换成显示器能够识别的模拟信号，其数/模转换速率影响显卡的刷新频率和最大分辨率。刷新频率越高，图像越稳定；分辨率越高，图像越细腻。分辨率和刷新频率与 RAMDAC 转换速率之间的关系为：

$$RAMDAC 速率（MHz）= 分辨率 \times 刷新频率 \times 折算系数 / 10^6$$

其中，折算系数取 1.344。例如，要求分辨率为 1024×768（像素），刷新频率为 85Hz，则：

$$RAMDAC 速率 = 1024 \times 768 \times 85 \times 1.344 / 10^6 \approx 90MHz$$

对 RAMDAC 速率的最低要求为 170MHz，高档显卡的要在 230MHz 以上。

RAMDAC 寄存器的位数限制显示的颜色数，8 位 RAMDAC 显示 $2^8=256$ 种颜色，24 位显示 $2^{24} \approx 16M$ 种颜色。

早期的显卡，RAMDAC 是一独立芯片。随着半导体集成工艺的发展，新型显卡将 RAMDAC 集成到了显示芯片中。

④ 显卡 BIOS。显卡 BIOS 是显卡上的一块 Flash ROM 芯片，主要用于存放显示芯片与驱动程序之间的控制程序，存放显卡的型号、规格、生产厂商、出厂时间、显存的容量等信息。计算机开机时，通过运行显卡 BIOS 内的一段控制程序，将这些信息显示到屏幕上。

⑤ 总线接口。显卡与主板通过总线接口实现连接。目前的接口类型主要是 PCI-E X16。

⑥ 输出接口。目前显卡的输出接口主要有 VGA（Video Graphics Array，视频图形阵列）接口、DVI（Digital Visual Interface，数字视觉接口）、HDMI（High-definition Digital Multimedia Interface，高清晰数字多媒体接口）、DP（DisplayPort，显示接口）和 TV Out（TeleVision Out，电视信号输出）接口、S-Video（Separate Video，分量视频信号）接口。

● VGA 接口。VGA 插座是 15 孔 D 型插座，与显示器 15 针 Mini-D-Sub（又称 HD15）插头相连，如图 2.46 所示，用于输出来自 RAMDAC 的模拟信号。VGA 接口也称为 D-Sub 接口。

图 2.46　VGA 接口与 HD15 插头

● DVI。DVI 标准基于 TMDS（Transition Minimized Differential Signaling，最小化传输差分信号）协议，可以将像素（组成一幅图像的全部亮度和色度的最小图像单元）数据编码，并通过串行连接传输。一个 DVI 显示系统包括一个发送器和一个接收器。数字信号由发送器按照 TMDS 协议编码后通过 TMDS 通道发送给接收器，经过解码送给数字显示设备。发送器可以内建在显卡芯片中，也可以是一只独立芯片；接收器则在显示器中，它接收数字信号并将其解码，然后传送给数字显示电路显示。

目前 DVI 分为两种。一种是 DVI-D 接口，如图 2.47（a）所示，只能发送数字信号，接口有 3 排 8 列共 24 个针脚，其中右上角的一个针脚为空，不兼容模拟信号。另一种是 DVI-I 接口，可同时兼容模拟和数字信号，如图 2.47（b）所示。对于只提供 DVI-I 接口的显卡连接 D-Sub-VGA 接口的显示器，可以使用图 2.47（c）所示 DVI-I-VGA 转接器在两种接口之间转换。一般采用该接口的显卡都会附带转接器。

DVI 线缆长度不能超过 8m，否则将影响画面质量。

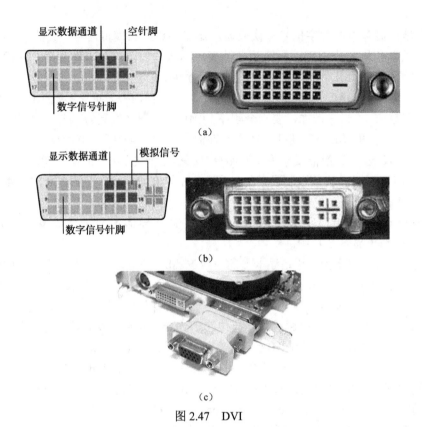

图 2.47 DVI

● HDMI。此接口是数字视频/音频接口,是在 DVI 基础上发展而来的,使用了 TMDS 技术。HDMI 2.0 版带宽为 18Gb/s,能够传送无压缩音频信号或压缩的音频流,以及 3840×2160@24Hz/25Hz/30Hz/50Hz/60Hz 或 4096×2160@24Hz 高分辨率显示的视频流信号,能够实现动态自动声画同步,支持 HDCP 协议,支持热插拔,支持百兆以太网通信。HDMI 信号的传输距离与线缆质量有关,铜缆长度限制在 5m 内,光缆可更长些。

HDMI 接口有 4 种规格,显卡上用的是 A 型,如图 2.48 所示,上下 2 排共 19 个针脚。

图 2.48 HDMI

● DP。此接口也是数字音频/视频接口,有 2 种规格:DP 和 Mini DP,都为 20 针。目前显卡上多用 DP,如图 2.49 所示。DisplayPort 1.2 版传输速率高达 21.6Gb/s,有效带宽 17.28Gb/s(8b/10b),支持 3840×2160@60Hz 视频流或 3 路 1920×1080@60Hz 视频流,支持 MST(Multi-Stream Transport,多流传输)多屏显示。多屏显示需要显示器支持 DP 1.2 菊花链(Daisy-chaining),显示器连接方式如图 2.50(a)所示,显卡 DP 输出的 3 路视频流送给第 1 个显示器后,1 路由第 1 个显示器显示,另 2 路输出给第 2 个显示器,第 2 个显示器也显示 1 路,再将另 1 路送给第 3 个显示器显示。多屏显示的另一种方法是使用 MST 集线器把一个 DP 拆分成三个 DP,如图 2.50(b)所示,然后送给 3 个显示器显示。

DP 信号的传输距离与线缆有关，要求线缆的完整带宽保证长度为 3m。

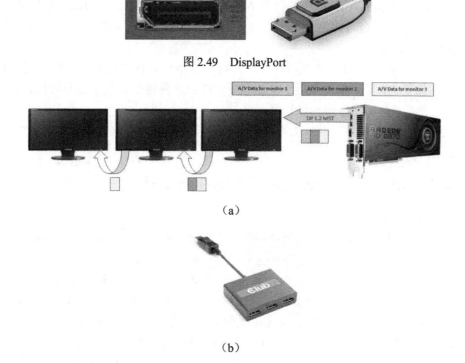

图 2.49 DisplayPort

（a）

（b）

图 2.50 DisplayPort 支持 3 屏显示

● TV Out 接口。此接口为视频输出接口，如图 2.51（a）所示，通过此接口为电视机提供视频输入信号。支持 TV Out 功能的显卡有专门的信号处理、转换电路。早期 TV Out 芯片是一块独立芯片，新型显卡将其集成到显示芯片中了。

● S-Video 接口。此接口也称 S 端子或二分量视频接口，如图 2.51（b）所示。它是用来将视频亮度信号和色度信号分离输出的接口，因而克服了视频信号复合输出时亮度跟色度的互相干扰。S 端子的亮度和色度分离输出可以提高画面质量，可以将显示的内容非常清晰地输出到投影仪、电视机之类的显示设备上。

一般来说，显卡只提供 S-Video 接口和 TV Out 接口中的一个。

（a） （b）

图 2.51 TV Out 接口和 S-Video 接口

此外，有些显卡具有视频采集功能，简称 VIVO（Video In Video Out，视频输入输出）。VIVO 与 TV Out 最大的不同在于其视频输入功能，它可以通过 S-Video 接口或同轴信号接口接收 NTSC/PAL 图像信号，完成视频信号的采集。NTSC/PAL（National Television Systems Committee/Phase Alternating Line，国际电视系统委员会/逐行倒相）信号是模拟信号，因此采集的 NTSC/PAL 信号需要经过模/数转换器 ADC（Analog/Digital Converter）的转换，才能交与 GPU 处理。VIVO 功能一般通过外置芯片实现，也有些显示芯片集成了这一功能。

2. 显卡工作原理

显卡接到 CPU 送来的显示指令后，GPU 开始按照指令对有关数据进行处理，处理后的图形数据保存在显存中，随后 RAMDAC 从显存中读取数据并将这些数字信号转换为模拟信号，再通过显卡上的 VGA 插座输出至显示器。

采用数字接口的显卡，将 GPU 处理的图形数据按照相应的协议编码后从显存中通过接口直接送至显示器。

📖 知识拓展——Alpha 混合、Z 缓冲与 early Z

① Alpha 混合。3D 环境中的像素在颜色方面具有 4 个值——RGBA，即红、绿、蓝、Alpha。因此，需要 4 个通道来处理，如果每个通道使用 8b 数据编码表示，则 4 个通道是 32b。Alpha 通道的作用是描述像素的透明度，而 Alpha 混合则能在 2 个物体叠加时重新计算 Alpha 值，从而使物体的透明度显示更趋向真实。

② Z 缓冲。3D 图形中任何一个坐标都包含 x、y、z 3 个值。在绘制 3D 场景时，图形卡需要根据 z 坐标轴的大小来确定各个 3D 对象之间的纵深距离、遮挡情况。Z 缓冲（Z-buffering）正是记录、处理 3D 对象之间纵深关系、遮挡情况的技术。一般来说 Z-Buffer 所用的位数越高，则生成的 3D 对象之间的纵深越精确。

③ early Z。3D 环境中由于遮挡等原因，3D 对象的有些部分是看不到的。early Z 技术就是提前进行 Z 轴判断的技术，通过判断对象的前后关系，从而判断哪些像素可见哪些不可见，将不可见的像素移除掉不再进行下一步的处理。early Z 轴比较再加之后面移除处理技术被统称为"隐面消除技术"。

3. 显卡主要指标

（1）显示芯片名称。一般用显示芯片的型号代替。

（2）核心频率。核心频率是指 GPU 的时钟频率。因为显卡的性能是由核心频率、像素管线、显存等多方面因素综合决定的，所以在显示核心不同的情况下，核心频率高并不代表此显卡性能一定就强。

（3）分辨率。分辨率是指显卡能够支持显示器在屏幕上所能描绘的像素数目，用"横向像素点数×纵向像素点数"表示，典型值有：640×480、800×600、1024×768、1600×1200、2048×1536，以上屏幕显示的宽高比为 4:3；分辨率 1280×1024、2560×2048 的宽高比为 5:4；1280×720、1920×1080 的宽高比为 16:9；1920×1600、2560×1600 宽高比为 16:10。分辨率越高时，图像像素越多，图像越细腻。

（4）颜色数。颜色数也称色深，是指在一定分辨率下每一个像素能够表现出的色彩数量，一般用颜色的数量或存储每一像素信息所使用的编码位数表示，24 位称为真彩色。例如，设置 VGA 显卡在 1024×768 分辨率下的颜色质量为 24 位，表示颜色数为 2^{24}=16M，也称 16 兆色。

增加色深，会使显卡处理的数据剧增，刷新频率降低。

（5）刷新频率。刷新频率是指图像在屏幕上的更新速率，即每秒钟图像在屏幕上出现的次数，也称帧数，单位为 Hz。刷新频率越高，屏幕上的图形越稳定。

（6）显存容量。显存容量=单颗显存容量×显存颗粒数量。目前有 512MB、1GB、1.5GB、2GB、3GB、4GB 和 6GB 等。显存容量越大，所能支持显示的最大分辨率越高，颜色数越多。目前主流显存容量为 1GB 和 2GB。

（7）显存频率。显存频率是指显存的数据传输频率，亦即显存的等效频率。

（8）显存位宽。显存位宽是指显存在一个数据传输周期所能传送的数据位数。可以通过下式计算：

$$显存位宽 = 单颗显存位宽 \times 显存颗粒数量$$

所得的值越大，则传输的数据量越大，显存带宽就越大，支持的 GPU 频率就更高。目前显存的位宽主要有 64b、128b、192b、256b、448b、512b 和 256b×2、256b×3 等，其中 128b 和 256b 是市场的主流。

需要注意，当计算所得显存位宽超过 GPU 显存控制器的位宽时，则显卡位宽由显存控制器的位宽决定，即显卡位宽取决于上述两者中小的一个。

（9）流处理器。在 GPU 的统一渲染（Unified Shader）架构中，流处理器 SP（Streaming Processor）是最为核心的组成部分。每个 SP 均能处理顶点渲染（Vertex Shader）、像素渲染（Pixel Shader）、几何渲染（Geometry Shader）等操作，数量越多，处理速度越快。

（10）3D API。API 是 Application Programming Interface（应用程序接口）的缩写。而 3D API 则是指显卡与 3D 应用程序的接口。

3D API 能让编程人员所设计的 3D 软件只需调用其 API 内的程序，便可让 API 自动和硬件的驱动程序沟通，启动显示芯片内 3D 图形的处理功能，从而大幅度地提高 3D 程序的设计效率。如果没有 3D API，程序开发人员必须了解全部的显卡特性，才能编写出与显卡完全匹配的程序，发挥出全部的显卡性能。而有了 3D API 这个显卡与软件的接口，开发人员只需要编写符合接口的程序代码，就可以充分发挥显卡的性能，而不必再去了解硬件的具体性能和参数，这样就大大简化了程序的开发过程。同样，显示芯片厂商根据标准来设计自己的硬件产品，以达到在 API 调用硬件资源时最优化，获得更好的性能。可见，3D API 使不同厂家的硬件、软件实现了最大范围的兼容。

目前，PC 中主要应用的 3D API 有：DirectX 和 OpenGL。

📖知识拓展——统一渲染架构

显卡对 3D 图形的处理步骤如图 2.52 所示。

① 顶点处理（Vertex）。3D 图形是根据其顶点数据确定形状及位置关系，建立起图形骨架也就是几何模型的。因为两个点能够确定一条线，三个点能够确定一个面，也就是一个三角形，而多个三角形可以组成一个多边形，多个多边形就确定了一个几何模型。几何模型的变化有多种情况，如位移（箱子被推动）、转动（车轮转动）、破碎（玻璃杯被打碎）、形变（人体模型的跑动姿势）等。GPU 的顶点处理就是完成几何模型变化时顶点数据的变换，这一工作由硬件单元 VS（Vertex Shader，顶点着色器，或称顶点着色引擎，或称顶点渲染）完成。

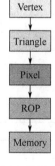

图 2.52　显卡的图形处理流程

在这个步骤中要进行坐标转换，即每一时刻的 3D 几何模型将会由 3D 状态转变为 2D 状态，具体的方法就是将 3D 几何模型的每一个顶点的三维坐标通过投影的方法转换为二维坐标。

VS 每运行一次只能处理一个顶点数据，并且只能输出一个结果。要提高速率，就要增加 VS 的个数。

② 三角形重建（Triangle）。这个过程就是将已经转换为二维坐标的点根据它们之间的关系，构建成为三角形，为下一步的贴图作准备。

③ 像素处理（Pixel）。该过程包括像素渲染和纹理映射两个方面。

像素渲染就是对原始的贴图或者材质素材进行处理。贴图处理包括根据观察角度变换贴图的形状，实时的阴影、光照、遮挡，甚至根据法线做虚拟的3D贴图等。材质处理使用材质过滤（Texture Filtering）技术，包括二线性过滤、三线性过滤，以及最高级别的各项异形过滤，材质过滤等级决定画质，但消耗的资源也大。像素渲染由硬件单元PS（Pixel Shadert，像素着色器）完成。

纹理映射就是将处理好的每一个像素填充到三角形中，相当于将三角形的表面贴上相应的图片，从而生成"真实"的图形。纹理映射由硬件单元TMU（Texture Mapping Unit，纹理映射器）完成。在具体执行操作时几乎是与PS同步运行的，处理一批像素，就填充一些，然后再运行PS处理一批。在隐面消除技术出现之前，该过程中还要根据Z轴信息做Z轴判断，决定哪个像素在前面要画出，哪个像素在后面就不画出。

④ 光栅处理（ROP）。该步骤的作用是将已经着色的像素进行透明度（Alpha）混合等处理，由ROP（Raster Operations Processor，光栅化操作处理器）完成。

⑤ 帧缓冲和输出。经过ROP处理后的数据就是即将显示到显示器上的画面了。ROP每处理完1帧就将数据存入显存（Memory）的帧缓冲区，然后输出给RAMDAC转换为模拟信号，通过D-Sub接口再输出到显示器上，或者按照一定的协议编码后输出给数字接口，通过数字接口输出到显示器上。

支持DirectX 8/9的GPU，采用顶点单元和像素处理分开的分离式架构，顶点单元由数个VS组成（称为顶点渲染管线），像素处理由几组PS+TMU+ROP组成（称为像素渲染管线）。对于这种分离式架构，当GPU核心设计完成时，PS和VS的数量便确定下来。但是不同的应用程序对两者处理的需求量是不同的，这种固定比例的PS/VS设计显然不够灵活。为了解决这一问题，DirectX 10提出了统一渲染架构。在统一渲染架构中，没有了明显的VS和PS，取而代之的是若干个并行的单元，每个单元中包含多个SP和多个TU（Texture Unit，纹理单元）。SP既可以处理顶点数据，也可以处理像素数据，因而GPU可以根据实际处理需求灵活分配，有效地避免了分离式架构中VS和PS工作量不均的情况，从而大大提高了资源的利用率。另外，由于所有的处理单元都可以并行运行，这就有利于处理速度的提升。

4．显卡实例

以下介绍一个实际显卡的参数，如表2.6所示。

表2.6 显卡参数

基本参数	
显示芯片	GeForce GTX 760
芯片品牌	NVIDIA
芯片系列	NVIDIA GTX 700 系列
显存容量	2048MB
显存类型	GDDR5
核心频率	1085/1150MHz
显存频率	6008MHz
RAMDAC	400MHz
功能参数	
输出接口	HDMI+双 DVI+DisplayPort
散热方式	散热风扇+热管散热
技术参数	
显存位宽	256b
显示芯片制程	28nm
接口标准	PCI Express 3.0 X16
流处理器（SP）	1152 个
最高支持3D API	DirectX 11.1
最高分辨率	2560×1600

5. 选购显卡

① 显卡选购的原则。

目前的显卡市场从上万元的专业显卡到一二百元的入门显卡应有尽有，而且新品还在源源不断地推出，购买显卡时一定要针对自己的经济预算和实际应用进行选购。

- 搭配原则。一个好的显卡要想发挥出应有的性能，光靠其本身的处理能力显然是不够的，还必须与CPU、主板提供的显卡插槽标准及显示器相配套。
- 按需选购。按需选购是购买计算机配件的基本原则。在决定购买显卡之前，一定要清楚购买计算机主要用来做什么。如果仅仅用于办公或上网，可以选择一款入门级显卡，也可以在选择CPU时直接选择AMD的APU或Intel的核芯显卡；如果是娱乐、欣赏高清视频，可以选择一款中端的显卡，或选择一款高端的APU或核芯显卡也可满足要求；如果属于游戏发烧友，应选择一款高端的显卡；而对于从事影音制作、游戏设计、计算机艺术设计的专业人员，则应该选择顶级显卡，或更高端的显卡（包括单卡双芯），或专业级显卡。
- 估算显存容量。2D应用中，显存容量应大于最大分辨率与色深位数的乘积再除以8。例如，最大分辨率为1024×768像素，色深为24位真彩色的2D显卡，显存为1024×768×24/8 B，即不超过3MB。所以，如果只是进行一些平面图形的处理和应用，8MB显存就足够了。

3D应用还要考虑纹理缓存部分。显卡在进行3D运算时，显存主要用于帧缓存和纹理缓存。帧缓存与分辨率、色深、刷新频率有关，不同的应用程序对帧缓存的需求变化不大。纹理缓存需求与应用程序所用的纹理有关，一般场景越复杂、纹理使用越多，纹理缓存的需求越大。就目前的应用程序和3D游戏看，就是用高分辨率如1920×1080像素、高色深运行，选择512MB显存也就足够了。如果运行大型3D游戏和专业渲染，由于需要临时存储更多的数据，就需要选择1GB及以上容量的显存了。

显存的需求还有一个重要的决定因素，就是GPU的处理能力。不同级别的GPU，图形生成能力、渲染能力不同，数据吞吐能力不同，对显存的需求就不同。例如，目前主流显卡NVIDIA GeForce GTX640、GTX650系列，AMD Radeon R9 250X、HD 7750最合适的显存容量是1GB；需要2GB显存的是GeForce GTX660、GTX670系列，Radeon R9 270X、HD7950系列等。

- 主流显卡分析。主流显卡的价格主要集中在400~1500元的范围内，主流显卡中又分为高、中、低三个档次。目前，主流低端显卡的显示芯片主要以GeForce GT630、GT640系列，Radeon R7 240、HD6570、HD6750系列为主；而主流中端显卡主要以GTX650和R9 260X、HD7750系列为主；主流高端显卡主要以GTX660系列和R9 270X、HD7850系列为主。

② 显卡选购注意事项。

- 注意PCB层数。显卡PCB层分4种：低端的4~6层，中端6~8层，高端8~10层。4层板布线密，抗干扰性差，由于走线多在表面，能看得特别清晰。6层板布线分布在各层，表面看到的布线很少。10层板表面能看到几条隐约的疏松布线，大多是密密麻麻的电子元器件。PCB层数增加，意味着显卡电路复杂，因此也意味着经过的优化越多，性能越强。因此，在基本参数相同的情况下，PCB层数少的显卡，价格相对要低。
- 注意显卡做工。良好的做工表现为合理的元器件布局设计、规范、严谨的焊点，空焊少，金手指镀得厚，以及卡的边缘切割光滑。在购买显卡的时候，上述几点一定要仔细确认，因为这是保证显卡稳定工作的基础。
- 注意芯片真伪。注意查看显示芯片、显存颗粒有无打磨过的痕迹。
- 关注电容质量。严格讲，电容质量不会对显卡性能有影响。但优质大容量电容和劣质小容量电容对显卡工作稳定性、超频性及其寿命会产生决定性的影响。因此，使用多的固态电容的显卡工作更可靠,质量更高,但价格也高。

● 看供电。显卡供电的性能决定了显卡的稳定性。显卡供电主要分为两部分:显示芯片供电和显存供电。对于低功耗类显卡,2+1 相供电模式就足够了。主流显卡通常是 3+1 相或者 4+2 相。如果相数不足,供电就没有保障,这样的显卡绝对不能购买。

● 看散热器。显卡温度过高会导致黑屏、重启。因此,良好的散热系统是显卡稳定工作的重要保障。显卡的三大热源是,显示芯片、显存和供电部分。所以,要观察散热器是否能同时兼顾到全局的散热。如果散热器只能兼顾显示芯片与显存,则供电部分最好能有独立的散热装置,如图 2.53 所示。

图 2.53　供电部分的独立散热器

显卡散热器一般分为三种:开放式、下吹热管式、一体化涡轮式,如图 2.54 所示。好的开放式散热器,鳍片非常细密,切割工整仔细,这样就可以容纳更多热量,同时底部也一定平整光滑。下吹热管散热器主要是通过底部的纯铜吸取热量,然后通过热管引导热量到鳍片,所以风扇扇叶多一些为好。一体化涡轮散热器,热量封闭在显卡内,形成一个内部热循环,通过显卡自身的导流风道直接由机箱后部排出,所以热效率相对低些,但能使热量尽可能少地留在机箱内。

(a)开放式散热器　　　　　　(b)下吹热管散热器　　　　　　(c)一体化涡轮散热器

图 2.54　显卡散热器

● 看功能。有些显卡自带视频采集及输出功能,但如果价格与其他显卡相差太大,就要权衡此显卡的性价比了。

● 注重显卡的品牌。由于采用的显存颗粒及其他元器件的不同,即使采用相同的显示芯片,有时显卡价格也会相差百元以上。在选购显卡时,最好选购有一定品牌知名度的产品。A 卡(AMD 显示芯片)有:华硕、技嘉、微星、迪兰、蓝宝石、HIS、镭风、铭瑄、双敏等,N 卡(NVIDIA 显示芯片)有:丽台、华硕、技嘉、微星、影驰、索泰、映众、七彩虹、铭瑄、双敏等,以上品牌的显卡不仅有较高的性价比,而且售后服务也比较好。

2.4.2　显示器

显示器是计算机最重要的输出设备,是用户与计算机沟通的主要桥梁。用户对计算机的绝大多数操作，都是通过显示器反映出来的。作为计算机中最为重要的输出部件之一，显示器的更新周期比较长，价格变动幅度也不像 CPU、内存和硬盘那样大，是计算机部件中除键盘、鼠标外最保值的部件，也是价格相对较高的部件。

显示器按显示机理主要分为阴极射线管（Cathode-Ray Tube，CRT）显示器、液晶显示器（Liquid Crystal Display，LCD）、等离子体显示器（Plasma Display Panel，PDP）、发光二极管（Low Emitting Diode，LED）显示器等。后两种目前在 PC 中基本没有使用。CRT 显示器因颜色丰富，响应时间短，最主要的是价格便宜，统领市场几十年。随着液晶显示器性能的不断改善以及价格的降低，特别是相对 CRT 显示器其体积小，对刷新频率要求低，功耗较小，电磁辐射小，因此得到了广泛的应用。由于 CRT 现今已退出市场，下面只介绍液晶显示器。

1. 液晶显示器类型

目前，台式计算机使用的基本都是 TFT LCD（Thin-film transistor LCD，薄膜晶体管液晶显示器）。对其进一步分类有多种方法，根据液晶显示面板类型分，主要有 TN、VA、IPS 和 PLS 面板类型。根据背光源来分，主要有 CCFL、LED、WLED 背光类型。如果按照屏幕的宽高比例来分，则有宽屏（16:10、16:9、21:9）和普屏（4:3、5:4）两大类。

2. 液晶显示器工作原理

下面结合对 TN 面板的分析，阐述液晶显示器的工作原理。TN 面板结构如图 2.55 所示，上下两层玻璃基板间夹的就是液晶，其物态介于液体和固体之间。玻璃基板表面所涂配向膜，能使与之接触的液晶棒状分子沿膜的沟槽方向均匀排列，如图 2.56（a）所示，这样，当上下两配向膜方向相差 90° 时，上下接触面处的液晶棒状分子的长轴夹角正好也是 90°，也就是液晶分子长轴的取向在上下基板之间自上向下连续扭转了 90°，如图 2.56（b）所示。

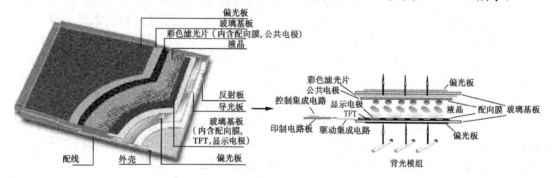

图 2.55　TN 型 LCD 显示屏结构示意图

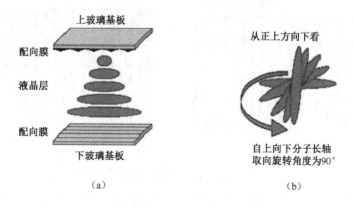

图 2.56　液晶分子的排列

液晶最重要的特性是介电系数与折射系数。介电系数决定了当电场作用时液晶分子的转向特性，而折射系数则是光线穿透液晶时决定光线行进路线的重要参数。基于液晶的上述特性，利用电压就可以控制液晶分子的转动，进而控制光线的行进方向。图 2.57（a）中，背光源发出的光经过下偏光板后变成线偏振光，左边两路光在穿透液晶到达上偏光板时，偏振方向被液晶分子旋转了 90°，由于上下偏光板的角度也恰好相差 90°，因此光可以顺利通过上偏光板。右边一路上下玻璃基板之间施加了电压，液晶分子因受电场作用转向长轴平行于电场方向而竖立起来，光穿透液晶时偏振方向不被改变，也就无法通过上偏光板。

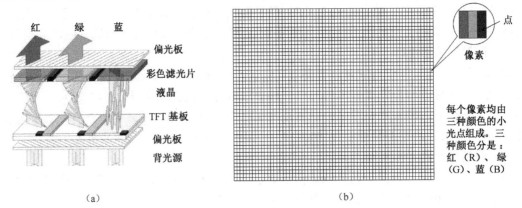

图 2.57　三原色显示原理

通过控制液晶分子的转动以控制光的行进方向只能形成不同的灰阶显示，不能提供红、绿、蓝三原色。彩色滤光片利用滤光的方式产生三原色，再将三者以不同的比例混合产生各种色彩。液晶面板的每一个像素单元都由红、绿、蓝三个小单元组成，如图 2.57（b）所示，每种颜色单元又各自拥有不同的灰阶变化，如图 2.57（a）所示。

玻璃基板上的 TFT 作为开关使用。每个颜色单元的 TFT 是接通还是关闭由外部控制电路和驱动电路共同决定。当 TFT 接通时，驱动电路将图像信号电压（即 RGB 像素信号电压）加在公共电极和显示电极上，这时就有电场作用于液晶，信号电压大小不同，液晶分子转动的角度就不同，显示的灰阶也就不同。控制 TFT 开关的顺序是，首先第一行 TFT 接通，其他行关闭，如图 2.58（a）所示，传送第一行信号电压。接着关闭第一行 TFT，这时电压已被固定，所以显示颜色也固定。接通第二行 TFT，其余行保持关闭。依此类推，完成整个画面的显示，习惯上称之为扫完一场或一帧。接下来开始第二场的扫描。

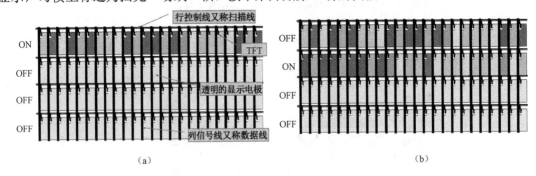

图 2.58　像素扫描顺序示意图

背光模组的功能是提供高亮度且亮度分布均匀的背光。结构形式有侧光式和直下式两种，如图 2.59 所示为侧光式。图中，灯管为发光源。导光板的作用是将灯管发出的光分布到各处。

反射板将光限制住使其只向上方行进。扩散板将光均匀地分布到各个区域。棱镜片起到聚光增亮的作用。

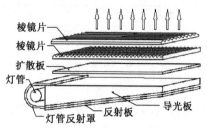

图 2.59 侧光式背光模组

📖知识拓展——各类液晶面板的特色

● TN（Twisted Nematic，扭曲向列）。TN 屏是 6 位屏，只能显示 RGB 三原色各 $2^6=64$ 色，最大色彩仅有 262 144 种。通过"抖动"技术，可使 RGB 显示各提高到 0～252 灰阶，色彩数虽超过 1600 万，也仅到 16.2M 色。提高其对比度，难度较大，直接问题就是色数少即色域偏低，过渡不自然。另外，其可视角度小，改良型 TN+Film（Film 为补偿膜）的可视角度达到 160°（对比度 10∶1 情况下的极限值）。它的优点是液晶分子偏转速度快、响应时间短、功耗较低、生产成本低廉，所以在目前主流中低端液晶显示器中使用广泛。

● VA（Vertical Alignment，垂直配向）。VA 类屏是 8 位屏，16.7M 色和大可视角度使其价格相对 TN 屏昂贵得多，是目前高端液晶显示器应用较多的类型。VA 类液晶屏又分为由富士通公司主导的 MVA（Multi-domain VA，多区域垂直配向）和由三星公司开发的 PVA（Patterned VA，图案状垂直配向）。其中后者是前者的继承和改良。VA 类液晶屏的正视对比度最高，但屏幕均匀度不好，往往会发生颜色漂移。

此外，在上述两种面板类型的基础上又延出改进型 P-MVA 和 S-PVA 面板，主要是在色彩、响应时间和可视角度等方面，继续做出改进。

● IPS（In-Plane Switching，平面转换）。IPS 屏最早由日立公司生产，目前 LG Display 公司是这一面板阵营的主要成员。IPS 屏的最大特点是两电极都在同一平面，所以在任何状态下液晶分子都与屏幕平行。其优点是可以比 TN+Film 显示更纯的黑色，提供比 MVA 更加均匀的视场，比较容易实现精细的点距，最重要、最突出的是可达 178° 可视角度。缺点是远离电极的地方液晶分子响应较慢，即使采用过驱动技术，响应时间也不像 MVA 和 PVA 技术那样容易提高；偏振光在通过液晶分子时在不同的视角方向上会有色畸变；透光率低，因此需要更亮的背光系统，功耗较高。S-IPS（Super IPS）重点改进了色畸变，AS-IPS（Advanced Super IPS）提高了亮度和色彩重现度。目前，中高端液晶显示器广泛使用 IPS 面板，专业型显示器中也有使用。

● PLS（Plane to Line Switching，面线转换）。PLS 屏是由三星公司推出的。VA 类屏采用垂直排列，由纵向电场加压，IPS 屏采用共面转换的形式，由横向电场加压，而 PLS 屏则是两者的综合，通过纵向与横向两种电场共同驱动液晶分子。相对 VA 屏，PLS 屏进一步改善了可视角度，在侧面观察屏幕时，不论是亮度损失还是伽马失真指数都有明显的进步。现在，在经济型面板到专业型面板中都能看到 PLS 产品。

为了能对各类液晶面板有一个综合了解，表 2.7 给出几种常见面板的对比情况。此外，IPS、PLS 屏较"硬"，用手轻轻划不容易出现水纹样，因此称为"硬屏"。TN、VA 屏属于"软屏"，用手轻轻划会出现水纹状变形。目前，TN 和 IPS 面板是市场主流。尤以 TN 面板因价格低廉，占据了绝大部分的市场份额。

表 2.7 常见液晶面板的对比

类　　型	响应时间	对　比　度	亮　　度	可视角度	价　　格
TN	短	普通	普通或高	小	便宜
IPS	普通	普通	高	大	昂贵

续表

类　型	响应时间	对　比　度	亮　度	可视角度	价　格
MVA	较长	普通	高	较大	一般
PVA	较长	高	高	较大	昂贵
PLS	普通	普通	普通	较大	一般

3. 液晶显示器技术参数

● 尺寸。LCD 的尺寸通常是指屏幕的尺寸，用屏对角线长度度量，单位英寸，1 英寸＝2.539cm。目前市场上 LCD 的尺寸主要有 19 英寸、21.5 英寸、23 英寸、23.6 英寸、24 英寸、27 英寸等，19 英寸、21.5 英寸和 23 英寸是主流尺寸。屏幕尺寸越大，显示器的价格越贵。

● 点距。点距指液晶屏幕上两个像素之间的距离。点距越小，显示的图像越清晰，对工艺的要求也越高。一般点距在 0.28～0.32 mm 就能得到较好的显示效果。

● 分辨率。分辨率是指显示器所能显示的像素数，用"水平方向像素点数×垂直方向像素点数"表示。

LCD 分辨率是其真实分辨率。只有在真实分辨率下，LCD 才能得到最佳的显示效果，其他较低或较高的分辨率只能通过缩放仿真来显示，效果不好。例如，15 英寸 LCD 分辨率为 1024×768 像素，表示有 1024×768 个物理像素；如果把分辨率调到 800×600 像素，LCD 为了在满屏方式下显示，就要用 1024×768 个像素去模拟 800×600 像素的分辨率，平均约 1.3 个物理像素显示 1 个逻辑像素，显示器要进行插值运算，显示过渡颜色，这样就使图像边缘变模糊了。

目前，LCD 分辨率典型值有：宽屏 2560×1080（21∶9）像素、2560×1440（16∶9）像素、1920×1080（16∶9）像素、1920×1200（16∶10）像素、1680×1050（16∶10）像素；普屏 1600×1200（4∶3）像素、1280×1024（5∶4）像素。由于图像是由若干像素点构成的，所以一幅图像的像素越多，图像就越细腻、越精美。

● 亮度和对比度。LCD 亮度是指画面的明亮程度，也就是背光源所能产生的最大亮度，是反映 LCD 性能的重要指标之一，以 cd/m^2（坎［德拉］每平方米）为单位。亮度越大，LCD 所能适应的环境范围更大，但功耗也会较高。目前亮度的主流值是 $250～300cd/m^2$。

对比度是最大亮度（全白）和最小亮度（全黑）的比值，对比度越高，图像越清晰，画面的层次感越强。目前 TFT-LCD 显示器的对比度一般在 1000∶1 左右。

只有亮度与对比度搭配得恰到好处，才能呈现出美观的画质。一般来说，品质较佳的 LCD 具有智能调节功能，能够自动调节亮度和对比度，使其达到最佳。如动态对比度技术，可以根据画面内容精密程度动态调节背光亮度，使全黑画面下最低显示亮度达到更低的水平，将黑暗画面下的细节显现出来。需要指出，LCD 的动态对比度参数（DCR）不是一个变化值，它是一个在某些特定条件下测得的对比度数值。

● 响应时间。响应时间是指 LCD 各像素点对输入信号的反应速度，也就是像素由暗转亮到由亮转暗（黑—白—黑）所需要的时间，单位为 ms（毫秒）。该值越小，像素反应越快；如果响应时间过长，会产生较严重的"拖影"现象。电影的放映速率是 24 帧/s，DVD 是 30 帧/s，因此，LCD 的响应时间在 25ms 内就能欣赏 DVD 影片。

实际中更多采用的是黑白响应时间或灰阶响应时间。前者容易理解。后者是指每一颜色单元从某一灰阶变化到另一灰阶所需要的时间。对于 8b 的面板，每个颜色单元能表现 $2^8=256$ 个亮度层次，称之为 256 灰阶。目前市场上主流显示器品牌，如华硕、三星、优派等厂商的产品一般灰阶响应时间都在 5ms 以下，部分产品甚至能够达到 2ms 或者 1ms。

● 水平扫描频率和垂直扫描频率。

水平扫描频率是指单位时间内逐行显示像素的行数，也称扫描线数，单位为 kHz。

垂直扫描频率是指单位时间内扫描的帧数，又称刷新频率或显示帧频，单位为 Hz。刷新频率影响图像的稳定性、拖影、流畅度等。一般来说刷新频率越高，图像越稳定，实际到 60Hz 就足以能够保证显示的稳定了。刷新频率 60Hz 时，对应响应时间是 16.7ms，如果再进一步提高，在改善拖影方面视觉上也不会很明显，但对图像流畅度有一定影响，如图 2.60 所示，刷新频率 120Hz 时的图像比 60Hz 的图像看上去更平滑。

刷新频率60Hz

刷新频率120Hz

图 2.60　不同刷新频率时的图像比较

● 可视角度。由于液晶的成像原理是通过光的折射，所以在不同角度看液晶显示屏必然会有不同的效果。当视线与屏幕中心法向成一定角度时，就不能清晰地看到屏幕图像。能看到清晰图像的最大角度被称为可视角度，它又分为水平可视角度和垂直可视角度，水平可视角度左右对称，垂直可视角度上下不一定对称。计算时以（左右/上下）两边的最大角度相加即为（水平/垂直）可视角度。目前液晶显示器的水平和垂直可视角度一般都在 130° 以上。可视角度越大，可视范围越大，显示器性能越好。

● 坏点。在 LCD 制作过程中，液晶单元很容易出现瑕疵，如一部分 TFT 短路或断路，使某一像素点永远显示同一颜色，这些点就是坏点。没有坏点或坏点个数较少的 LCD 质量较好。

📖 知识拓展——液晶显示器的背光源

目前，CCFL、WLED 和 RGB LED 是液晶显示器的三种主要背光源。

● CCFL（Cold Cathode Fluorescent Lamp，冷阴极荧光灯管）。CCFL 是在玻璃管内充入含有微量汞蒸气的惰性气体，内壁涂荧光粉制成。当灯管两极受高压激发时，汞蒸气被激发且放出电弧，从而激发附着在灯管内壁的荧光粉发光。CCFL 用作背光源成本低，技术成熟。缺点是灯管易老化导致画面变暗、变黄，耗电量大，亮度均匀性低，色彩纯度低，色阶表现差，不环保，体积大，驱动电压高，不耐冲击。

● WLED（White Light Emitting Diode，白光二极管）。LED 背光兴起的一个重要因素是欧盟立法制定的强制性标准 RoHS，该标准的目的在于消除电子产品中的铅、汞等六类有害物质。而汞是 CCFL 的主要成分。WLED 以蓝光 LED 加黄磷光层制成，发出的光覆盖色谱范围广，用作背光的画面色彩饱满，细节清晰，色彩过渡自然。此外 LED 为点光源，亮度可分区控制，再加上 LED 最高与最低亮度差距可达数十万倍以上，因此使动态对比度大幅提高。WLED 用作背光源的优点：亮度均匀、驱动电压低、响应快、功耗小、体积小、重量轻、耐冲击。不足之处是相对于 CCFL 来说价格高、色彩稳定性差，所以专业级显示器依然有用 CCFL。

● RGB LED（Red Green Blue LED，红绿蓝光二极管）。RGB LED 使用红绿蓝三基色 LED 发出的光经调和后产生白色背光。虽然是基于窄带三色光的白光，但与 LCD 的 RGB 彩色滤光片最匹配，并且能以最高效率产生最饱和的颜色，所以 RGB LED 目前是一些高端 LCD 的首选。近年来出现的无滤光片背光系统，利用场序技术，直接由 RGB 三色光源实现最终混色达到全彩显示，进一步提高了色彩饱和度。在工程上，RGB LED 需要考虑电压、电流变化导致的色彩偏移，完全失效或部分失效后的影响，以及响应时间等问题，因此相比 WLED，其制作成本高而且复杂。

特别指出，实际中人们将背光源为 CCFL 的 LCD 称为液晶显示器或直接简称为 LCD，而将 WLED 或

RGB LED 用作背光源的 LCD 称为 LED 显示器或称为 LED。

4．液晶显示器实例

下面介绍一个实际的 LCD 参数，如表 2.8 所示。

表 2.8　LCD 参数

基本参数	
面板类型	IPS
尺寸/英寸	23
屏幕比例	16∶9（宽屏）
最佳分辨率/像素	1920×1080
高清标准	1080p（全高清）
背光类型	LED
对比度	1000∶1（DCR 3000 万∶1）
黑白响应时间/ms	7
显示参数	
点距/mm	0.265
亮度/（cd/m^2）	250
可视面积/mm^2	509.184×286.416mm
可视角度	178°/178°
显示颜色	16.7M
色域	72%
水平扫描频率/kHz	24～83
垂直扫描频率/Hz	50～76
面板控制	
控制方式	按键
语言菜单	英文，德语，法语，意大利语，西班牙语，俄语，葡萄牙语，土耳其语，简体中文
接口	
视频接口	D-Sub（VGA），HDMI
外观设计	
机身颜色	黑
产品尺寸/mm（宽×高×厚）	531.9×330.5×41（不含底座） 531.9×405.8×164（包含底座） 609×417×109（包装）
底座功能	倾斜 -5°～20°
其他功能	
电源性能	100～240V 交流，50～60Hz
功耗	典型 27W，节能 20W

5．选购液晶显示器

（1）选购原则。

● 一步到位。显示器是一台计算机的最重要的输出配件。通常情况下，它的价格占一台计算机总价的 20%左右。由于显示器的质量关系到用户的视觉效果和身体健康，并且相对计算机的其他配件，其价格波动不大，比较保值，所以选择显示器最好能根据经济条件，结合实际应用做好预算，一步到位。

● 根据环境选屏。LCD 有雾面屏和镜面屏。雾面屏经防眩光处理表面粗糙，摸上去带有磨砂质感，整体画质像蒙上了一层薄薄的雾，呈现的图像舒缓，不反光，不刺眼，从各个角度看到的画面不容易偏色，但透光性有所降低。镜面屏没有经过防眩处理，代之一层专门提高透光率的膜，表面非常光滑平整，犹如镜面一般，画面亮度和锐利度高，显示的图像色差小，但容易引起反光，而且非常容易沾染指纹和灰尘。因此，如果LCD使用环境周围光线柔和，可以选择色彩艳丽、整体美观度较好的镜面屏。但如果周围有强光，最好是选雾面屏。

● 综合考虑尺寸。LCD尺寸越大，占据的空间越大。但尺寸大，一般来说各方面的设计档次和技术指标也高，价格也贵。应根据实际应用需要并结合放置空间和经济实力，选择LCD尺寸。对用于图形图像处理的计算机，建议尽可能选择大尺寸，因为较大的尺寸意味着屏幕内的工作空间也大。

此外，还要考虑屏幕尺寸与分辨率的关系。主流LCD尺寸与最佳分辨率的对应关系是，19英寸分辨率为1280×1024像素、1440×900像素，21.5英寸分辨率为1920×1080像素，23英寸分辨率为1920×1080像素，23.6英寸分辨率为1920×1080像素，24英寸分辨率为1920×1080像素、1920×1200像素，27英寸分辨率为2560×1440像素。在最佳分辨率相同的情况下屏幕尺寸越大，点距就越大。如果用作图像处理、看电影或玩游戏，就会感到图像颗粒感变强，画面细腻程度变差，但如果用作文字处理或浏览网页，则显示的文字就会变大。

● 注意与显卡匹配。LCD最佳分辨率要与显卡分辨率相一致。否则，当显卡分辨率高时，如果设置屏幕分辨率与LCD最佳分辨率相同就会造成显卡性能浪费，而设置成与显卡分辨率相同，又会造成LCD不能显示；当显卡分辨率低时，屏幕最大分辨率只能设置成显卡所能支持的分辨率，这时LCD的显示分辨率将低于其最佳分辨率，一方面显示效果差，另一方面LCD的性能也没能得到充分发挥。

（2）选购注意事项。

在选购前应对以下参数要做到心中有数。

● 背光类型。LED背光与CCFL背光相比，前者在亮度、对比度、功耗、体积等方面都更具优势，而后者则在色彩表现、价格等方面占有优势。另外，RGB LED与WLED相比清晰度与色纯度更高，但价格也更高。

● 响应时间。理论上讲响应时间越小越好，但实际由于人的"视觉暂留"，只要画面显示速度达到24帧/s就看不到拖影，这个标准换算为LCD的响应时间是40ms。目前，LCD的响应时间一般都在25ms以下，也就是画面显示速度大于60帧/s。

购买时还要注意分清产品给的是哪一个响应时间。对于同一LCD而言，其灰阶响应时间最小，全程（黑—白—黑）响应时间最大。另外，全程与黑白响应时间不是简单的两倍关系，即黑白响应时间乘2要比全程响应时间小。

● 亮度及对比度。亮度的选择要与人眼的承受能力相适应。画面过亮会使人眼感觉不适，引起视觉疲劳，严重时甚至会导致无法正常使用，同时亮度过高，会影响对比度和色彩的表现，功耗也会较高。而亮度过低也不合适，尤其是看电影时效果会有所影响。一般而言，适合长时间阅读的亮度是110cd/m^2左右，即使是在游戏状态下，所需要的亮度也不会超过300cd/m^2。因此，选择亮度时没有必要选择太高标称值的产品。

对比度越高，画面层次越丰富，图像越清晰。目前，主流对比度一般在1000∶1，高性能对比度达到3000∶1。动态对比度一般来说也是越高越好，但实际上超过10000∶1的动态对比度在实际应用中并没有很大的区别，对于普通用户而言，确实不易看出其大小的区别。

综合上述，对于一般的办公使用及家用，选择亮度大于200 cd/m^2，对比度高于300∶1，动态对比度不做要求即可满足要求。而用于游戏或处理图像时，亮度选择300cd/m^2或以上，对比度 1000∶1 或更高，动态对比度最好大于 1200 万∶1。

● 面板类型。TN 面板响应速度快，功耗较低，可视视角小，颜色数最多到 16.2M 色，价格低。PVA、MVA、PLS 和 IPS 都是广视角面板，响应速度稍慢。画质方面，MVA、PLS 和经济型 IPS（E-IPS）相当。高端面板 PVA、S-PVA 偏暖色调，H-IPS、AH-IPS 色调偏冷。

购买时应注意的几个方面。

● 可视角度。由于各个厂商对可视标准定义不同，如一些厂商允许偏色达到 60%，依然算在可视范围之内，因此，产品的标称可视角度只能作为参考。在购买时应以实际看到的可视角度为实。可视角度尽可能大，水平视角不能低于 120°，垂直视角最好大于等于 120°。

● 色域。色域值大，仅仅代表色彩广，而不是代表色彩多。所以在实际中，不少广色域 LCD 都给人以颜色偏假的感觉，部分产品更是出现了颜色过饱和的情况，往往白色的颜色会显得红光满面，使人看了非常不舒服。因此，购买时不要盲目追求广色域机型，最好能实际多观看些人物面部的画面，选择起来会更有把握。

● 安规认证。显示器对人的健康有着极大的影响，因此，关注安规认证是挑选显示器时最重要的一点。一般来说，安规认证是安全性与电磁兼容性认证的综合，但不同的安规认证侧重点不同，有的侧重于安全性，有的侧重于电磁兼容性，等等。如图 2.61 所示显示器铭牌上标出了它所通过的认证标志，其中 3C 是中国国家强制性认证，它将 CCEE（长城认证）、CCIB（中国进口电子产品安全认证）、EMC（电磁兼容认证）三证合一。无 3C 认证的显示器是不允许在我国市场销售的。

图 2.61　显示器铭牌及 3C 认证

显示器通过的认证越多，它在安全、健康、环保以及节能等方面表现的性能越佳，品质越好。但是认证需要费用，这些费用自然会计入产品成本，如果认证过多的话，显示器的成本也会随之升高。

● 坏点。坏点像素的颜色不随输入信号的变化而变化，在屏幕上相当显眼，严重影响视觉效果。LCD 的结构决定了绝对不可能修好这些坏点，因此应尽量选择坏点数在 3 个之内的 LCD。鉴别坏点的方法有很多，最可行且有效的方法是将显示器背景置成全白，然后将亮度和对比度调节到最高，观察屏幕上是否有无色点；然后将亮度和对比度调节到最小，再观察屏幕上是否有无色点，这样反复几次，就可看出显示器是否具有坏点以及坏点的数量。

● 售后服务。不同品牌 LCD 提供的质保期限不同，质量好的质保期长一些，一般为三年。应尽量选择质保期长的 LCD。

● 其他注意事项。首先注意包装盒是否打开过，以防买到返修品或被人挑过的产品。若包装箱完好无损，打开包装箱，对照清单检查有无物品缺少，包括说明书等。然后逐一检查物品的外观有无损坏。

常见的 LCD 品牌有：优派、飞利浦、三星、LG、HKC（惠科）、AOC（冠捷）、SANC

（三色）、华硕、宏基（Acer）、明基、惠普、长城、戴尔、苹果、联想等。

2.5 声卡和音箱

声卡是多媒体计算机最基本的部件之一，是连接主机和音箱的接口电路；音箱是计算机的音频输出设备。声卡和音箱在多媒体计算机中起着非常重要的作用，想利用计算机欣赏音乐、发送语音等都离不开声卡和音箱，正是有了声卡和音箱才让人们感受到计算机的声音魅力。

2.5.1 声卡

1. 声卡工作原理

人耳听到的声音是由空气振动产生的声波音频模拟信号，而计算机处理的都是由0、1组成的二进制数字信号。声卡的主要功能就是实现音频数字信号和音频模拟信号之间的互相转换。声卡一般具有录音和回放功能。声卡录音就是将话筒输入的音频模拟信号，通过模/数转换器（ADC）转换成数字信号，然后由声卡数字信号处理芯片将其处理成具有一定格式的文件存储到计算机的磁盘中；声卡回放就是利用声卡数字信号处理芯片对磁盘（或光盘等）中存储的声音数字文件，或由输入模拟信号经 ADC 转换来的数字信号进行处理，放大后送到扬声器（喇叭）推动其发声。

2. 声卡结构

目前常见的声卡主要有三种形式：一种是直接集成在主板上，称为板载声卡，也称集成声卡；再一种是将音效芯片及其他元器件集成在一块印制电路板上，通过总线扩展接口与主板连接，称为内置声卡或独立声卡。还有一种就是外置声卡，也称之为 USB 声卡。

（1）独立声卡。独立声卡是插卡式声卡，如图 2.62 所示，主要由声音处理芯片（组）、功率放大器芯片、总线接口、输入/输出接口、MIDI/游戏摇杆接口（共用一个）、CD 音频连接器等主要部件组成。

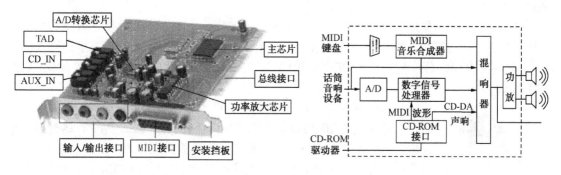

图 2.62 声卡的结构

- A/D 转换芯片。A/D 转换芯片又称编码芯片，其作用是对输入音频模拟信号进行采样和编码，即把输入模拟信号转换成数字信号。它的处理能力和信噪比对最终的声音输出品质有很大的影响。
- 声音处理芯片组。声音处理芯片组是声卡的核心部件，主要包括数字信号处理器芯片、MIDI 合成器芯片、混响器芯片。图 2.62 所示声卡实物图中，将以上各芯片的功能整合到一块主芯片中。

声音处理芯片组的基本功能是控制声音回放、处理 MIDI 指令，特殊功能是混响、音场调整、产生 3D 环绕音效等。

● 功率放大器芯片。功率放大器芯片用于放大音频信号，其输出为 Speaker Out。不通过功率放大器而直接输出为 Line Out。现在许多声卡不带功率放大器，混响器可以直接输出数字音频信号。如果要输出模拟信号，需再加一个数/模转换器（DAC）。

● 总线接口。声卡与主板的连接接口称为声卡的总线接口。根据所连接的总线，目前主要有 PCI 声卡和 PCI-E 声卡。

● 输入/输出接口。声卡要具有录音和回放功能，就必须有一些与录音和音响设备相连接的接口。普通声卡在安装挡板上一般有三四个插孔，分别是 Speaker Out、Line Out、Line In 及 Mic In。如果是三个插孔，则 Speaker Out 与 Line Out 共用一个插孔，选择时通过声卡上的跳线定义。

➤ Line In 接口：线路输入接口，将音响设备，如录音机、CD 机等的输出信号，输入到声卡，实现录制和回放等功能。

➤ Mic In 接口：话筒（也称麦克风）输入接口，用于连接话筒，实现语音输入功能。

➤ Speaker Out 或 Line Out 接口：线路输出接口，连接扬声器或音箱，实现放音功能。

上述 4 个接口传输的均是模拟信号。

挡板上的 MIDI/游戏摇杆接口是一个 15 针的 D 型连接器。MIDI(Musical Instrument Digital Interface，乐器数字接口）是为了把电子乐器（如电子琴、萨克斯管、吉他等，这些乐器也称为 MIDI 设备）与计算机相连接而规定的一种硬件接口标准。该接口连接 MIDI 键盘或电子乐器上的 MIDI 接口，实现 MIDI 音乐信号的直接传输。MIDI 信号输入声卡后，声卡对其处理并形成 MIDI 文件，或存储到磁盘上，或由 MIDI 合成器转换成声音再播放出来。此接口除连接 MIDI 设备外，还可以连接游戏操纵杆、游戏手柄、方向盘等外接游戏控制器。

● CD_IN、TAD 和 AUX_IN。CD_IN 是一个 3 针或 4 针的小插座，与 CD-ROM 驱动器的相应接口连接实现 CD 音频信号的直接播放。TAD 插座是电话自动应答设备接口，它与 Modem 相连，再配以相应软件，计算机就可实现电话自动应答功能。AUX_IN 插座用来连接内置音频源，如电视卡等。

（2）集成声卡。集成声卡分为集成软声卡和集成硬声卡。这里的软、硬之分是指主板上有没有声卡处理主芯片。集成硬声卡主板带有声卡处理主芯片；集成软声卡主板上则没有主芯片，只有一个编码芯片称为"CODEC"，通过 CPU 的运算来代替主芯片的作用，因此，CPU 占用率较高。

图 2.63　USB 声卡

（3）USB 声卡。USB 声卡是将声卡电路板加上外壳构成，如图 2.63 所示，它通过 USB 接口与主机连接，因此得名 USB 声卡。这类声卡也有软声卡与硬声卡之分。外置软声卡与主板集成软声卡的结构基本相同，但是由于外置声卡可以使用相对主板集成更好的 CODEC，并且可以增加新的电路，所以可以实现更好的声音品质与更多的功能。外置硬声卡则和 PCI 接口的硬声卡一样，拥有自己独立的声音处理芯片，区别在于需要一个单独的系统接口程序来使用 USB 总线传输音频数据。

3. 声卡的技术指标

① 采样位数与采样频率。采样位数是指声卡在采集声音信号转换成数字声音信号时所使用的数字信号的位数，即用几位二进制数来表示某一时刻采集到的声音信号。采样位数越多，数字声音信号对输入声音信号的描述越准确，录制和回放的声音越真实，声音质量越高。目前声卡的主流产品多为 16 位、24 位，专业级声卡可到 32 位。

采样频率简称采样率，是指采样电路在单位时间内对输入声音信号的采样次数，单位为 kHz。采样率越高，声音的还原就越真实自然。目前主流声卡的采样率一般分为 22.05kHz、44.1kHz、48kHz 3 个等级。22.05kHz 为 FM 广播的声音品质，44.1kHz 是理论上的 CD 音质界限，48kHz 的音质则更加精确一些。

② 动态范围。动态范围是指当声音骤然变化时设备所能承受的最大变化范围，单位是分贝（dB）。该数值越大，表示声卡的动态范围越大，越能表现出音乐作品的情绪和起伏。一般声卡的动态范围在 85dB 左右。

③ 信噪比。信噪比简写 SNR，是衡量声卡音质的一个重要指标。它是指输出信号电压与同时输出的噪声电压之比，单位是分贝（dB）。信噪比越大，表示输出信号中混入的噪声越小，音质越纯。

④ 复音数。复音数是指播放 MIDI 音乐时声卡在一秒钟内能发出的最多声音数量。复音数越大，音色越好，播放 MIDI 音乐时可以听到更多、更细腻的声部。需要注意，声卡说明书中 64、128 的含义是指声卡的复音数，而不是声卡的采样位数。

⑤ 声道。声卡的声道是指录制声音或回放声音过程中相互独立的音频信号。声道分为单声道、双声道、多声道。

单声道录制是非常原始的声音录制形式，即使通过两个扬声器回放单声道信息，也会明显地感觉声音是从两个音箱中间传过来的，缺乏位置感。

立体声技术在录制声音时将声音分配成两个声道，使回放达到了很好的声音定位效果，如图 2.64 所示（音箱与显示器适当拉开距离，并与用户最好形成 60°左右角度）。这种技术在音乐欣赏中尤为有用，用户可以清晰地分辨出各种乐器来的方向，有近于临场的感觉。

四声道环绕音频技术能够实现三维音效。四声道回放的四个发音点分别为前左、前右、后左、后右。之后四声道被改进为 5.1 声道，即由前置双声道、后置双声道、中置声道（5 声道）和低音声道（.1 声道）构成的 5.1 环绕声场系统。5.1 声道在回放时，中置音箱负责输出声音信号，在欣赏影片时有利于加强人声，把对话集中在整个声场的中部（最好挂放在显示器上方），以增强整体效果；低音音箱（俗称低音炮，置于电脑桌下，显示器正下方位置，正面朝向用户）输出低频声音以增强震撼力；其余四个声道用于表现来自不同方向的声音效果，这样就构造了一个多方向声音环绕的音效表现环境。

6.1 声道的音效系统比 5.1 音效系统多了一个后中置音箱。7.1 声道音效系统则是在 5.1 音效系统的基础上同时增加两个侧中置音箱，主要负责侧面声音的回放，而原后置音箱则可以更加专注于后方声音的回放，因此 7.1 音效系统可以做到四面都有音箱负责声音的回放，环绕效果进一步增强。

多声道声卡的输入/输出接口一般多于 4 个。如图 2.65（a）所示是一个 7.1 声道声卡，有 2 个模拟信号输入接口，8 个模拟信号输出接口（分成 4 个 3.5mm 立体声插孔），另外 2 个分别为数字音频输入接口和输出接口。它们都采用 RCA 接口，使用同轴电缆线与设备相连。如图 2.65（b）所示是 RCA 电缆接头。

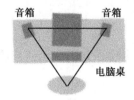

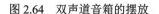

图 2.64　双声道音箱的摆放

图 2.65　7.1 声道声卡输入/输出接口

📖 知识拓展——HD Audio

计算机音频设备 AC'97 标准的技术规格主要包括两项指标：16b 音乐信号采样位数，48kHz 音乐信号采样频率。因此，理论上 AC'97 计算机音频与一般家用音响的 CD（激光音乐光盘）相当。如果想用计算机播放更高音质水平（即声音采样位数和采样频率更高）的 24b/96kHz 多声道音乐，AC'97 无法做到良好支持。HD Audio（High Definition Audio，高保真音频）标准应运而生。HD Audio 标准的主要优点在于它的音频采样位数和音频采样频率都非常高，理论上使计算机播放的音频达到甚至超过高档家庭影院的音质效果。DVD-Audio 纯音乐光盘要求播放最少支持 6 声道、每声道 24b/96kHz，这仅是 HD Audio 的基本要求。除了采样位数和采样频率高外，大部分支持 HD Audio 标准的声卡都有极高的信噪比，输出的音乐信号比 AC'97 声卡更清晰，噪声更小。

4．声卡的选购

目前几乎所有的主板都板载声卡，其性能要高于几十元的低端声卡，如果对声卡没有过高的要求，没有必要购买独立声卡或外置声卡。如果对板载声卡不满意或者主板上没有声卡，则需要配置声卡。

选购独立声卡时需要考虑下面的因素：

① 按需选购。目前市场上声卡产品很多，不同品牌的声卡在性能和价格上的差异也十分巨大，在购买声卡前要明确所购声卡的用途及其要求。一般来说，如果只是普通应用，选购价格便宜的普通声卡就可满足要求；如果是用来听音乐、看影碟等，则需要选购带 3D 音效、能够营造剧院效果的娱乐声卡；如果对声卡的要求较高，如音乐发烧友或个人音乐工作室等，则需要选购一个高端的专业声卡。

② 考虑价格因素。一般而言，普通声卡的价格为 100～200 元；中、高档声卡的价格差别很大，从几百元到上千元不等。声卡的价格差异除了受声卡主芯片的影响外，还和声卡的品牌有关，要根据个人经济预算和各品牌的特点综合考虑。

③ 了解音效处理芯片。音效处理芯片对声卡的性能起着决定性的作用。不仅不同的声卡所采用的芯片不同，就是同一品牌的声卡，其音效处理芯片也不一定完全相同，所以，选购声卡时一定要了解有关产品所采用的音效处理芯片。

④ 注意兼容性。声卡与其他配件发生冲突的现象较为常见，在选购声卡之前要了解自己机器的配置，尽量避免发生不兼容的情况。

⑤ 注意做工。注意观察 PCB 的做工、焊点是否均匀和光亮、板卡的颜色是否异常等。

USB 声卡一般用在网络 K 歌或影视录音、音乐制作等专业领域。选购时除考虑前述①～④点外，对用于 K 歌的声卡还要注意是否有话筒接口以及接口的个数。对专业声卡在满足性能要求的前提下最好选金属外壳的声卡，以尽量减小外部电磁信号对声卡工作的干扰。

此外，在购买时最好找个音乐发烧友当作参谋，实际感受声卡的音质、音效。

最后需要注意的是，尽量购买大公司生产的声卡，因为其质量有保障，而且售后服务比较完善。目前市场上的声卡品牌有创新、德国坦克、华硕、乐之邦、节奏坦克等。

2.5.2 音箱

计算机系统中使用的音箱称为多媒体音箱，它的功能是将声卡传送来的音频信号放大后驱动扬声器发声。

1．多媒体音箱的分类

多媒体音箱分类方法有多种。按是否有功率放大电路分为有源音箱和无源音箱。有源音箱又称主动式音箱,带有功率放大电路;无源音箱又称被动式音箱,内部不带功率放大电路。PC 所用的多媒体音箱一般都是有源音箱。按制造材料分,有木质音箱、塑料音箱和木塑混合音箱。按输入数据分,有模拟音箱和数字音箱。按基本结构分,有书架式音箱和 X.1 式音箱。

书架式音箱也称 2.0 音箱,使用两个外形完全相同的立方体箱体,其中一个内置功放电路称为主箱,另一个称为副箱,如图 2.66 所示。箱体使用两分频设计(即一个高音扬声器和一个中、低音扬声器)或同轴设计(即用一个专用同轴扬声器覆盖全音频),一般为倒相式结构。这种音箱结构性能最平衡、设计最简单。但由于受体积限制,其低音效果很难做得很好。

图 2.66 音箱

X.1 音箱是为了克服书架式音箱的固有缺陷而提出的。它利用声学上 300Hz 下低音指向性很差,80Hz 下低音几乎没有指向性的原理,将音源中的低音部分分离出来,单独使用一个"低音炮"音箱来播放,而中、高音仍然使用主音箱播放。X.1 音箱从使用上分为 2.1、4.1、5.1 等几种,其中 2.1 音箱和 4.1 音箱是为普通立体声声卡和四声道声卡设计的,其主要特点在于低音信号来自对音源音频信号的分频;而 5.1 音箱则是专为计算机影院系统设计的,与 5.1 声卡配套,具有独立的低音通道。

📖 知识拓展——同轴扬声器与倒相式音箱

同轴扬声器的所谓"同轴"是指一个扬声器同时包含了高音和低音两个扬声器单元,具有两组信号输入。通常其结构就是把一般的中、低音扬声器中央的防尘盖部分(也就中间球形凸起部分)用高音单元取代,使一个扬声器能起到两个扬声器的作用。同轴设计对于近声场音箱(音箱与听者距离小于 1m)非常有用,因为它的高音和低音都是从一个点发出的,可以避免近声场音箱常见的高、低音分离和声相位差的问题。

扬声器的振膜在振动时,前、后声波相位相反。由于声波的绕射效应,当扬声器背面声波绕射到前面时与前面的声波就会相互抵消,出现"声短路"现象,声音就不存在了。封闭式音箱利用箱体作为阻挡声波的"障板",将扬声器背面的声波完全封闭在箱体里,为了增大箱体的声阻,箱体板应尽量厚,密度应尽量大,甚至还可以在箱体内部涂布沥青以吸收箱内的声波。另外,为了防止箱体在声波作用下产生谐振而引入新的杂音,一般在箱内要打上加强梁和加强筋,主要有三种形式:箱体正中打加强隔板,边脚 45°打加强筋,侧面大面积打上不规则形状的加强筋。音箱用了加强筋,其稳定性明显好于没有用的音箱,但由于工艺复杂,在低档音箱中很少使用。

密闭箱的优点是声音清晰、效果好,但它的声音回放完全由正面的扬声器振膜承担,造成当扬声器不大的时候,回放频率不会太低。带有一个开口的"倒相箱"可以解决这一问题。倒相箱的基本原理简单地说就是当箱体足够结实的时候,可以将箱体视为"刚体"(即不会产生形变的物体),箱内的空气在扬声器背面振动的作用下被压缩产生共振,此时,如果在箱体上开一个口(前、后或侧面均可)并接上一根管子,空气就会在这根管子内高速振动而发声。这里特别指出,真正发声的是空气在箱体及管道里的振动,而不是扬声器,扬声器只起到了一个"驱动力"的作用。因为管道的发声频率要比扬声器振膜发声的频率低得多,所以从倒相管里发出来的声音要比扬声器发出的声音低得多,且与扬声器的大小无关。倒相箱与密闭箱相比有以下优点:体积较小,低频下限低,灵敏度稍高,声压较高。所以对多媒体音箱这种小体积音箱来说,使用倒相箱的非常多。

2. 音箱的主要性能指标

① 功率。音箱的功率是指音箱所能发出的最大声音强度,分为额定功率与峰值功率。额定功率是指在额定失真范围内,音箱能够持续输出的最大功率。峰值功率是指允许音箱在瞬

间达到的最大功率值。

② 频率范围。频率范围是指音箱的最高有效回放频率与最低有效回放频率间的差值，单位为Hz。由于人耳的听觉范围为20Hz～20kHz，所以音箱要尽可能地回放在这一频率范围内，但由于制作工艺的原因，多媒体音箱的频率范围一般在60Hz～20kHz。

③ 频率响应。将一个恒压音频信号输入音箱系统时，音箱产生的声音信号强度随频率的变化而发生增大或衰减，相位随频率而发生变化。声音信号强度和相位与频率相关联的变化关系称为频率响应。一般只给声音信号强度的频率响应，单位是分贝（dB）。分贝值越小说明音箱的失真越小、性能越高。

④ 灵敏度。音箱的灵敏度是指在音箱输入端输入功率为1W、频率为1kHz的信号时，在距音箱扬声器平面垂直中轴前方1m的地方所测得的声压级，单位为分贝（dB）。其值越大，音箱的灵敏度越高。普通音箱的灵敏度在85～90dB范围内，多媒体音箱的灵敏度稍低一些。

⑤ 失真度。音箱的失真度是指音频信号在被音箱功放放大前、后的差异，一般用百分数表示，失真度越小越好。由于人耳对5%以内的失真不敏感，所以音频信号失真的允许范围是10%，一般多媒体音箱的失真度为10%，高档音箱则低于5%。

⑥ 信噪比。信噪比是指音箱回放的声音信号与噪声信号的比值，用分贝（dB）表示。信噪比越小，噪声影响越严重，特别是输入音频信号较小时，有用的声音信号会被噪声信号淹没。相反，信噪比越大，表明混在声音信号里的噪声越小，音质越好，音箱的性能也就越好。普通音箱的信噪比应大于80dB。

⑦ 阻抗。阻抗是指音箱的线路输入阻抗。一般多媒体音箱的输入阻抗在4～16Ω之间，但也有更大的。对多媒体音箱来说，阻抗越高，音箱的音质越好，但也越难以驱动。

3. 音箱的选购

选购音箱要从实际使用出发，并要与声卡配合，不要出现不配套或者浪费的情况。

① 使用需求。一般来说，对于普通使用，如听音乐、语音通信等，可以用双声道音箱；喜欢低音震撼效果就用2.1音箱；如果是玩3D游戏，用4.1音箱比较好；如果经济预算较多，并购买了DVD和5.1或5.1以上声道声卡，最好选购与声卡声道数配套的音箱。

② 价格因素。音箱按价格分，大约分为极低档音箱（150元以下），中低档音箱（150～300元），中高档音箱（书架音箱或2.1音箱300～600元，多声道音箱300～1000元），高档音箱（书架音箱或2.1音箱600元以上，多声道音箱1000元以上），极高档音箱（书架音箱或2.1音箱1000元左右或更高，多声道音箱1500元以上）几个等级。应根据经济预算确定音箱等级。

③ 与声卡的配合。普遍来说，普通主板的板载声卡与150元以下的音箱匹配；普通声卡配150～400元的音箱、性能稍好些的声卡配400～800元的音箱；而800～1200元的音箱普遍具有较高性能，与高档家用声卡比较匹配；当购置的是廉价专业声卡时，要选择1200元以上的音箱；当声卡是性能很强的专业声卡时，就要考虑选择2000元以上的音箱。

另外，目前有许多中高档主板的集成声卡性能也很强，要注意与音箱的合理搭配。

④ 环境条件。如果放置计算机的房间面积较大，可选购X.1音箱；如果房间比较拥挤，就应考虑选购双声道音箱或2.1音箱。功率方面，如果房间面积是$20m^2$，则额定功率在30W以上就能得到满意的放音效果。

⑤ 在挑选音箱时主要注意以下几个因素。

● 看外观。仔细查看包装箱是否有拆过的痕迹；检查箱内的各种插头、连线等配件是否齐全，用手摸一摸音箱的外形线条是否平滑，有无划痕；木质音箱要看一看是真木板还是胶合板，防止表面贴上木纹的塑料音箱假冒木质音箱；然后看说明书与音箱、扬声器上所标的数值是否一致，尤其要注意额定功率与峰值功率的区别。

● 掂重量。一般箱体越重，说明板材越厚，质量越好。用手敲击箱壁，声音越沉，说明板材密度越高，质量越好。

● 试密封性。音箱的密封性越好，音质相对越好。检查音箱密封性的最简单的做法是试音时用手在音箱各处摸一摸，如果感到箱体后（除倒箱孔外）有风吹出，说明音箱密封性不好；反之，说明音箱有较好的密封性。

● 听噪声。在试音之前，接通电源（但不要输入音频信号），把音量旋钮调到一半后慢慢地再调到 3/4 处，再把音量调到最大位置，仔细听听扬声器发出的声音，噪声越小音箱性能越好。然后缓慢旋转各旋钮，一是注意听扬声器中有无明显杂音，二是感觉旋转过程中阻力是否较小、自然流畅。好的调节旋钮在调节过程中应听不到明显杂音，旋转阻力小且自然流畅。

● 测失真。播放一首自己熟悉的歌曲，先把声音调到正常值，听一下音质效果；再把声音调到最大，对比声音放大前和放大后的差别，差别越小，音箱越好。

● 检查磁屏蔽效果。CRT 显示器对磁干扰非常敏感，购买时如果周边有 CRT 显示器，可以用它检查音箱的磁屏蔽效果。具体做法是把音箱电源打开，将其摆放在显示器旁边，观察显示器图像是否变形、色彩是否失真、是否出现大块色斑。

● 品牌。选购音箱时应尽量考虑市场上的一些品牌产品，如创新、慧海、慧威、盈佳、轻骑兵、金河田、多彩、麦博等。

2.6 网卡

网卡是网络接口卡 NIC（Network Interface Card）的简称，也称网络适配器，是计算机与局域网相互连接的设备。计算机通过网卡接入局域网，作为网络中的共享资源之一，与网络中的其他共享资源交换数据。如图 2.67 所示是一个 PCI 网卡举例。

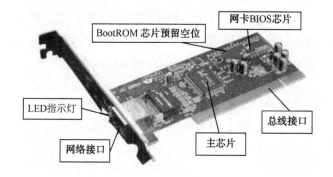

图 2.67 PCI 网卡

2.6.1 网卡的功能及工作过程

1. 网卡的功能

计算机之间在相互通信时，数据不是以流而是以帧的方式传输的。帧可以看作是一种数据包，在数据包中不仅包含有数据信息，而且还包含有数据的发送地、接收地信息和数据的校验信息。

网卡的功能主要有两个：一是将计算机待发送数据封装成帧，并通过网线（无线网络通过电磁波）将帧发送到网络上；二是接收网络上由其他设备传送来的帧，并将帧重新组合成数据，通过总线接口传送给本地计算机。网卡能接收所有在网络上传输的信号，但正常情况下只接收发送到该计算机的帧和广播帧，而将其余的帧丢弃。然后，将接收的帧传送到系统做进一步处理。

2．网卡的工作过程

当计算机发送数据时，网卡首先侦听通信介质上是否有信息在传输，如果有，则认为其他设备正在传送信息，继续侦听。一旦通信介质在一定时间段内（称为帧间间隙 IFG=9.6μs）是空闲的，即没有被其他设备占用，则开始进行帧数据发送，同时继续侦听通信介质，以检测冲突。在发送数据期间，如果检测到冲突，就立即停止该次发送，并向介质发送一个"阻塞"信号，告知其他设备已经发生冲突，从而丢弃那些可能一直在接收的受到损坏的帧数据，并等待一段随机时间。在等待一段随机时间后，再进行新的发送。如果重传多次后（大于 16 次）仍发生冲突，就放弃发送。

接收时，网卡浏览介质上传输的每个帧，如果其长度小于 64B，则认为是冲突碎片。如果接收到的帧不是冲突碎片，且目的地址是本地地址，则对帧进行完整性校验；如果帧长度大于 1518B（称为超长帧）或未能通过校验，则认为该帧发生了畸变。通过校验的帧被认为是有效的，网卡将它接收下来并进行本机处理。

2.6.2 网卡的分类

由于目前的网络有 ATM 网、FDDI 网和以太网之分，所以网卡也有 ATM 网卡、FDDI 网卡和以太网网卡之分。以太网连接比较简单，使用和维护都比较容易，所以目前大多数局域网是以太网。以下只对以太网网卡进行介绍。

1．按传输带宽分类

按网卡的传输速率，即网卡所支持的带宽分为 10Mb/s 网卡（十兆网卡）、100Mb/s 网卡（百兆网卡）、1000Mb/s 网卡（千兆网卡），以及 10/100Mb/s 和 10/100/1000Mb/s 自适应网卡。目前 10/100Mb/s（快速以太网卡）、10/100/1000Mb/s 自适应网卡是主流网卡。自适应网卡能根据所连接网络的传输速率，自动确定是工作在 10Mb/s，还是 100Mb/s，还是 1000Mb/s 的传输速率。

2．按总线接口分类

按网卡所支持的总线接口不同，目前主要分为 PCI 网卡、PCI-E 网卡和 USB 网卡等，如图 2.68 所示。PCI 网卡具有性价比高、安装简单等特点。PCI-E 网卡具有更快的数据传输速率。USB 网卡是外置式的，不占用计算机的扩展槽，安装方便。

（a）PCI 网卡　　　（b）PCI-E 网卡　　　（c）USB 网卡　　　（d）USB 无线网卡

图 2.68　各种总线接口的网卡

3．按网络接口分类

网卡与网线连接接口主要有双绞线 RJ-45 接口、细缆 BNC 接口和粗缆 AUI 接口，以及综合了这几种接口类型于一身的 2 合 1、3 合 1 网卡，如 TP 口（BNC+AUI）、IPC 口（RJ-45＋BNC）、Combo 口（RJ-45＋AUI＋BNC）等。不同的接口决定了网卡与什么样的网线相连接，所以它与网络布线形式密切相关。选购网卡时，一定要注意网卡所支持的网络接口类型是否与所使用的网络布线类型相对应。由于 BNC 接口只支持 10Mb/s 网络，目前已比较少见。RJ-45 接口是目前的主流接口，如图 2.69 所示，其插头又被称为水晶头。

此外还有无线网卡，不需要连接任何网线。

图 2.69　RJ-45 接口的插座与插头

4．按安装位置分类

按照网卡安装的位置分为外置网卡、内置扩展网卡和板载网卡。USB 网卡处于主机箱之外，便于安装。内置扩展网卡通过主板上的扩展槽与系统相连，如 PCI 网卡、PCI-E 网卡。板载网卡是指集成在主板上的整合了网络功能的网卡芯片。

目前生产的主板几乎都带有板载网卡芯片。在使用相同网卡芯片的情况下，板载网卡较独立网卡更有优势。首先是降低了用户的采购成本；其次，可以节约系统扩展资源，不占用 PCI 插槽或 USB 接口等；第三，能够实现良好的兼容性和稳定性，不容易出现独立网卡与主板兼容不好或与其他设备资源冲突的问题。

2.6.3　网卡的选购

目前主板上集成的板载网卡芯片大多是 10/100Mb/s 或 10/100/1000Mb/s 芯片，基本能够满足一般的上网需求。如果没有特殊要求，尽量购买带有板载网卡的主板。当主板上没有板载网卡时，就要考虑选购独立网卡。

选购独立网卡时，对于在网络中需要处理大数据量的计算机，如 PC 服务器，应该选购千兆网卡，还可以安装多块网卡。对于主流 10/100Mb/s 网卡，根据其品牌、性能及价格分为 3 个层次，适用于不同场合。价格高的顶级产品兼容性好，软件支持好，局域网网内传输稳定性高、速率快，典型产品有 3Com、Intel；中高档网卡具有较好的性价比，适合较高要求的局域网，品牌如 D-LINK、ACCTON 等；实用型网卡价格较低，适合于大众用户，典型产品如 TP-LINK、TOPSTAR 等。此外，如果是在家庭或办公室，由三五台计算机组成局域网，选购价格低廉的 10Mb/s 网卡就可满足要求。

购买网卡时还要注意以下几个方面。

（1）看材料。

优质的网卡均采用喷锡板；而劣质的网卡一般采用非喷锡板材，又叫画金板，即直接用化工制剂清洗的铜板，颜色为黄色。采用画金板会极大地影响焊接的质量，造成虚焊、脱焊等,影响网卡的使用。可通过肉眼识别网卡所用的板材,喷锡板的裸露部分为白色,而画金板的裸露部分为黄色。

(2)看工艺。

良好的焊接质量可以保证数据的稳定传输。优质网卡的电路板焊点大小均匀、光亮,焊脚干净,没有堆焊和虚焊等现象,所有的焊点看上去基本上都一样。而劣质网卡的焊点不均匀,有时可以看到细小的气眼,出现堆焊或者虚焊的现象。

(3)看做工。

要注意网卡电路板的做工是否考究,如印制电路板比较厚实,边角平滑,没有毛刺,金手指光亮,整块网卡给人以整洁光净的感觉。此外,挡板强度要大,有光泽,并且与机箱的安装尺寸配合精确。

(4)看网卡 MAC。

每个网卡都有一个身份标志,称为 MAC 地址(或物理地址)。它在网络中具有非常重要的作用,负责进行网上用户识别。在购买网卡时一定要注意,正规厂家生产的网卡都直接标明 MAC,一般为一组 12 位的十六进制数,其中前 6 位代表网卡的生产厂商,由 IEEE 分配;后 6 位是生产厂商自行分配给网卡的唯一号码。有些网卡只用 6 位数表示卡号,这 6 位是 12 位中的后 6 位,前 6 位可查阅网卡生产商的号码获得。MAC 号还可以通过网卡自带的驱动程序查得,查得的卡号应和网卡上所标的卡号一致。

(5)看好服务。

最好购买信誉较好的品牌产品。目前市场上生产的网卡有:国外的 3Com、Intel、D-Link,国内的光讯(TP-LINK)等。另外,也有一些低价位的 OEM 产品,如腾达、水星(Mercury)等。信誉好的品牌不但质量有保证,售后服务也不错。

2.7 外部存储器

硬盘、固盘、光盘及移动存储设备是计算机的外部存储器。与内存相比,外存的访问速度慢、体积大,但具有存储容量大、可长久保存等优点。

2.7.1 硬盘

1. 硬盘结构

硬盘驱动器和硬磁盘片合称硬盘,英文名为 HarD Disk,缩写为 HDD。它是将磁头、盘片、电机等驱动装置密封成一体的精密机电装置。作为 PC 必不可少的外部存储设备,用户所使用的应用程序和数据绝大部分存储在硬盘上。

① 硬盘的外部结构。硬盘正面贴有标签,上面有产品的品牌、产地、批号、序列号等,一些产品还提供了接口电压、连接与跳线方法等说明,如图 2.70(a)所示。在硬盘的一端有电源接口、主从盘设置跳线和数据接口。硬盘的背面是硬盘控制电路板,其上有控制硬盘工作的电子元器件,如图 2.70(b)所示。总的来说,硬盘的外部结构分为接口、控制电路板、固定面板三个部分。

● 固定面板。硬盘的固定面板就是硬盘正面印有标签的金属面板,它与底板结合成一个密封的整体,保证硬盘腔体中的盘片、磁头和其他部件能在绝对无尘的环境下稳定运行。在硬盘表面有一个透气孔,其作用是使硬盘内部气压与外部大气压保持一致。由于硬盘腔体是密封的，所以透气孔不直接和内部相通，而是经过一个高效过滤器和内部相通，以保证腔体内部洁净无尘，使用中注意不要将它盖住。

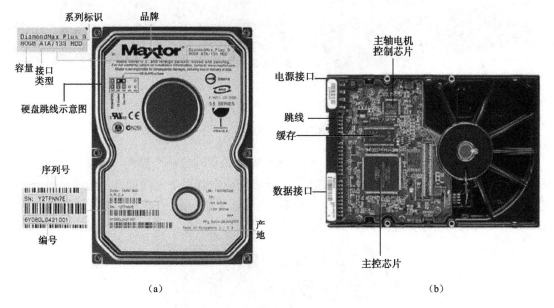

图 2.70　硬盘

● 控制电路板。硬盘控制电路板上有主轴调速电路、磁头驱动与伺服定位电路、读写电路、控制与接口电路等。此外还有微处理器 ROM 芯片，其中固化的程序可以进行硬盘的初始化，执行加电和启动主轴电机，加电初始寻道、定位以及故障检测等。基于稳定运行和加强散热的原因，控制电路板大多是裸露在硬盘表面的。

● 接口。硬盘接口包括电源接口和数据接口。电源接口与主机电源连接，为硬盘工作提供电力保证。数据接口是硬盘与主板控制芯片间进行数据交换的通道，使用数据线将其与主板的数据接口相连。硬盘数据接口主要有 EIDE（Enhanced IDE，增强型 IDE）接口、SATA 接口、SCSI 接口、SAS 接口和 USB 接口等。EIDE 接口造价低廉、使用方便，为多数硬盘采用。SCSI 接口可以利用 SCSI 控制器本身的硬件设备对数据传输进行管理，因此 SCSI 硬盘的 CPU 占用率低，数据传输率高，并且能在高使用强度的情况下正常工作达二三年之久，但是它的价格高，需要另外配置 SCSI 卡才能使用，所以主要用在服务器及高档 PC 中。SAS 接口较 SCSI 接口在接口速率上有显著提升，但 SAS 硬盘机械结构与 SCSI 硬盘几乎一样，数据传输的瓶颈集中在由硬盘内部机械机构和硬盘存储技术、磁盘转速所决定的硬盘内部数据传输速率上，因此硬盘性能提升不明显。SAS 硬盘价格昂贵，主要是取代 SCSI 硬盘出现在服务器及高档 PC 中。USB 接口的硬盘与 EIDE 接口硬盘的机械结构相同，但接口支持热插拔，一般用作移动硬盘。SATA 接口与 EIDE 接口相同，也是依靠 CPU 管理数据传输，但性能明显优于 EIDE 接口，数据传输率接近 SCSI 接口，由于 SATA 硬盘价格低于 SCSI 硬盘与 SAS 硬盘，因此，PC 中 SATA 硬盘已经成为主流硬盘。

EIDE 接口和 SCSI 接口的硬盘在使用时有主、从盘之分，所以要对硬盘进行主、从盘跳线设置，跳线设置位于电源接口和数据接口的中间部分，如图 2.71（a）、图 2.71（b）所示。

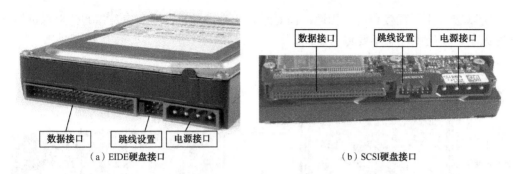

(a) EIDE硬盘接口　　　　　　　　　　(b) SCSI硬盘接口

图 2.71　硬盘接口

SATA 接口采用点对点的连接方式，每个 SATA 接口只连接一个硬盘，所以 SATA 硬盘不需要主、从盘跳线，其接口部分如图 2.72（a）所示。图中有两个电源接口，选择其中一个与主机电源相连，也可以利用转接头（称为 SATA 电源适配器）将 15 线接口 1 形式转换为 4 针接口 2 形式再与主机电源连接，如图 2.72（b）所示。

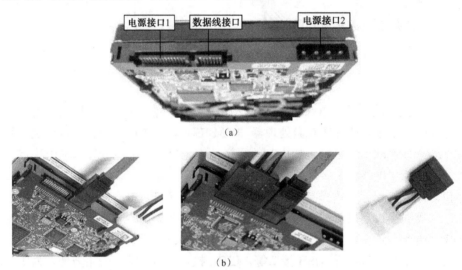

图 2.72　SATA 硬盘接口

SAS 接口比 50 针的普通 SCSI 接口小很多，如图 2.73（a）所示，采用直接的点到点的串行传输方式，即使一个端口串接多个硬盘也无须跳线。SAS 接口向下兼容 SATA 接口，因此两接口外观相同，为了区别，两种硬盘在电源接口和数据接口之间的分隔宽度不同，如图 2.73（b）所示，SAS 硬盘的分隔更宽一些。

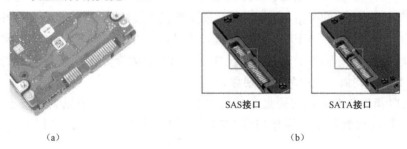

图 2.73　SAS 硬盘接口及与 SATA 硬盘接口比较

📖 知识拓展——硬盘的主、从盘跳线。

虽然 IDE 接口的硬盘基本被淘汰，但考虑在维修过程中仍可能会遇到，下面对这种硬盘的跳线进行介绍。

主板 IDE 接口通过 ATA 数据线与 IDE 设备连接。通常一根数据线上有三个接口，其中最前端接口（蓝色）接主板 IDE 接口，另外两个接口则可以接两个 IDE 设备，包括硬盘、光驱、刻录机等。在同一根数据线上如果接两个 IDE 设备，必须将其中一个设置为主盘（Master），另一个设置为从盘（Slave），以避免硬件冲突。

硬盘不同，主、从盘的跳线设置方法不同，具体设置方法可参考硬盘机壳上的跳线说明。如图 2.74 所示为 Western Digital（西部数据）硬盘机壳上的跳线说明，其中黑色方块表示跳线环。图中跳线有四种选择：单硬盘、主盘、从盘和线缆选择模式。Single 表示单硬盘时的设置；Dual（Master）表示双硬盘时主盘的设置；Dual（Slave）表示双硬盘时从盘的设置；Cable Select 为线缆选择模式，记作 CS 模式，这是硬盘出厂时的默认设置，此设置既可以把硬盘作为主盘用，也可以作为从盘用，当硬盘接在远离主板的线缆接口（黑色）时为主盘，接在靠近主板的线缆接口（灰色）时为从盘。

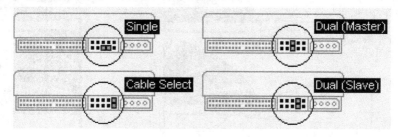

图 2.74　西部数据硬盘跳线设置

注意，启动硬盘必须设置为主盘，接在数据线的前端接口（黑色），数据线一定连接主板的 IDE1 口。

② 硬盘的内部结构。硬盘的内部结构主要包括读写磁头、盘片、硬盘主轴、电机、接口及其他附件。其中磁头盘片组件是构成硬盘的核心，它封装在硬盘的净化腔体内，包括浮动磁头组件、磁头驱动机构、盘片、主轴驱动装置及前置读写控制电路等，如图 2.75 所示。

● 盘片。盘片是硬盘存储数据的载体。硬盘盘片是将磁粉附着在铝合金或玻璃圆盘基片上制成的，硬盘盘体由多个重叠在一起并由垫圈隔开的盘片组成，如图 2.76 所示。硬盘格式化时，将盘片分为磁道、扇区、柱面。磁道上排列着许许多多的小磁体。当这些小磁体受到来自磁头磁力的作用时，其极性排列的方向随之改变。利用磁头磁力的作用控制这些小磁体的极性方向，使它们分别代表 0 和 1 状态，这样就使每个小磁体都储存了信息。磁头在读取信息时，将小磁体的极性转换成电脉冲信号即 0、1 数字信号，这些数字信号就是读取的信息。

图 2.75　硬盘的内部结构

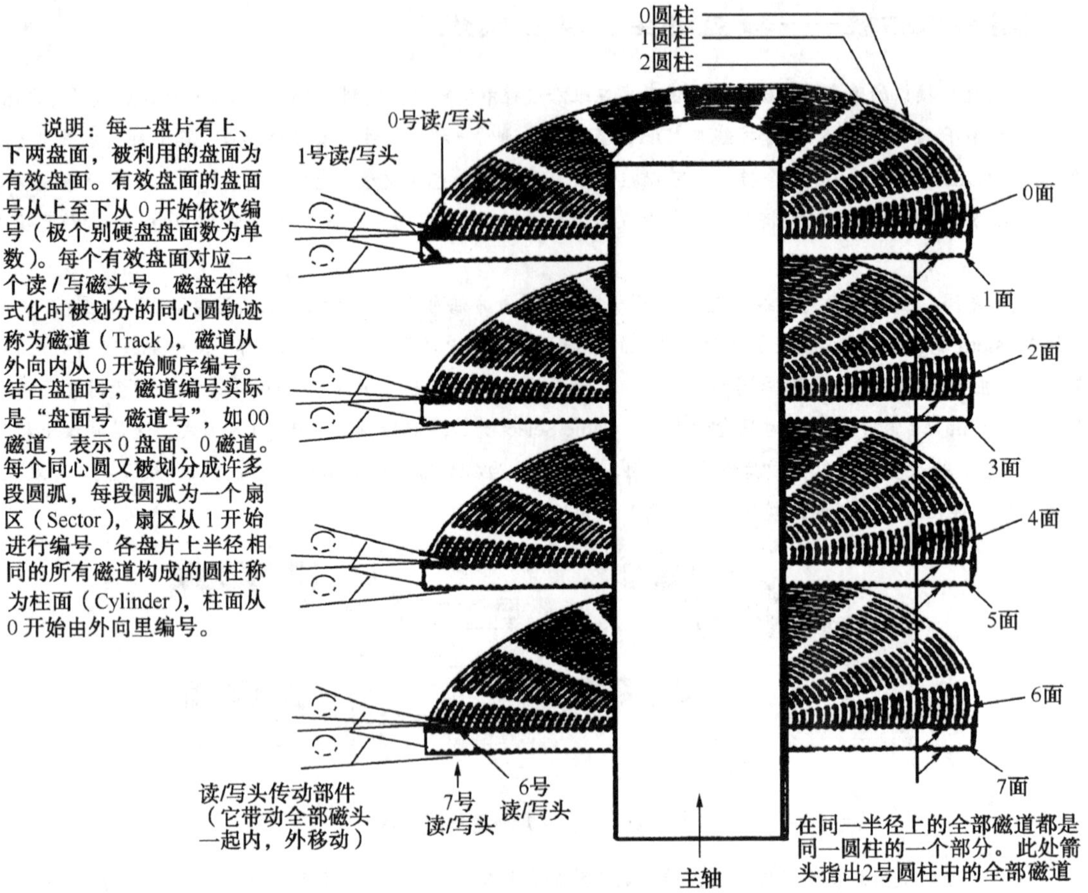

0圆柱
1圆柱
2圆柱
说明：每一盘片有上、下两盘面，被利用的盘面为有效盘面。有效盘面的盘面号从上至下从0开始依次编号（极个别硬盘盘面数为单数）。每个有效盘面对应一个读/写磁头号。磁盘在格式化时被划分的同心圆轨迹称为磁道（Track），磁道从外向内从0开始顺序编号。结合盘面号，磁道编号实际是“盘面号 磁道号”，如00磁道，表示0盘面、0磁道。每个同心圆又被划分成许多段圆弧，每段圆弧为一个扇区（Sector），扇区从1开始进行编号。各盘片上半径相同的所有磁道构成的圆柱称为柱面（Cylinder），柱面从0开始由外向里编号。
0号读/写头
1号读/写头
0面
1面
2面
3面
4面
5面
6面
7面
读/写头传动部件（它带动全部磁头一起内，外移动）
7号读/写头
6号读/写头
主轴
在同一半径上的全部磁道都是同一圆柱的一个部分。此处箭头指出2号圆柱中的全部磁道

图 2.76　硬盘盘片的磁道、扇区和柱面

● 浮动磁头组件。浮动磁头组件由读/写磁头、传动手臂、传动轴三部分组成，如图 2.77 所示。磁头实际是多个磁头的组合，用来读取或者修改盘片上小磁体的状态。浮动磁头采用头盘非接触式结构，加电后磁头在高速旋转的磁盘表面飞行，与磁盘的间隙（称为飞高）只有 0.005～0.01μm。读/写数据时，传动轴转动，带动传动手臂移动，传动手臂移动又带动悬浮磁头在盘片的半径方向上做弧线运动，如图 2.78（a）所示。

硬盘记录信息时，使用一个柱面进行记录，当该柱面写满后再使用最靠近的柱面，这样磁头移动距离最小，既利于提高读/写速度，获得高的数据传输率，又减少了运动机构的磨损。

电磁线圈电机
传动轴
前置控制电路
传动手臂
读/写磁头

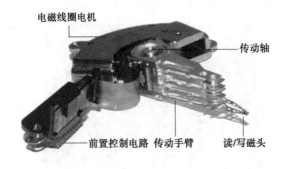

图 2.77　磁头组件与磁头驱动机构

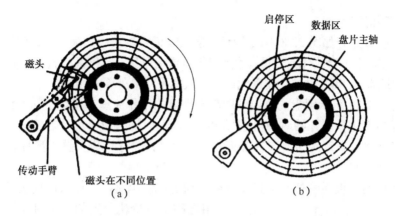

图 2.78　硬盘磁头的位置

● 磁头驱动机构。磁头驱动机构主要是由电磁线圈电机（也称音圈电机）或者直线运动步进电机构成的磁头驱动小车。如图 2.79 所示是音圈式旋转步进电机磁头驱动小车，它在磁头传动臂末端套上一组电磁线圈，线圈上、下两面各装一个磁性非常强的永磁体，为便于观察，右图中取走了上面的永磁体。当有电流流过线圈时，根据电磁感应原理，传动臂以传动轴为中心发生偏转，而磁头移动的距离则根据控制器在盘面上获得的磁头位置的反馈信息编码来决定。硬盘寻道需要磁头来回移动，高精度的磁头驱动电机可以快速地驱动磁头按照系统指令指向的磁道进行精准定位和跟踪，保证数据读/写的可靠性和完整性。

● 主轴组件。主轴组件包括主轴部件，如轴承和主轴电机等。主轴电机采用金属或陶瓷材料的滚珠轴承电机时，工作温度高，噪声大，有磨损。如果采用精密机械工业的液态轴承电机，以油膜代替滚珠，能避免直接摩擦，使噪声和温度降到最低。同时由于油膜具有有效吸收震动的特性，增强了主轴部件的抗震能力。从理论上讲液态轴承电机无磨损，寿命无限长。

硬盘的主轴电机转速越快，存取数据的时间越短。目前主流硬盘电机的转速为每分钟 7200 转，记为 7200r/min。

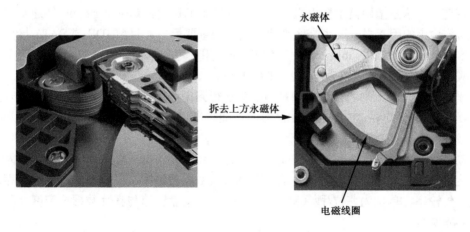

图 2.79　音圈电机磁头驱动小车

● 前置读/写控制电路。前置读/写控制电路包括控制电路和放大电路。控制电路控制主轴电机调速、磁头驱动和伺服定位等。放大电路放大磁头感应的信号，由于磁头读取的信号微弱，因此，将放大电路密封在腔体内可以减小外来信号的干扰，提高操作指令的准确性。

2. 硬盘工作原理

硬盘盘面区域划分如图 2.78（b）所示，磁头靠近主轴接触的表面，即线速度最小的部分是一个特殊区域，它不存放任何数据，称为启停区或着陆区，启停区外就是数据区。在最外圈，离主轴最远的地方是"0"磁道，硬盘数据的存放就是从最外圈开始的。

下面结合图 2.80 所示硬盘的电原理图简介硬盘的工作原理。硬盘驱动器加电后，控制电路中微处理器初始化模块开始对硬盘进行初始化，此时磁头置于盘片启停区，初始化完成后主轴电机将启动并以高速旋转，装载磁头的小车移动，将浮动磁头置于盘片表面的 0 道进入等待指令的启动状态。

接口芯片接到主机系统传来的指令信号，通过控制电路，驱动音圈电机发出磁信号，利用电磁感应变化位置的磁头对盘片数据信息进行正确定位后，将读取到的数据通过磁头芯片放大器传送给前置信号处理器和数字信号处理器进行解码、处理，然后传输到接口芯片，反馈给主机系统，完成指令操作。

结束硬盘操作的断电状态，在反力矩弹簧的作用下，浮动磁头驻留到盘面的启停区。

硬盘中的高速缓存芯片是为了协调硬盘与主机在数据处理速度上的差异而设置的。向硬盘读/写数据，先将数据存放到缓存，当达到一定数据量时再一次性读出或一次性向盘片写入。

此外，大多数硬盘将微处理器、接口电路、数字信号处理器、前置信号处理器等集成到一个芯片中，如图 2.70 中的主控芯片。

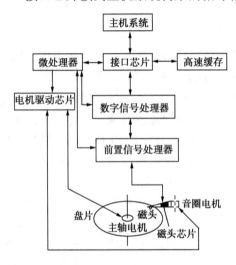

图 2.80　硬盘电原理框图

3. 硬盘技术指标

- 容量。作为计算机的外部存储器，容量是硬盘非常重要的指标，容量越大越好。
- 转速。转速是指硬盘主轴电机单位时间内转动的速度，单位是 r/min。转速是决定硬盘内部数据传输率的因素之一，也是区别硬盘档次的重要标志。目前 IDE 或 SATA 接口的硬盘转速有 5400r/min 和 7200r/min，其中，5400r/min 用于笔记本计算机，7200r/min 用于台式计算机。SCSI 硬盘和 SAS 硬盘为 7200～10 000 r/min，最高 15 000r/min。
- 平均寻道时间。平均寻道时间是指磁头从得到指令到寻找到数据所在磁道的时间，单位为 ms。硬盘的平均寻道时间越小，硬盘的性能越高。目前主流硬盘的平均寻道时间为 7～9ms。
- 高速缓存。硬盘的高速缓存是硬盘与外部总线交换数据的场所，缓存容量越大越好。
- 内部数据传输率。内部数据传输率又称持续数据传输率，是指磁头与硬盘缓存之间的最大数据传输率，单位为兆位/秒（Mb/s）。它取决于硬盘转速与盘片数据位密度（同一磁道上数据间隔度）。
- 外部数据传输率。外部数据传输率又称突发数据传输率或接口传输率，是指从硬盘缓冲区读取数据的速率，单位为兆字节/秒（MB/s）。
- 单碟容量。单碟容量是指单张盘片的存储容量。单碟容量越大，硬盘线密度（同一盘面磁道间隔度）越高，磁头寻道移动距离越小，从而使平均寻道时间减小，内部传输速率增大，硬盘读/写速率提高。出色的硬盘单碟容量现在已经超过 100GB。

● MTBF。MTBF 即连续无故障工作时间，指硬盘从开始使用到第一次出现故障的最长时间，单位为小时。该指标关系到硬盘的使用寿命，一般硬盘的 MTBF 大于 3 万小时。如果硬盘按每天工作 10 小时计算，其寿命至少也有 8 年之久。

● S.M.A.R.T。S.M.A.R.T.（Self-Monitoring Analysis and Reporting Technology）是自行监测、分析与报告技术的缩写。S.M.A.R.T.通过对硬盘磁头、盘片、电机、控制电路的运行状况、历史记录及预设的安全值进行分析、比较，当出现安全值范围以外的情况时，自动向用户发出警告。如当硬盘不良时，可能出现以下提示。

WARNING：Immediately backup your data and replace your hard disc drive. A failure may be imminent.（警告：可能要发生故障，立即备份数据并更换硬盘。）

S.M.A.R.T.还需要主板 BIOS 的配合。现在的主板几乎都支持 S.M.A.R.T，只要在 BIOS 中设置相关选项即可。

4. 硬盘分类

① 根据转速分类。根据主轴电机的转速将硬盘分为高速硬盘和低速硬盘。转速为 5400r/min 的为低速硬盘，7200r/min 或更高转速的硬盘为高速硬盘。

② 根据接口分类。硬盘根据接口可分为 IDE 接口硬盘、SATA 接口硬盘、SCSI 接口硬盘、SAS 接口硬盘和 USB 接口硬盘。

③ 根据位置分类。根据硬盘相对于机箱的位置分为内置硬盘和外置硬盘，外置硬盘也称移（活）动硬盘。

④ 根据尺寸分类。硬盘根据盘片直径尺寸可分为 1.8 英寸、2.5 英寸、3.5 英寸和 5.25 英寸硬盘。台式计算机一般用 3.5 英寸硬盘，笔记本计算机一般用 2.5 英寸硬盘，5.25 英寸硬盘基本已被淘汰。

5. 硬盘实例

如表 2.9 所示为一实际硬盘的参数。

表 2.9 硬盘参数

基 本 参 数	
适用类型	台式机
硬盘尺寸	3.5 英寸
容量	1TB
单碟容量	1TB
盘片数	1 片
磁头数	2 个
缓存	64MB
转速	7200r/min
接口类型	SATA3.0
接口速率	6Gb/s
性 能 参 数	
平均寻道时间	读取：<8.5ms；写入：<9.5ms
功率	运行：5.9W；闲置：3.36W；待机：0.63W
其 他 参 数	
产品尺寸	146.99mm×101.6mm×20.17mm
产品重量	400g

6. 选购硬盘

购买硬盘的原则是"高性价比"和"好用够用"相结合。选购时主要考虑以下因素。

● 看容量。硬盘的容量是选购硬盘的首要因素。从市场行情看，随着硬盘容量的增加，每单位容量的费用就越低。目前 PC 硬盘的容量有 4TB、3TB、2TB、1.5TB、1TB、750GB、500GB 和 320GB 及以下，主流容量是 1TB、2TB、3TB。除了看整盘容量外，尽量购买单碟容量大的硬盘，单碟容量大的硬盘比单碟容量小的硬盘性能高。

● 看转速。选购硬盘的第二个因素就是看转速。硬盘的转速越快，其数据传输速率越快，硬盘的整体性能也随之升高。目前市场上台式机硬盘基本都是 7200r/min。

● 看硬盘接口。根据选定的主板决定选用何种接口的硬盘。目前市场上有 SATA3.0、SATA2.0 和 SAS 三种接口的内置硬盘。主板 SATA2.0 接口只能选择 SATA2.0 硬盘，主板 SATA3.0 接口可兼容 SATA2.0 硬盘，SAS 接口主板三种接口的硬盘均可连接。由于 SAS 接口是双端口全双工传输，而 SATA 接口是单端口单工传输，如果主板 SAS 接口接 SATA 硬盘，即使两者传输速率标称相同，也会造成性能浪费。

● 看稳定性。随着硬盘容量的增大，转速的加快，硬盘稳定性的问题日渐突出。SAS 硬盘是企业级硬盘，能够 7 天×24 小时不间断工作，稳定性高，但价格也高。SATA 硬盘性能差些，价格却低。此外在选购前要多参考一些权威机构的测试数据，多进行市场调查，最好不要选择那些返修率高的硬盘。

● 看缓存大小。缓存容量的大小与硬盘的性能有着密切的关系，大容量的缓存对硬盘性能的提高有着明显的帮助。目前硬盘缓存容量有 8MB、16MB、32MB、64MB 四种规格。对于相同容量的硬盘而言，缓存增加一档，价格约增加几十元、上百元。如果经济条件允许，应尽量选择缓存大的硬盘。

● 看售后服务。由于硬盘是用户最主要的数据存储中心，对硬盘的读写操作比较频繁，硬盘出现故障的可能性比较大。硬盘一般在短时间内不容易出问题，所以硬盘保修服务的年限就比较重要。目前根据品牌的不同其质保时间一般为 1~3 年。

目前市场上硬盘的品牌有：希捷（Seagate）、西部数据（Western Digital）、东芝（Toshiba）、HGST、迈拓（Maxtor）、易拓、三星（Samsung）等。

2.7.2 固态硬盘

固态硬盘简称固盘，它的存储介质分为两种，一种采用闪存（Flash 芯片）作为存储介质，另一种采用 DRAM 作为存储介质。基于闪存的固态硬盘其最大优势是断电后存储内容不会丢失，方便移动，能适应于各种环境，但使用年限不长。基于 DRAM 的固态硬盘是高性能存储器，而且使用寿命很长，但需要电源持续供电以保护数据安全。

PC 使用的是闪存固盘，通常称为 SSD（Solid State Disk）。以下无特殊说明的，均指该类固盘。

1. 固盘结构

下面以 SATA 接口固盘为例介绍。如图 2.81 所示，拆去固盘外壳可以看到，它的内部构造十分简单，主体是一块 PCB，上面最基本的器件就是控制芯片，缓存芯片和闪存芯片。

主控芯片的作用，一是合理调配数据在各个闪存芯片上的负荷，二是作为连接闪存和外部总线的接口，承担了整个数据中转。不同的主控芯片性能相差非常大，在数据处理能力、算法，对闪存芯片的读写控制上会有非常大的不同，直接会导致固盘产品在性能上差距高达数十倍。缓存芯片用以辅助主控芯片进行数据处理。闪存芯片（又称闪存颗粒）采用半导体存储器 NAND Flash，其作用就是存储数据。

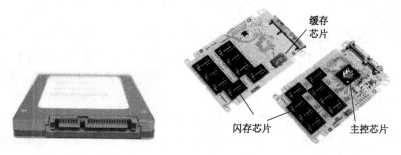

图 2.81 固态硬盘

2．固盘技术指标

● 容量。目前固盘的容量有 1TB、512GB、480GB、256GB、240GB、128GB、120GB、64GB、32GB 和 16GB 等，其中，64GB、128GB、256GB 是主流容量。

● 读取速度。指单位时间持续从硬盘读取数据的速率，单位为 MB/s。

● 写入速度。指单位时间持续向硬盘写入数据的速率，单位为 MB/s。SSD 的读取速度大于其写入速度。

● 平均寻道时间。SSD 不存在机械结构。所谓平均寻道时间是指对存储单元的寻址时间，一般不大于 0.5ms。

● 4KB 读写速度。指将以 512KB 为单位尺寸、1GB 大小的数据文件，对随机 4KB 单位尺寸的存储单元进行写入和读取操作所需要时间的平均值，换算成兆字节每秒（MB/s）表示。4KB 反映了 SSD 随机读写的速度，是决定 SSD 性能的最重要参数。

● IOPS。指每秒能够对 SSD 进行读写（I/O）操作的次数，单位为 T/s。该参数用以衡量 SSD 随机访问的性能。

● 平均无故障时间。指相邻两次故障之间的平均工作时间。该值越大，发生故障的几率越少。

● 闪存架构。闪存架构分为三种：一种是 SLC（Single-Level Cell）单层单元，即 1b/cell，每一存储单元存储一位数据；第一种是 MLC（Multi-Level Cell）多层单元，即 2b/cell，每一存储单元存储两位数据；第三种是 TLC（Trinary-Level Cell）三层单元，即 3b/cell，每一存储单元存储三位数据。闪存架构直接影响 SSD 使用寿命。SLC 因为结构简单，在写入数据时电压变化区间小，所以寿命较长，传统的 SLC NAND Flash 可以经受 10 万次的擦写。而且因为一组电压即可驱动，所以其速度表现更好，目前很多高端固态硬盘都是采用该类型的芯片。MLC 采用较高的电压驱动，通过不同级别的电压在一个块中记录两组位信息，这样就较 SLC 记录密度理论提升一倍。作为目前在固态硬盘中应用最为广泛的 MLC NAND Flash，最大的特点是以更高的存储密度换取更低的存储成本，缺点是写入寿命较短，读写方面的能力也比 SLC 低，官方给出的可擦写次数仅为 1 万次。TLC 的记录密度更高，因此 TLC NAND Flash 成本更低，但速度也慢，写入寿命更短，官方数据可擦写次数为 5000 次，所以该类型芯片只用在如低速快闪记忆卡等这类低端非关键性产品上。需要说明，读取操作对闪存芯片的影响不大，而写入操作一般是擦写同时进行，对芯片有一定的损害。因此，闪存的寿命用芯片能够承受的擦写次数表示。考虑 SSD 存储数据的可靠性、关键性，在 SSD 中只使用 SLC 和 MLC。

● 缓存。SSD 的缓存容量有 512MB、256MB、128MB、64MB。由于 SSD 的反应时间一

般都在 0.2ms 以内，不比缓存慢，所以缓存对 SSD 读取速度几乎可以忽略，但对写入速度有影响。目前，有些产品为了节省成本无此芯片或芯片容量很小，使固盘写入性能显著下降。

3．固盘分类

（1）根据接口分类。固盘的接口有 USB 接口、SATA 接口、eSATA 接口、IDE 接口、PATA 接口和 PCI-E 接口。其中，PCI-E 接口为板卡式企业级固盘，其他都是消费类固盘。

（2）根据位置分类。SATA 接口、IDE 接口、PATA 接口及 PCI-E 接口的固盘为内置式，USB 接口和 eSATA 接口为外置式。

（3）根据尺寸分类。内置式固盘（不包括 PCI-E 接口固盘）根据其外形尺寸与硬盘外形尺寸的对应关系，分为 1.8 英寸、2.5 英寸和 3.5 英寸三种。外置式固盘无固定尺寸。

（4）根据闪存架构分类。根据闪存架构分为 MLC 多层单元和 SLC 单层单元两种。

4．固盘实例

如表 2.10 所示为一实际固盘的参数。

表 2.10　固盘参数

基 本 参 数	
适用类型	消费类
硬盘尺寸	2.5 英寸
存储容量	128GB
缓存	256MB
接口类型	SATA3.0（6Gb/s）
闪存架构	MLC 多层单元
性 能 参 数	
读取速度	530MB/s
写入速度	290MB/s
平均寻道时间	0.5ms
其 他 参 数	
平均无故障时间	大于 200 万小时
外形尺寸	100.5mm×69.85 mm×7mm
产品重量	77g
工作温度	0～70℃
存储温度	-55～85℃
质保期限	3 年

5．选购固盘

相对于传统硬盘来说，固盘最突出的优点是读写速度快，最突出的缺点是使用寿命短，出现损坏时数据基本无法恢复，并且目前价格也很高，因此在经济条件允许的情况下，购买固盘主要用它作为系统盘。

选购固盘时注意以下要点。

● 闪存。闪存颗粒直接决定 SSD 使用寿命和性能，同时其成本也直接决定 SSD 的价格。选用架构为 SLC 或 MLC 的闪存颗粒。SLC 速度快，使用寿命长，擦写次数约 10 万次，但价格昂贵，价格约为 MLC 的 3 倍以上。MLC 有显著的密度优越性，但相比 SLC 牺牲了速度、功耗，且使用寿命缩短，实际擦写次数约 3000～10 000 次，价格适中。对于普通使用来说选择 MLC 颗粒就足够了，如果对速度和可靠性有更高要求的话，则选 SLC 颗粒。要防止买到 TLC 颗粒，TLC 虽然储存容量变大，成本低廉许多，但效能也大打折扣，速度慢、寿命短，实际擦写次数约 500 次，对于一些需要中重度的使用来说 3 年就可能出问题了。如果产品不写明闪存架构的话，可能就是 TLC 三层单元架构。

● 主控。SSD 的主控类比于整机的 CPU。一个好的主控可以帮助闪存颗粒发挥最大的性能，同时一个差的主控也会毁掉好的闪存颗粒。

目前市场上比较主要的主控来自三家。占有率最高的是 SandForce 第二代主控，它提供了一套成熟的主控方案，厂商只需买方案，再加入自己的 PCB 设计、闪存搭配、固件算法就能制造出固盘。其弊病也很明显，就是同样的主控要兼容各种不同的闪存、固件，所以各大 SandForce 主控的固盘产品性能参差不齐。此外还有 Marvell 主控和 Intel 主控，只是产品较少，但性能都相当出色。

购买时尽量选择主流的主控芯片和原厂颗粒，因为芯片厂商在生产过程中都会经过层层挑选，只有合格的芯片才会被打上原厂标志。有些不合格但是符合使用标准的芯片就会被经过二次打磨或者彻底磨去标志，这些芯片品质较差，但是经过特调和屏蔽也可以使用，加上价格便宜，因此也有产品会用这样的芯片。

● 容量。目前固盘主流容量是 64GB、128GB、256GB。如果安装 Windows XP 操作系统，选择 64GB 容量足以。如果安装 Windows 7，考虑系统文件要占据近 20GB 的空间，并且根据 SSD 的特性，需要为 SSD 预留出约 20%的空间才能保证最佳效能和稳定性，64GB 作为目前的入门级容量就显得有些紧张，应该选更大一些的容量。至于 128GB 和 256GB，差别并不大，如果仅将 SSD 作为系统盘使用，128GB 足够了，256GB 可用于系统盘再安装些常用应用程序，这种搭配才更能发挥 SSD 的优势。如果有大容量存储需求，选择 SSD 容量就要谨慎，因为大容量也意味着高能耗和高发热，这时不妨考虑选大容量机械硬盘作为仓库盘，这样数据"冷热有分"更可以充分发挥硬盘的特性。

● 接口。目前固盘的主流接口是 SATA3.0 接口和 SATA2.0 接口，要注意与主板接口的搭配，如果主板仅支持 SATA2.0，则配置 SATA3.0 接口的固盘势必会造成浪费。

● 稳定性。随着固盘市场需求量的增大，固盘的稳定性也成为关注的焦点。在选购前多参考一些权威机构的测试数据，多进行市场调查，最好选择口碑好、返修率低的产品，对那些稳定性不好、良莠不齐的品牌，即使价格低也要慎重考虑。

● 售后服务。不同品牌的固盘质保期限不同，也有同一品牌不同系列的固盘质保期也不同的情况。最好选择质保期长的，这表明厂家对自己的产品有充分的信心，品质和稳定性一定上乘。目前的产品中，最长保修期的是 5 年，一般为 3 年，有的品牌是 1 年换新、3 年保修。另外，联保即原厂保修比店保即购买商店保修的产品更可靠，但价格也会更高一些。要谨防价格与中关村在线、太平洋电脑网或 IT168 报价相差较大的，它很有可能不是正品，也就得不到应有的质保。

目前市场上固盘的品牌有：镁光（Crucial）、浦科特（PLEXTOR）、闪迪（SanDisk）、Intel、OCZ、威刚（ADATA）、海盗船（CORSAIR）、三星和东芝等。

2.7.3 光盘与光盘驱动器

1．光盘

光盘具有存储容量大、保存时间长、工作稳定可靠、便于携带、价格低廉等优点。

① 光盘类型。光盘按照是否能读写分为三种类型：一种是只读型光盘，它们由生产厂家预先写入信息，用户只能读出不能写入；第二种是只写一次型光盘，可以由用户写入信

息，但只能写一次，可多次读出；第三种是可擦写型光盘，这种光盘类似磁盘，可以重复读写。

每种类型的光盘按所适用的激光不同，目前又分为 CD（Compact Disc），DVD（Digital Versatile Disc）也称红光 DVD，BD（Blu-ray Disc）也称蓝光 DVD，HD DVD（High-Density DVD）也称高清晰度 DVD。

知识拓展——光盘规范

光盘规范主要是指光盘记录信息的格式。光盘驱动器按照规定的格式读取光盘信息或向光盘写入信息。如果驱动器读取格式与光盘已有的数据格式不一致，驱动器将无法识别光盘信息，也就读不出其中的数据。

光盘规范很多，有些是一些公司联合制定的规范，有些已被 ISO（International Organization for Standardization，国际标准化组织）采纳成为国际标准。以下基本按规范推出的时间先后进行介绍。

● CD-DA（Compact Disc-Digital Audio）：数字音频光盘标准，即红皮书标准。红皮书于 1981 年制定，是最早的 CD-ROM 标准，而且成为其他 CD 标准的基础。CD-DA 允许声音和其他类型的数据交叉，所以记录的声音可以伴有图像。CD-DA 盘片上印有 "Compact Disc Digital Audio" 字样，即常说的 CD 盘。

● CD-ROM（CD Read Only Memory）：1985 年推出的黄皮书标准，只读型光盘，存储数字化的文字、声音、图形、动画和全活动视频影像。

● CD-I（CD Interactive）：1986 年公布的绿皮书标准，交互式光盘，用于存放用 MPEG（Moving Picture Export Group，活动图像专家组）压缩算法获得的立体声视频信号。MPEG 是一种图像压缩标准的简称，有不同的版本，比较常用的有 MPEG2、MPEG3 和 MPEG4，也就是通常说的 MP2、MP3、MP4。

CD-I 主要通过 CD-I 播放机播放，在立体声系统或电视机上欣赏其中内容，也能在计算机中安装解压卡或解压软件通过监视器观看。一般不能用 CD-ROM 驱动器读出。

● CD-ROM/XA（Extended Architecture）：扩展 CD-ROM 标准，兼容 CD-I。CD-ROM/XA 用 CD-ROM/XA 系统播放，通过软件驱动也能在 CD-ROM 驱动器上读出。

● CD-V（CD-Video）：从红皮书发展而来，只能在影碟机上使用，视频信息可输出给电视机。

● VCD（Video CD）：1993 年制定的白皮书规范，用于保存 MPEG 标准的声音、视频信号，可以存储长达 74min 的动态图像。能在 CD-I、CD-ROM/XA 和 VCD 播放机上播放。CD-ROM 驱动器可以读取 VCD，在 MPEG 解压卡或解压软件下重现视频音频信号。

● Photo CD： KODAK（柯达）公司和 Philips 公司制定的，在光盘上存储彩色照片的标准。一张 Photo CD 可以存储 99 张照片。

● CD-R（CD-Recordable）：橙皮书标准，也记作 WORM（Write Once，Read Many），即一次写多次读 CD 盘，内部结构类似于 CD-ROM，信息存放格式同 CD-ROM。

● CD-RW（CD-Rewriteable）：橙皮书标准，CD 格式，允许重复擦除、复写。

● DVD-ROM：DVD 开始是数字视频光盘 Digital Video Disc 的缩写，现演变为 Digital Versatile Disc，表示数字多功能光盘。DVD-ROM 是 A 书规范，是数字多功能只读型光盘，向下兼容 CD-DA、CD-ROM，第二代 DVD-ROM 还与 CD-R 兼容。

● DVD-Video： B 书规范，用于影视娱乐产品，即 DVD 影碟机。采用 Dolby Digital 格式（杜比数码格式），能够产生 5.1 声道环绕立体声。

● DVD-Audio： C 书规范，用于数字音频产品。

● DVD-R： D 书规范，一次写入型 DVD。初期容量 3.95GB，之后扩大到 4.7GB。兼容所有 DVD 格式。

● DVD-RW：相变可擦写格式，F 书规范。DVD-RW 于 1999 年推出，可在大部分 DVD 光驱和 DVD 机上播放，初始容量 4.7GB。

● DVD+R：也为一次性写入 DVD，为与 DVD-R 区分，称为可记录式 DVD。单层标称容量为 4.7GB，实际容量 4.38GB。双层标称容量为 8.5GB，实际容量为 7.96GB。双层 DVD+R 的标志为 DVD+R DL。

● DVD+RW：也为相变可写格式，为与 DVD-RW 区分，称为可重写式 DVD。+RW 兼容 DVD-ROM 和 CD，不兼容 DVD-RAM，容量为 2.8GB，仅用于存储计算机数据。第二代+RW 兼容 CD-R、CD-RW。

DVD+R/W 与 DVD-R/W 是由不同标准组织制定的标准，彼此不兼容。相对来说，DVD+R/RW 的兼容性略逊于 DVD-R/RW，尤其是在一些早期的 DVD-ROM 光驱和 DVD 影碟机上更是如此。

● DVD-RAM：可擦写型 DVD，E 书规范。有两种规格，单面 2.58GB，双面 5.2GB，统一采用 UDF 格式（Universal Disc Format，通用磁盘格式），可重复擦写 10 万次以上。

● BD：蓝光 DVD，分为 BD-ROM、BD-R、BD-RE 格式。

● HD DVD：高密度 DVD，分为 HD DVD-ROM、HD DVD-R、HD DVD-RW 格式。

② 光盘外观结构。光盘的盘片厚 1.2mm，直径有三种规格：12cm（4.75 英寸）、14cm（5.25 英寸）、8cm（3.5 英寸）。其中，12cm 用得最多，而 14cm 在计算机设备中没有使用。

如图 2.82 所示为 12cm 光盘的外形结构，中心直径 15mm 圆孔向外 13.5mm 区域不保存内容，再向外 38mm 区域存放数据，外侧 1mm 为无数据区。

③ 光盘数据存储形式。光盘沿光道（凹槽）存储数据。光道与磁盘上的同心圆磁道不同，它是由中心逐渐向外沿展开的螺旋线，如图 2.83 所示，数据以"凹坑"的方式被记录在光道上。

图 2.82　12cm 光盘的外观结构

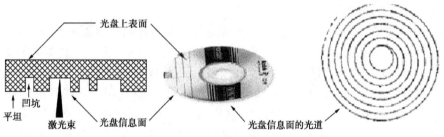

图 2.83　光盘存储信息示意图

CD-ROM 的道密度约为 630 条/mm，螺旋线圈间距 1.6μm，线宽 0.6μm，凹坑深 0.12μm，最小凹坑长 0.834μm，螺旋线总长约 5km，可保存约 650MB 数据。DVD-ROM 的线间距为 0.74μm，最小凹坑长仅为 0.4μm，由两层 0.6mm 基层粘成，每面可存两层数据，因此有 4 种数据存储容量：DVD-5（单面单层），4.7GB（约为 CD-ROM 容量的 7 倍）；DVD-9（单面双层），8.5GB；DVD-10（双面单层），9.4GB；DVD-18（双面双层），17GB。HD DVD-ROM 采用在凸凹槽上均记录数据，最小凹坑长 0.2μm，单面单层容量为 15GB，单面双层为 30GB。BD-ROM 仍采用只在凹槽上记录数据，但两基层厚为 0.1mm+1.1mm，道间距减小至 0.32mm，最小凹坑长 0.14μm，单面单层盘片存储容量定义为 23.3GB、25GB 和 27GB，其中最高容量 27GB 是 DVD-5 容量的近 6 倍，可录制 13 小时普通电视节目或 2 小时高清晰度电视节目，双层双面的容量更高，达到了 100GB。

需要指出，光盘存储容量的增大不仅只是光盘制造工艺的发展，同时与光驱技术的发展也是分不开的。

④ 选购光盘。选购光盘首先要考虑光盘与光驱的兼容性。如果光驱兼容所有格式的光盘，接下来就要根据经济条件以及使用情况确定光盘的类型，无论是选购只读型光盘还是可写光盘，都可以从以下方面考虑。DVD 的性能和容量均高于 CD，但价格也高；BD 和 HD DVD 的性能相差不大，但 BD 的容量略高于 HD DVD，BD 和 HD DVD 的性能和价格都远高于 DVD。因此，要欣赏高清晰度影像或进行电影制作等，应选 BD 或 HD DVD；如果是观看电影或进行绘图等专业制作，可选 DVD；一般使用选择 CD。

在购买时还要注意察看光盘的正面与背面有无透光点、有无"气泡"、有无"针眼"。

目前，用量最大的是 CD-R。CD-R 按记录信息介质的染料层不同分为绿盘、金盘和蓝盘，它们写入和读取数据的原理都相同。绿盘具有较好的兼容性，但对强光过于敏感，若放置不当容易使光盘报废；金盘是在绿盘基础上改良而成，有较好的抗光性，稳定性强，保存数据时间长；蓝盘在写入和读取数据时有较高的准确性，但刻录速度有限。

此外，CD-R、DVD-R 和 BD-R 光盘还有是否可打印之分。可打印光盘利用光盘打印机在印刷面能够打印上图案和文字，使光盘具有标志性、装饰性和简易性。但打印前必须保证光盘的数据面也是空白的，即还没有写入任何内容。

2. 光盘驱动器

（1）光驱的种类。光盘驱动器简称光驱，是用来读取光盘数据或向光盘写入数据的设备。

目前光驱的种类主要有 DVD 刻录机、蓝光刻录机、DVD 光驱、蓝光光驱、蓝光 COMBO、COMBO。驱动器不同，其兼容性也不同，一般来说是向下兼容的，向上不兼容，如 DVD 光驱可兼容大部分 CD 光盘的格式。具体某一种光驱的兼容性还要由产品本身决定。

COMBO 是指康宝光驱，它是集读取 CD、DVD 以及刻录为一体的多功能光驱。

（2）光驱结构。

① 光驱的外观结构。内置式光驱的外观基本相同。下面举例进行介绍。

● 光驱前面板结构。光驱的前面板如图 2.84（a）所示，主要由光盘托盘、耳机插孔、工作指示灯、音量调整旋钮、播放按键、进出/停止按键及紧急弹出孔等组成。光盘托盘用于承载光盘盘片，同时起到光驱仓门的作用；耳机插孔用于连接耳机或音箱，输出 Audio CD 音乐；音量旋钮用于连续调节 CD 音乐音量的大小，有些光驱使用"＋"、"－"按键步进调节音量，还有一些光驱取消了面板音量调节，改由在显示器窗口中利用软件进行调节；进出/停止按键用于控制托盘的进出，播放 CD 时用于停止播放；播放按键用于直接使用面板控制播放 CD，有些光驱将该按键与进出/停止按键合为一个按键；工作指示灯用于显示光驱的运行状态，灯亮时表示驱动器正在读/写数据，熄灭时表示驱动器没有读/写数据；紧急弹出孔用于断电状态下打开光盘托盘，操作时用细金属针（如回形针）在此孔插入，稍用力一顶便可打开托盘。

● 光驱背面结构。光驱背面结构如图 2.84（b）所示，分为电源接口、数据接口、主/从盘跳线及音频输出接口。电源接口用于连接主机电源，为光驱工作提供电力保证。主/从盘跳线用于设置光驱为主盘模式还是从盘模式。数据接口是光驱与主板控制芯片间进行数据交换的通道，目前大部分光驱的数据接口为 USB 和 SATA 接口，也有部分 IDE 接口的光驱。音频输出口有数字音频（Digital Audio）接口 2 针，标志为 DG（Digital Grand），连接数字音频系统或数码音乐设备；模拟音频（Analog Audio）接口 4 针，标志为 RGGL（Right Grand Grand Left），通过音频线将其与声卡对应接口相连，目前主要使用模拟音频口。

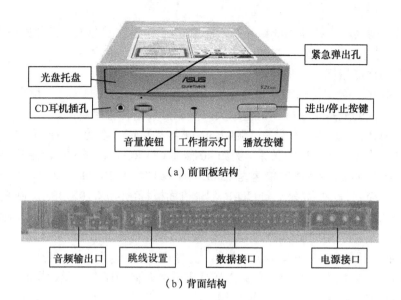

(a) 前面板结构

(b) 背面结构

图 2.84 光驱外观结构

② 光驱的内部结构。光驱的内部结构主要由激光头组件、控制电路、机械部件等组成。

● 激光头组件。激光头组件是光驱最重要的部件，它由激光发生器、聚焦透镜、半反射棱镜等组成。光驱就是依赖它所发出的激光束照射光盘来读取光盘数据或写入数据的，而能够支持何种规格的光盘也完全取决于激光头组件。按照标准，激光发生器所发出的激光波长和功率都有严格限定，其中波长直接关系到支持光盘的格式，780nm 对应 CD 类设备，650nm（红色激光）对应 DVD 类设备，405nm（蓝色激光）对应 BD 和 HD DVD 类设备。

● 控制电路。控制电路的功能一方面是控制激光头的径向移动和主轴电机的旋转方式，另一方面是完成由光信号到电信号的转换。光驱工作时，光敏元件根据光盘反射光的强、弱确定读取的信号是 0 或是 1，反映在电路上就是产生低电平或高电平信号，这些高、低电平的电信号输入到控制电路后转换成计算机可以识别的数据流。

● 机械结构。光驱的机械结构分为托盘操控系统、主轴电机和激光头组件控制三部分。托盘操控系统主要是控制光盘托架的进出和读取时对光盘的夹紧固定；主轴电机的主要功能是光盘压紧后，带动光盘高速旋转；激光头组件控制的任务是根据读取要求带动激光头组件移动。

(3) 光驱工作原理。以下结合如图 2.85 所示激光头组件简介光驱工作原理。读取光盘数据时，激光发生器发出一定波长和能量的激光束，通过聚焦透镜照射到光盘带有凹坑的光道上并反射回来，由于棱镜是半反射结构，因此反射光不会返回激光发生器，而是经棱镜反射到光敏元件上，光敏元件将接收到的强弱不同的光信号转换为数字电信号 0 和 1，再经控制芯片处理传送给主机系统。

向光盘写入数据分为两种情况。采用一次写入技术时，介质通常采用有机染料聚合物，刻录机用高功率激光束照射盘片，使介质层发生化学变化，模拟 0、1 信息。重复擦写光盘采用相变（Phase Change）技术，刻录时高功率激光束照射用特殊介

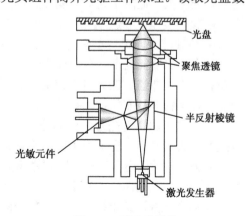

图 2.85 激光头组件

质制成的盘片，使其产生结晶和非结晶态，模拟 0、1 信息。因在激光束照射下光盘能由结晶态转变成非结晶态，或由非结晶态转变成结晶态，从而实现多次写入。

（4）光驱的性能指标。

● 数据传输率。数据传输率是指光驱在 1s 内所能读写的数据量，单位为 KB/s 或 MB/s。它是衡量光驱性能的最基本指标。该值越大，光驱的数据传输率越高。

最初 CD-ROM 数据传输率只有 150KB/s，被定为单速。在此之后出现的 CD-ROM 的速率与单速标准相比较是一个倍数关系。例如 40 倍速 CD-ROM 的数据传输率为 6000KB/s（150×40＝6000）。DVD-ROM 的单速为 1385KB/s，约为 CD-ROM 的 9 倍。对于刻录机来说，其标称速度有 3 个：写/复写/读。如 CD-R 刻录机面板标出 40X/10X/48X，则表示刻录 CD-R 速率为 40 倍速，复写 CD-RW 速率为 10 倍速，读取 CD-ROM 的速率为 48 倍速。而对于 COMBO 的标称速率有 4 个，如 48X/16X/48X/24X 表示读取 CD-ROM 速率为 48 倍速，读取 DVD-ROM 速率为 16 倍速，刻录 CD-R 速率为 48 倍速，复写 CD-RW 速率为 24 倍速。

● 旋转方式。旋转方式是指激光头在光盘表面横向移动读取轨道数据时，光驱主轴电机带动光盘旋转的方式，有三种方式：恒定线速度方式 CLV（Constant Linear Velocity）、恒定角速度方式 CAV（Constant Angluar Velocity）、局部恒定角速度方式 PCAV（Partial CAV）。CLV 技术在读/写光盘内圈数据时加快主轴电机转速，优点是使数据传输率基本恒定；缺点在于读取光盘内、外圈时，主轴电机转速经常改变，容易使光驱寿命缩短。CAV 技术的优点是读取光驱的主轴电机转速不变，可使其可靠性和寿命大为加强；缺点是读取光盘内、外圈的数据时，传输速率不一样，在读外圈数据时传输率达到最大，这就是有些光驱标志速率为 max 的原因。PCAV 技术综合 CLV 和 CAV 技术的优点，在随机读取光盘时采用 CLV 技术，而一旦激光头无法正确读取数据时，立刻转为 CAV 方式减速读取。

● 平均寻道时间。平均寻道时间是指从检测激光头的定位到开始读盘所需要的时间，单位为 ms。它是衡量光驱性能的一个重要指标，平均寻道时间越短越好。

● CPU 占用时间。CPU 占用时间是指光驱在维持一定的转速和数据传输率时所占用 CPU 的时间，它是衡量光驱性能好坏的一个重要指标。CPU 占用时间越少，光驱整体性能越好。

● 缓存容量。缓存是光驱内部的数据缓冲存储区，缓存越大，读盘次数越少，数据传输率越高。目前 DVD 光驱的缓存多为 198KB 或 512KB，刻录机的缓存为 2MB、4MB，有些为 8MB。

● 容错性能。容错性能又称纠错能力，是指光驱读取质量较差的光盘的能力。容错性能越强，光驱能读低质量光盘的能力越强。

● 接口类型。光驱的接口有 IDE、SATA 和 USB 接口，其中 USB 接口主要用于外置光驱。

● 光盘进出方式。光盘进出方式有弹出式、缓出式、吸入式和翻盖式。

吸入式光驱无托盘，有一插空，光盘插入一半时能被自动吸入，弹出时弹出 2/3，露出中心圆孔以方便取出。在光盘入口处上、下边缘均带有毛刷，使盘片进入时拂去上、下层的灰尘及各种异物，从而保护光头的清洁。

翻盖式光驱也无托盘，少部分外置式光驱采用此方式。使用时将光驱上部翻盖打开，直接把盘片放入光驱，合上翻盖就能读取，使用起来很方便。

此外，刻录机还有一种卡匣式进盘方式，它是将刻录光盘放在专用卡匣中再插入刻录机，盘片密闭性、可靠性好，光驱可以垂直放置，使用寿命长，但换盘烦琐。

● 刻录方式。该指标仅适用于刻录机。刻录方式分为 4 种：整盘、轨道、多段、增量包。整盘刻录无法再添加数据；轨道刻录每次刻录一个轨道，CD-R 最多支持刻写 99 条轨道，但要浪费几十 MB 容量；多段刻录与轨道刻录一样，也可以随时向 CD-R 中追加数据，每添加一次数据，浪费数 MB 容量；增量包的数据记录方式与硬盘类似，允许在一条轨道中多次添加小块数据，避免了数据备份量少的浪费，此外该方式的显著优点是避免发生缓存欠载现象。

（5）选购光驱。在所有计算机配件中，光驱是易耗品，使用中经常出现读盘困难等现象。因此，面对市场上众多品牌、不同型号的光驱，用户应从以下几个方面着手选择。

① CD、DVD、BD/HD DVD 只读光驱的选购。因为 CD 光驱不能兼容高性能 DVD，所以 CD 光驱已被淘汰。虽然 BD 和 HD DVD 有着优异的性能，但因其盘片及光驱价格昂贵，建议只有在特殊应用时购买。目前，DVD 光驱是市场主流，购买时可考虑以下几个因素。

- 速率不是全部。除速率外，缓存大小和平均寻道时间对光驱的总体性能也有着举足轻重的影响。因此，在价格差别不大的情况下，尽量选择高速缓存较大的产品。
- 稳定压倒一切。许多人都有过这样的经历，光驱刚买回来时再"花"的盘片也能轻松地读出，但用过一段时间后（往往刚过质保期）读盘能力迅速下降，甚至连质量较好的盘片都无法正常读取。因此，光驱的稳定性显得尤为可贵。
- 接口。目前 SATA 接口为内置光驱的主流接口，在价格相差不大或根本没有价格差异的情况下，尽量选用 SATA3.0 接口的产品。
- 静音。光驱噪声是计算机工作时的噪声源之一。光驱工作时盘片高速旋转，带动内部空气产生高速气流，使气压不均衡，会产生呼呼的声音。另外，当盘片质量太差，如过薄、厚度不均匀、偏心时，都会使电机转轴、盘片受力不均、转速不匀，产生震动噪声（甚至碎盘）。因此，尽量选择采用静音技术的光驱。
- 品牌。一般来说，名牌的背后以可靠的质量为后盾，这是选购一个好的、让人放心的光驱的要素之一。由于光驱在长时间的使用过程中，容易造成配件损耗，比其他产品的返修率要高，且这些配件大多有各厂商的独特技术，需要送到特定代理商处返修。因此，选购光驱时，一定要注意品牌。目前 DVD 内置光驱的品牌主要有明基、先锋、三星、LG、建兴和微星。外置光驱除上述品牌外，还有华硕、惠普。这些品牌一般承诺三个月保换，一年保修。

确定了上述因素后，挑选光驱时要做到以下几点。

➢ 注意检查光驱外包装和相关配件。无包装的产品可能是翻修的或水货，质量没有保障，最好不要选用。对于有正式包装的光驱注意检查包装是否密封完整、印刷图案字样是否清晰、附带的连接线和驱动盘是否齐全等。

➢ 注意检查光驱的质量。首先观察所购光驱的质地、做工，看前面板是否平整、质感好、无毛刺，主体金属外壳是否做工精细、结构细密，然后查看外壳上的商标贴纸，是否有详细的技术参数，且字样印刷清晰，并注明产地，有安全标志等。

② 刻录机的选购。选购刻录机时，需要考虑以下因素。

- 刻录机的工作稳定性和发热量是不容忽视的前提。由于用刻录机刻盘耗时相对较长，要求刻录机有较高的稳定性。另外，还要考虑刻录机的发热量，如果刻录机在短时间发热过大，容易缩短激光头的使用寿命，使正在刻录中的光盘受热变形，造成刻录失败甚至盘片炸裂。
- 缓存容量。缓存容量的大小是选购刻录机的一个重要指标。因为刻录时数据先写入缓存，刻录软件再从缓存调用刻录数据，刻录同时后续数据再写入缓存，以保持写入数据能良好组织并连续传输，如果后续数据没及时写入，传输中断将导致刻录失败。因此，价格差别并不明显时，建议优先考虑缓存大的产品。
- 刻录速率。刻录速率越高，刻录时间越短，例如刻录一张 4.7GB 的 DVD-R 光盘，8X 刻录机一般在 10min 之内完成，4X 的则需要 15min。还要考虑刻录机支持的盘片，目前市场上 16X DVD-R/+R 光盘种类丰富、价格便宜，作为一般的家庭用户，购买 DVD-R/+R 为 16X 的光驱比较经济。

● 质保时间。对于一般个人用户来说，可能一个月只刻录几张盘片，而对于经常进行数据备份的行业用户来说，其刻录盘片的次数可能非常多。因此，不同用途的刻录机其寿命不同。目前市场上不同品牌刻录机的质保时间是不同的，一般小品牌的质保时间较短，而大厂提供的服务相对来说要好，当然价格也高。用户可以根据刻录机的质保时间，参考使用频率进行选择。比较知名的刻录机品牌有华硕、先锋、惠普、明基、建兴、微星、LG 等。

2.8 机箱和电源

机箱和电源实际是分开的两个部分，但在计算机配件市场，机箱和电源一般同时出售。

2.8.1 机箱

机箱的主要作用是放置和固定计算机配件，并起到一个承托和保护的作用，此外机箱还具有屏蔽电磁辐射的重要作用。

（1）机箱类型。

目前 PC 机箱的种类有很多，如表 2.11 所示，举例如图 2.86 所示。其中 mini 型 ATX 结构立式机箱是主流，能安装 ATX 型主板或 M-ATX 型主板。机箱类型不同，能支持安装的主板板型不同，显卡的限长也不同，而且所用电源也有差别，选购时一定要注意。

表 2.11 PC 机箱分类

机箱类型		机箱结构	机箱样式	支持的主板板型	备注
台式机机箱	mini	ATX	立式，立卧两用式	ATX，M-ATX	立式 ATX 机箱即普通机箱
		MATX	立式，卧式，立卧两用式	M-ATX	
		ITX	立式，卧式，立卧两用式	ITX	
	全塔	ATX	立式	E-ATX，ATX，M-ATX	
	中塔	ATX	立式，卧式	M-ATX，ATX	
		MATX			
	开放式	MATX	立式，卧式	E-ATX，ATX，M-ATX，ITX	根据具体机箱或机架确定能支持的主板板型
游戏机箱		ATX	立式	ATX，M-ATX	
		MATX	立式	ATX，M-ATX	
		ITX	立式	ATX，M-ATX，ITX	
			卧式	ITX	

（a）普通机箱　　（b）全塔机箱　　（c）中塔机箱　　（d）开放式机箱　　（e）游戏机箱

图 2.86 PC 机箱举例

（2）选购机箱。

选购机箱应注意以下事项。

① 机箱的外观。机箱除了用来装载各种计算机配件外，也是计算机的外观特征。选购机箱时要根据自己的审美观点，选择一个既美观又能与周围环境相协调的机箱。

② 机箱的可扩展性。随着数据资源越来越被重视，有时需要配置 RAID，就需要有能安装多个 3.5 英寸硬盘的位置。选购机箱时应为今后的扩展留有余地，选择至少有 3 个 3.5 英寸和 2 个 5.25 英寸驱动器托架的机箱。

③ 机箱的制造工艺。工艺较高的机箱的钢板边缘绝不会出现毛边、锐口、毛刺等，并且所有裸露的边角都经过了折边处理。各个插卡槽位的定位也都相当精确，不会出现某个配件安装不上的尴尬情况。

④ 机箱的质量。首先据机箱沉重，一般好的机箱都比较沉；再看板材是否厚重，用手试试能不能将其弄变形，好的机箱应该十分坚固；然后将机箱挡板去掉，把机箱沿对角抱起，看其是否变形，有些机箱在内部有横撑杠，能大大提高机箱的抗变形能力。

⑤ 功能。注意一些常用的按钮，如 Reset 键的位置是否合理、是否好用等，还要注意有无前置 USB 接口等。

⑥ 散热。一台计算机除了购买一个好的 CPU 散热器外，也应注意机箱的散热功能。首先观察机箱前、后是否有预留的风扇位置，其次看机箱内部空间的大小，内部驱动器固定架的位置是否合理，以及有无散热孔等。

⑦ 防辐射处理。计算机配件在工作时会产生电磁辐射，而电磁辐射对人体的健康有潜在的长期的影响。因此，作为计算机内部对人体的辐射屏障，机箱的防辐射能力不容忽视。选购时要注意察看机箱是否有 FCC 防辐射认证和 3C 认证。判断机箱屏蔽效果的简单方法是打开机箱挡板，观察箱体是否为钢板组成的全封闭空间。

2.8.2 电源

电源的主要作用是将 220V 的交流电转换为计算机运行使用的低压直流电。电源作为整机的动力源被称为计算机的心脏，电源的优劣对计算机具有非常大的影响，其性能的好坏直接影响计算机运行的稳定性和使用寿命。

（1）电源分类。

常用的 PC 电源基本都是采用开关稳压电源，它又分为 AT 与 ATX 两种类型。AT 电源的显著特点是不能自动切断电源，必须手动关闭，现已淘汰。ATX 电源自 ATX 0.9 版本后有了严格的标准定义，ATX 电源要根据 ATX 标准进行设计和生产。ATX 标准也经历了多次变化和完善，比较有影响的是 ATX 2.03、ATX 12V 和 ATX 12V 2.0，目前使用较多的是 ATX 12V 2.2。

（2）电源接口。

ATX 12V 版本即奔腾 4 电源标准，它较早期 ATX 电源版本在电气特性方面增加了许多新的规定，如+12V 的电流输出、滤波电容的容量、过压保护等。另外，除保留 ATX 2.03 的 20 针主电源接口外，增加了一个 4 针方形+12V Pentium 4 CPU 专用插头，如图 2.87 所示。

ATX 12V 2.0 标准使用 24 针主电源接口，使+12V 电源成为双路输出：+12V1DC 和+12V2DC。+12V1 通过电源主接口（12×2）为主板及 PCI-E 显卡供电，以满足 PCI-E X16 和 DDR2 内存的需要；而+12V2 通过（2×2）辅助电源接口专为 CPU 供电。SATA 电源接口作为强制标准必须要有，改进的 4 芯电源插头便于插拔。以上插头如图 2.87 所示。

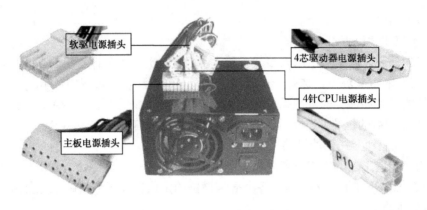

图 2.87　ATX 12V 电源及插头

目前,最新的电源规范是 ATX 12V 2.3 标准。针对一些高端主板单路＋12V 输出 4 芯辅助电源接口不能满足 CPU 的需求,推出双路 12V 输出 8 芯辅助电源接口。随着 PCI-E 显卡功耗的增加,1 组＋12V 已经不能满足高端显卡的需要,增加带有两组＋12V 输出的 PCI-E 显卡 6 芯辅助供电接口,同时加强＋12V1 的供电能力。以上插头如图 2.88 所示。

图 2.88　ATX 12V 2.3 电源插头

(3) 电源性能指标。

① 输出电压。计算机电源有多个输出端,ATX 12V 2.0 标准规定输出电压分别为:＋3.3V(橙)、＋5V(红)、＋12V1(黄)、＋12V2(黄/黑)、＋5VSB(紫)和－12V(蓝),另外还有 PS ON 线(绿)、P.G.信号线(灰)和地线(黑)。

＋5VSB 为加到主板上的待机电压,以支持网络唤醒等功能,只要开关电源插头连接到电网上,此端就有电压输出给主板。

PS-ON 信号是主板为电源提供的开关信号。通过＋5VSB 和 PS-ON 信号可实现鼠标、键盘等开机功能。当按下机箱电源开关后,此线处于低电平,启动电源内部电路开始工作,各端输出标准电压;关机时此线处于高电平。

P.G.信号为 CPU 启动信号。刚启动计算机时,电源开始供电,但电压还不稳定,CPU 也未启动,必须等＋5V 电压从零上升到 95%即 4.75V 时,电源发出 P.G.信号给主板,使 CPU 启动,计算机开始进入正常工作。

② 最大输出电流。各个输出端的最大输出电流分为两种情况。一是各端单独工作时的最大输出电流,二是各端同时工作时的最大输出电流。后者一般用合并输出的最大功率表示。

③ 输出功率。电源的输出功率分为三种:额定功率、最大功率和峰值功率。

额定功率是指环境温度在-5～50℃之间，电网电压范围在180～264V之间，电源能长时间稳定输出的功率。平常所说的电源功率就是指额定功率，是选择电源的最重要指标。

最大功率是指环境温度为25℃左右，电网电压范围在200～264V时，电源能长时间稳定输出的功率。

峰值功率是指允许电源在瞬间达到的最大功率值。

三项指标中最能反映一个电源实际输出能力的是最大功率。

④ 安全认证。国内、外业界在电源元器件的选择、材料的绝缘性、阻燃性等方面都有严格的安全标准，如国内3C认证，国外著名的有UL（美国认证实验室）、CSA（加拿大标准协会）、TüV（德国）等。

⑤ 电磁干扰规格。由于开关电源工作时会产生较强的电磁辐射，如果不加屏蔽会对其他设备造成影响。计算机中一般通过电源外面的铁盒和机箱来屏蔽电磁干扰。电源的质量不同，防电磁干扰的规格也不同。国际上有FCC A和FCC B标准，国内也有国标A级（工业级）和国标B级（家用电器级）标准。选购时尽量选符合国标B级标准的优质电源。

⑥ 安全保护。由于市电供电极不稳定，经常出现尖峰电压或者有时出现电压、电流不稳定的情况，这种不稳定的电信号如果直接通过电源输入计算机中的各个配件，会造成计算机的相关配件工作不正常或者导致整台计算机工作不稳定，严重的话可能损坏计算机的硬件。而电源与地之间的短路，同样会对计算机的硬件造成严重的损害，因此必须选择具有过压、过流及短路保护功能的电源产品，以便有效保护计算机中的各个配件。

⑦ PFC电路。3C认证中明确要求计算机电源产品带有功率因数校正器（Power Factor Corrector，PFC）。功率因数表示电子产品对电能的利用效率，其值越接近于100%，电能利用率越高，电源内部损耗的电能越少。增加PFC，能提高电源的功率因数，减少电源对电网的谐波污染和干扰。

PFC分为无源PFC和有源PFC两种。无源PFC又称被动PFC，一般是在交流电源进线处直接串联电感，如图2.89（a）所示。电源功率越大，电感量越大，电感体积越大。无源PFC成本较低，效果明显不如有源PFC，功率因数大约在70%～80%之间。

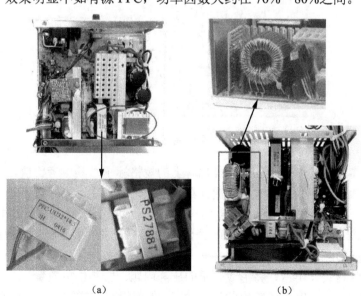

(a)   (b)

图2.89 PFC

有源PFC又称主动PFC，电路结构复杂（包括集成电路，如图2.89（b）所示，电路本身就相当于一个开关电源。它支持90～270V的宽范围输入电压（标准是220V），功率因数都在90%以上，甚至达到100%。主动式PFC比被动式PFC的体积小、重量轻，同时在直流滤波部分也可以采用较小容量的电容，因此打破了电源重一定比较好的传统观念。

（4）选购电源。

电源担负着整个主机的能量供应，其性能直接关系到系统的稳定与硬件的使用寿命，所以对PC电源的选购变得非常重要。在购买机箱时，机箱通常附带电源，但一般来说电源品质较差，或者不能满足特定的要求，可以另外购买电源。选购电源时要注意下面的事项。

① 定电源功率。电源的功率必须大于机箱内全部配件所需功率之和，并要留有一定的余量。为确保计算机能带动更多的外接设备，电源功率一般不低于250W。因为一旦电源功率过小，以后加挂硬盘、光驱，或对CPU、内存超频时，就会因功率过小而无法正常启动。但也不是越大越好，因为只有在额定功率下，电源的转换效率是最高的，如果电源功率选择太高，电源就会长期处于低转换率状态，耗电量也将增加。

至于到底选多大功率的电源，要根据主机箱内的配件决定。如果采用APU，或SNB架构Intel CPU，对于入门配置即使在独显平台下250W的电源足够，如果使用PCI-E高端显卡，最低选择300W的电源；如果是主流中端配置，选300～350W的电源，中高端配置与之相差不大，320～400W就足够了；对高端顶级发烧配置，400～500W的电源就足够了。另外，还要看硬盘和光驱的数量，若只安装单硬盘和一个光驱，对电源没有特殊的要求；若安装两个或两个以上的硬盘和光驱，就需要在原来的基础上加大电源的功率，一般每增加一个驱动器，电源最好增加30W。

② 看电源铭牌。电源铭牌上有电源的主要性能指标，如图2.90所示。

图2.90 电源铭牌

首先看是否有基本的安规认证，这样铭牌上的规格标示才具参考价值。

其次看各个输出端单独工作时能输出的最大电流，如硬盘、光驱较多时就要选择＋12V1输出端电流较大的电源。如果标示不是双组＋12V输出，则有可能是旧版本电源加上24针主板转接头代替ATX 12V 2.0版本的电源。虽然使用上不会发生大问题，但存在下列弊端。一是不能满足新系统对＋12V输出的需求；二是转接头会造成电压下降，因为＋12V输出需求大，再加上转接线材设计不良，将形成严重的压降问题，影响供电质量。

第三看各端同时工作时电源输出的最大功率，如果没有这样的标注，说明厂家信心不足。

第四看效率，在满载与一般负载时必须大于70%；在轻载时也必须至少有60%的效率。

③ 外观。好的电源应包装完好,外壳加工精细,无碰伤、划伤,电源内部无异物,封条完好。

④ 接口。如果配置 2 块以上的硬盘,而且显卡需要另外供电,这时就要确保所选电源的接口数量和种类足以支持以上要求,稍有富余更好。

⑤ 线材和散热。电源所使用的线材粗细,与它的耐用度有很大的关系。较细的线材,长时间使用,常常会因过热而迅速老化,变硬变脆,甚至烧毁。因此,线材不能太细。线材长度也不能太短,特别是机箱背部走线时,要求线材就更长些。图 2.87 所示机箱内电源是上置,如果电源下置且背部走线,则对 CPU 供电和主板供电的线长要求就更高了。

电源工作过程中会产生大量的热量,如果不把这些热量迅速排出电源盒,电源盒中的温度会迅速升高,造成电源工作不稳定或烧坏电源,因此必须确保电源盒中的散热风扇转动良好,具体表现为风扇转速平稳、无明显噪声、不能出现风扇叶被卡住的现象等。另外,电源外壳上的散热孔也是加大空气对流的重要设施,原则上散热孔的面积越大越好,但面积太大,也会影响电源外壳的电磁屏蔽和防尘作用等。

⑥ 品牌电源。市场上电源产品有很多,其中也有许多劣质电源。这些伪劣产品一方面不使用防火材质的线路板,器件外面不加防水分或灰尘的热收缩膜,有安全隐患;另一方面没有温控、滤波装置,很容易导致电源输出不稳定。普通用户用一般仪器无法检测它的好坏,只有专业技术人员借助专门的测试工具才能识别出来。所以为了避免购买到劣质的电源产品,最好选择市场上享有良好声誉和口碑的电源产品,如航嘉牌、长城牌,其做工与质量均十分出色,不过价格稍贵。如果预算不多,也可以考虑其他性价比较好的品牌,如安钛克、超频三等。

2.9 键盘和鼠标

键盘和鼠标作为计算机最主要的输入设备,许多功能是其他输入设备不可替代的,它们的质量好坏影响到用户工作的正确性和舒适感。

2.9.1 键盘

键盘是计算机中最常见、最重要的输入设备之一,主要用于输入数据、文本、程序或命令,有很多游戏也是使用键盘操作。虽然鼠标和手写输入应用越来越广泛,但在文字输入领域,键盘依旧有着不可动摇的地位。如图 2.91 所示为标准 107 键盘。

图 2.91 标准 107 键盘

(1) 键盘的分类。

键盘种类很多,一般按照用途、接口、键盘开关接触方式和按键个数等进行分类。

① 按用途分类。键盘可分为台式机键盘、笔记本键盘、双控键盘、平板键盘、多功能键盘和工控键盘。

② 按键盘开关接触方式分类。键盘按开关接触方式分为薄膜键盘、机械键盘和电容键盘。

薄膜键盘内是一个密封的三层塑料薄膜，如图2.92（a）所示，三层分别是上、下触点层和中间隔离层。上下触点层压制有金属电路连线和与按键对应的圆形金属触点，中间隔离层有与上、下触点对应的圆孔。在薄膜和上盖板之间有层橡胶垫（或一个个独立的橡胶帽），橡胶垫上凸出部位与嵌在上盖板上的按键相对应，如图2.92（b）所示。按下按键时橡胶垫上相应凸出部位向下凹，使薄膜上下触点层的金属触点通过中间隔离层的圆孔相接触，形成按键编码信号送出，如图2.92（c）所示。

机械键盘内是一块电路板，如图2.93（a）所示，其上焊有开关（称为Switch，又名"轴"）。一个开关对应一个按键，键帽卡在开关上，如图2.93（b）所示。按下按键时，开关触点接通，如图2.93（c）所示，形成按键编码信号送出。依据轴的不同，机械键盘按键技术分为黑轴、茶轴、红轴、青轴，以及白轴。轴的优点是耐用度比塑料薄膜高很多，即使是最短寿命的白轴，其按键寿命至少也是2000万次，使用时间10年以上不是问题，而薄膜键盘的按键寿命在300万～500万之间，使用时间一般为3～5年。另外，每个按键开关都是独立的，出现问题时可以单独更换，而薄膜键盘有一个触点损坏，也要换掉整张薄膜。

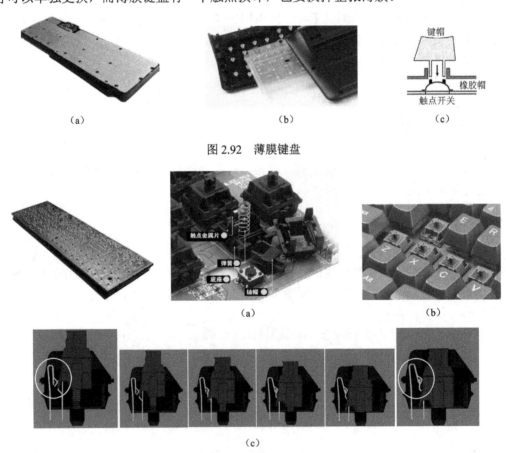

图2.92 薄膜键盘

图2.93 机械键盘

电容键盘内也是一块电路板，如图2.94（a）所示。在电路板与上盖板之间有橡胶帽（或橡胶垫），橡胶帽下有锥形金属弹簧，如图 2.94（b）所示。橡胶帽上凸部位与上盖板上的按键相对应，如图 2.94（c）所示。按下按键时橡胶帽向下凹，使弹簧丝受压而收缩，引起电容容量变化，形成按键编码信号送出。电容键盘的特点是可靠性高，使用寿命较长，可达到 3000 万次以上的敲击寿命。但制造工艺复杂，价格昂贵。

 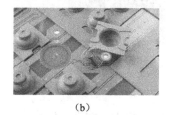 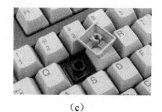

(a)   (b)   (c)

图 2.94   电容键盘

③ 按键数分类。早期的 PC 使用 83 键键盘，随着视窗系统的出现，取而代之的是 101 键键盘，并很快成为市场主流。紧接着出现的以 104 键键盘为基础的多媒体键盘，在传统键盘的基础上增加了一些常用快捷键或音量调节装置，使 PC 操作进一步简化，对于收发电子邮件、打开浏览器软件、启动多媒体播放器等都只需要按一个特殊按键即可，同时在外形上也做了重大改善，着重体现了键盘的个性化。之后的 Win98 键盘即 107 键键盘，比 104 键键盘增加了睡眠键、唤醒键和开机键，如图 2.91 所示。

④ 按接口分类。键盘分为 AT 接口键盘、PS/2 接口键盘、USB 接口键盘和无线键盘等。AT 接口键盘已被淘汰；PS/2 接口键盘是目前使用最普遍的一种键盘，符合 PC'99 规范，接口颜色为紫色；USB 接口键盘因为支持热插拔，使用的也越来越多；无线键盘与计算机间没有直接的物理连线，一般通过红外线或无线电波将输入信息传送给计算机。

键盘正向着耐用、方便、舒适的方向发展，先后出现了网络键盘、人体工程学键盘和带手写板的键盘等。网络键盘比标准的 107 键增加了上网快捷键、开/关机键等，便于快速上网，如图 2.95（a）所示。人体工程学键盘遵照人体工程学的要求，将指法规定的左手键区和右手键区两大板块分开，并形成一定的角度，长时间使用不会感到疲劳，如图 2.95（b）所示。带手写板的键盘可以实现手写输入，大大增加了键盘的功能，如图 2.95（c）所示。

(a) 网络键盘   (b) 人体工程学键盘   (c) 带手写板的键盘

图 2.95   键盘

📖 知识拓展——薄膜键盘的按键架构

薄膜键盘按键架构主要有三种：火山口架构、X（剪刀脚）架构和宫柱架构。

火山口架构如图 2.96（a）所示。该架构的按键一般都采用高键帽、长键程设计，这样可以得到良好的反馈感，不足之处是相应机身要做得较厚，而且按键的稳定性稍差，容易发生晃动，点击时不能获得非常一致的手感。为满足对超薄键盘以及手感上的要求，将其键帽和键柱的长度缩短可使机身变薄，键柱外形由类似圆柱体改变成"X"或"十"形，如图 2.96（b）所示，这样受到边框的约束力增加，稳定性也相应增加了。

（a） （b）

图 2.96 火山口架构

X 架构从侧面看像剪刀，故俗称剪刀脚架构，如图 2.97 所示。它从四个边角处对按键进行支撑，因此受力均匀，按键更加稳定，手感好，静音效果好。与火山口架构相比，它的键程可以做得更短，按键低矮，键盘非常纤薄，外形时尚美观。缺点是键盘不防水，另外结构较为复杂，造价略高。

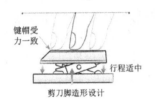  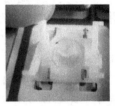

图 2.97 X 架构

宫柱架构如图 2.98 所示。其键帽和宫柱采用不同材质。宫柱材料强韧耐磨，自润滑性好，使用寿命长。键帽超薄制作，基本和上盖板处于同一水平面，使整个键盘超薄美观。该架构按键弹性好，相对于前两种架构来说受力更均匀，手感稳定。

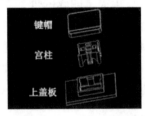 

图 2.98 宫柱架构

（2）选购键盘。

随着计算机的普及使用，与计算机接触的机会增多，使用键盘的时间增长，不少用户经常感觉手腕和手指非常疲劳，甚至指尖和手腕感到疼痛。另一方面，一些劣质键盘在使用一段时间后，按键上的字母会逐渐褪色，带来很多不便。更严重的是，部分劣质键盘的某些按键有时会出现按下后无法弹起的现象，严重影响用户的正常工作。因此，选择一个合适、耐用的键盘是十分必要的。

目前市场上的键盘主要是薄膜键盘和机械键盘。薄膜键盘结构简单，成本低，占据了市场的绝大部分份额，价格从几十元到上千元的都有；机械键盘结构复杂，成本高，价格也高，最便宜的也要上百元。薄膜键盘按键输入时，一般来说普通轻按即可，按键力道取决于橡胶的弹性；机械键盘输入力道大，有的还有段落感（通常前半程力道小，后半程力道大），力道大小取决于弹簧的弹性。因此，购买时要结合键盘类型、架构，以及应用和价格因素综合考虑，如果是一般家庭或是办公使用，可以考虑 X 架构薄膜键盘，输入起来比较省力，而且声音小。如果是程序员或游戏爱好者，最好选择黑轴机械键盘，它无段落感，噪声较小，特别是寿命长，或选择价格便宜些的火山口架构薄膜键盘。在确定了购买意向后，具体购买时还要注意以下几个方面。

① 按键手感。作为日常接触最多的输入设备，键盘的手感毫无疑问是最重要的。手感好的键盘可以使用户迅速而流畅地按键，并且在按键时不至于使手指、关节和手腕过于疲劳。检测键盘手感的方法非常简单，只要用适当的力量按下按键，感觉其弹性、回弹速度、声音即可。手感好的键盘应该弹性适中、回弹速度快而无阻碍、键位晃动幅度小。

② 舒适度。对于需要长时间进行文字录入的用户来说，舒适的键盘是力量倍增器。除了选择人体工程学键盘外，选购普通键盘时，首先要看键盘的表面弧度，如果键盘从上到下设计成一个小弧面，使用会更舒服；其次要注意键盘下方是否提供托板，以支撑悬空的手腕；第三要注意各种键位的设计，特别是一些常用的功能键位置是否能够轻松按到。

③ 键盘做工。工艺质量好的键盘不仅经久耐用，而且按键上的字母采用激光蚀刻，无论使用多长时间也不会褪色；而工艺质量较差的键盘不仅容易损坏，且按键上的字母是油墨印刷的，使用一段时间后字母就会逐渐褪色。检查时，先用手抚摸键盘表面和边缘是否平整、无毛刺，然后看按键上的字母和数字是否清晰，字母和数字是使用激光刻写还是使用油墨印刷。油墨印刷的字母会微微凸起，字母边缘会由于油墨的原因而有一些毛刺；而激光刻写的字母比较光滑。

④ 外观搭配。键盘、显示器、机箱和鼠标都是暴露在人们视线中的计算机设备，要注意让键盘和其他设备的颜色及外形互相搭配，这样才会更和谐、更出色。

⑤ 接口。目前家用计算机键盘的接口主要有 PS/2 接口与 USB 接口两种类型。USB 接口的键盘插拔方便，但价格稍贵，用户可根据实际情况进行选择。

⑥ 品牌。名牌键盘在原料应用、生产工艺、检测手段等方面都大大领先普通产品，质量和服务也更有保证，但一般来说价格也高。目前市场上常见的知名键盘品牌有罗技（Logitech）、樱桃（Cherry）、雷蛇（Razer）、明基（BenQ）、微软、多彩（Deluxe）、双飞燕等。

2.9.2 鼠标

鼠标是一种屏幕定位装置，它在图形处理方面比键盘方便得多。鼠标也是一种最普通、最低廉的输入设备，使用鼠标可以代替键盘上的光标移动键，以及其他一些常用键的功能，可在屏幕上更快速、更准确地移动和定位光标。

（1）鼠标分类。

鼠标的分类方法很多，一般按鼠标的工作原理、键数和接口类型来分类。

① 按工作原理分类。按工作原理可分为机械鼠标、光机鼠标、光电鼠标、激光鼠标、轨迹球鼠标等。机械式鼠标是最早期的鼠标，现在已被淘汰。光机鼠标就是常说的滚轮鼠标，其滚轮和滚轴部分的机械结构是决定鼠标移动和定位的关键部分，使用一段时间后由于沾上灰尘容易引起移动不灵活，需要经常对鼠标内部进行清理。光机鼠标的精度不高、原理简单、价格便宜。光电鼠标采用发光二极管发射光束，再通过透镜组把光线照射到光眼，光眼的反射光反射到传感器上，最后经处理转换成鼠标移动的信号输入到主机系统中，如图 2.99 所示。图 2.100 所示是一光电鼠标的实例。该类鼠标与光机鼠标相比最大的优点是以较低的成本实现了比较准确的定位，且不需要清理内部污渍。但受使用界面的限制而影响了鼠标的性能，通常都要垫一个专门的鼠标垫。激光鼠标的工作原理和光电鼠标基本相同，但工作方式不同，

如图 2.101 所示，它是通过激光照射在物体表面所产生的干涉条纹而形成的光斑点反射到传感器上获得鼠标的位移信号，而光电鼠标是通过照射粗糙的表面所产生的阴影来获得的。由于激光能对表面的图像产生更大的反差，使得成像传感器得到的图像更容易辨别，因此激光鼠标的定位精准性更强，但成本也更高。轨迹球鼠标的工作原理和内部结构与机械鼠标相似，不同的是轨迹球工作时球在上面，而其球座在下面固定不动，直接用手拨动轨迹球来控制鼠标在屏幕上移动。由于轨迹球的基座无须运动，故占据较小的桌面空间。轨迹球鼠标通常见不到，在专业领域很受欢迎。

② 按鼠标按键数分类。按键数分类，鼠标分为单键鼠标、两键鼠标、三键鼠标和四键鼠标等，如图 2.100 所示是一个四键鼠标。另外还有 2D、3D 和 4D 鼠标。

③ 按接口类型分类。按接口类型分类，鼠标主要分为串口鼠标、PS/2 鼠标、USB 鼠标和无线鼠标等。串口鼠标俗称大口鼠标，已被淘汰；PS/2 鼠标不支持热插拔；USB 鼠标可带电连接，但价格稍贵。无线式鼠标与主机间不需要连线，它分为红外型和无线电型两种。红外型鼠标的方向性要求比较严格，一定要将鼠标红外线发射器与连接主板的红外线接收器对准后才能操作；而无线电型鼠标的方向性要求不太严格，可以偏离一定角度。

图 2.99 光电鼠标工作原理　　图 2.100 四键光电鼠标　　图 2.101 激光鼠标工作原理

（2）选购鼠标。

鼠标作为计算机最重要的输入设备之一，其性能好坏直接影响用户的操作效率和工作心情。选购鼠标时需要注意以下方面。

① 分辨率。选择鼠标首先要考虑的问题是分辨率。分辨率是指鼠标每移动 1 英寸在屏幕上能检测出的点数，用 dpi 表示。分辨率越高，精确度越高。光机鼠标的分辨率一般为 300dpi。光电鼠标的分辨率一般在 800dpi 以上，主流是 1000dpi、1600dpi 和 2000dpi，极个别达到了 6500dpi。激光鼠标的主流分辨率是 1600dpi、2000dpi，最高值是 6500dpi。普通用户可选 1000dpi 分辨率的鼠标，从事图形图像处理或有某些特殊用途的用户则需要更高的分辨率。

② 接口。目前 PS/2 接口的鼠标比较普遍，几乎所有的主板都支持，安装使用相当方便。随着主板所能支持的 USB 接口的增多，鼠标接口逐渐向 USB 接口过渡。它的优点是精度更高，支持热插拔，使用更加灵活，安装更加方便，条件允许的情况下应考虑选购 USB 接口的鼠标。

③ 造型。目前越来越多的鼠标开始注重外表，大多数鼠标造型漂亮、美观，而且手感舒适。选购时除根据个人喜好，还要考虑鼠标的操作是否舒适，与其他设备的色彩搭配是否合理。

④ 手感。长期使用手感不好的鼠标、键盘等设备，可能会引起上肢的一些综合病症。手感好的鼠标不但能提高工作效率，而且利于人体健康。好的鼠标设计应符合人体工程学，手握时感觉轻松、舒适，且与手掌贴合，按键轻松有弹性，滑动流畅，屏幕定位精确。

⑤ 功能。要考虑使用鼠标的主要用途是什么。如果是一般用户，标准的两键或三键鼠标就可以完成常规操作；如果需要设计制作精密图形，就需要一个精度高一些的光电鼠标；对于经常上网的用户，可以选择带有滚轮的鼠标，以便于浏览网页。

⑥ 质量。首先看外观，亚光的工艺难度大，所以比全光的好；其次看鼠标的铭牌，讲究市场和质量的鼠标厂家都通过了国际认证（如 ISO 9001），这类鼠标一般能提供 1~3 年的质保；第三是流水序列号，伪劣产品往往没有流水序列号，或者所有的流水序列号都相同。

此外，要注意辨别激光鼠标和光电鼠标。一般红光和蓝光鼠标肯定就是光电鼠标，但有一种红外线光电鼠标，由于其光源也是不可见光，容易以其冒充激光鼠标。区别两者时主要看鼠标底部的开孔，光电鼠标开孔较大，并且通过孔可清楚地看到一个较大的透镜，而激光鼠标孔开得很小，仔细看可以看到孔内两个透镜呈夹角紧密排列在一起。

⑦ 品牌和价格。不同品牌、功能、质量的鼠标，价格差异很大，多到一两千元，少到十几元。好的品牌是产品质量的有力保证，雷蛇、微软和罗技是较好的品牌，属于中高档产品；而国产的双飞燕牌鼠标在性能、价格上也很好，是低端用户的首选。

知识拓展——服务器、笔记本计算机对硬件的要求

➢ 服务器

服务器是指在网络环境下运行相应的应用软件，为网上用户提供共享信息资源和各种服务的一种高性能计算机。它的高性能主要体现在高速度的运算能力、长时间的可靠运行、强大的外部数据吞吐能力等方面。由于服务器是针对具体网络应用特别设计的，所以与 PC 在处理能力、稳定性、可靠性、安全性、可扩展性、可管理性等方面存在很大区别。而最大的差异就是在多用户、多任务环境下的可靠性上。用 PC 当服务器会出现突然停机、意外网络中断、不时的丢失存储数据等事件，这是因为 PC 的设计制造不保证过多用户、多任务环境下的可靠性。一台服务器面对的是整个网络用户，需要 7 天×24 小时企业级不间断工作，所以它必须具有极高的稳定性；另一方面，为了实现高速以满足众多用户的需求，服务器通过采用对称多处理器安装、插入大量的高速内存来保证工作。它的主板可以同时安装几个甚至几十、上百个 CPU（服务器专用 CPU）。内存无论在容量，还是性能、技术等方面都与 PC 内存有着根本不同。为了保证足够的安全性，服务器还采用诸如冗余技术、系统备份、在线诊断技术、故障预报警技术、内存纠错技术、热插拔技术和远程诊断技术等，使绝大多数故障能够在不停机的情况下得到及时的修复，具有极强的可管理性。

服务器按所使用的 CPU 不同分为两类架构。

● IA 架构又称 CISC 架构服务器，即通常所说的 PC 服务器，它基于 PC 体系结构，是使用 Intel 或与其兼容的处理器芯片的服务器，如联想的万全系列服务器。这类服务器"小、巧、稳"，性能可靠、价格低廉，广泛用在互联网和局域网内，主要完成文件服务、打印服务、通信服务、Web 服务、电子邮件服务、数据库服务、应用服务等。

● RISC 架构服务器，采用与普通 CPU 结构完全不同的 RISC 型号 CPU（在日常使用的 PC 中根本看不到）构成的服务器，如 Sun 公司 SPARC、HP 公司 PA-RISC 等。这类服务器通常价格都很昂贵，一般用在证券、银行、邮电、保险等行业，作为网络的中枢神经，提供高性能的服务，并且主要采用 UNIX 操作系统。

➢ 笔记本计算机

便携式计算机又称笔记本计算机，别名笔记本，它的任何配件都受到体积和功耗两方面的限制。

因空间狭窄，不能迅速散发热量，且电池不能负担大的耗电量，所以笔记本使用专用的 MCPU（Mobile CPU，移动 CPU）。相对同时期台式机 CPU，其制造工艺更先进，性能更高，低电压或超低电压设计，采用许多与减少功耗有关的技术，如 Intel MCPU 的增强型 SpeedStep、Deeper Sleep、MVP IV 技术，AMD MCPU

的 QuantiSpeed 和 PowerNow!技术，全美达 MCPU 的 LongRun 电源管理技术等。

笔记本内存具有体积小、容量大、速度快、耗电低、散热好等特性。出于追求体积小巧的考虑，大部分笔记本最多只有两个内存插槽，因此单位容量大的内存条会显得比较重要。

硬盘是笔记本中为数不多的通用部件之一，一般为 2.5 英寸，有 9.5/12.5/17.5mm 三种厚度。接口有三种类型：硬盘针脚直接和主板插座连接、用特殊硬盘线和主板相连、采用转接口和主板插座连接。

全内置笔记本的光驱为内置结构，不能随意取下。超轻、超薄机型笔记本的光驱可内置也可插在外置盒中，通过特殊模块扩展接口连接计算机。光驱激光头与托盘结合在一起，托盘弹出时，激光头跟随一起弹出。

显示屏采用 LCD，尺寸和分辨率种类远远多于台式 LCD。对于超轻、超薄机型，大都采用 12.1 英寸以下液晶屏，14.1 英寸和 15 英寸则是一些同时注重性能与便携性的机型最常见的屏幕尺寸，定位为台式机替代品的大型笔记本最常用的屏幕尺寸是 15 英寸和 16.1 英寸，甚至有些采用了 17 英寸以上的屏幕。

显卡大多是集成显卡；声卡基本都是板载软声卡；音箱是单声道或双声道，常位于机器的腕托处。

鼠标设备（准确说是指点设备）有四种：轨迹球、触摸屏、触摸板和指点杆。轨迹球的特点是体积较大，较重，容易磨损和进灰尘，定位精度能力一般，已基本被淘汰。触摸屏使用最方便，但定位精度较差，制造成本最高，目前多用于超便携笔记本，在全内置和超轻薄型机上比较少见。触摸板目前使用最为广泛，它由一块能够感应手指运行轨迹的压感板和两个按钮组成，两个按钮相当于标准鼠标的左键、右键。指点杆是一个小按钮位于键盘的 G、B、H 三键之间，在空格键下方还有两个大按钮，其中小按钮能够感应手指推力的大小和方向，并由此来控制鼠标的移动轨迹；而大按钮相当于标准鼠标的左键、右键。指点杆的特点是移动速度快，定位精确，但控制起来有点困难，且用久了按钮外套易磨损脱落，需要更换。

笔记本外部接口有并口、串口、USB 接口、IEEE 1394 接口、PC 卡插槽等，其中 PC 卡插槽支持即插即用。PC 卡产品种类繁多，如 Modem、移动硬盘等。

限于篇幅，对笔记本的其他方面，如外壳材料、电池等不再介绍，感兴趣的读者可利用网页搜索引擎查找相关内容，还可以查找关于笔记本的新技术。

本 章 小 结

本章主要讲述了多媒体计算机各组成部件的构成、作用和基本原理，介绍了各部件的性能指标、目前的主流产品及其购买前的产品定位和选购方法，使读者能快速地对多媒体计算机有了基本的了解，为以后的深入研究奠定了基础。作为知识和技能的拓展，有代表性地介绍了目前计算机中的新技术、新工艺。随着计算机科学技术的发展，新的技术、新的产品还会不断出现，因此，要跟上其发展步伐，必须时时关注相关信息，及时更新相关知识。

习 题 2

【基础知识】

1. 填空题

（1）CPU 的主要性能指标是_____。

（2）主板为 CPU 提供的接口形式有两类：_____或_____。

（3）在计算机系统中，CPU 起着主要作用，而在主板系统中，起重要作用的则是_____。

（4）内存的主要性能指标是_____。

（5）硬盘驱动器的主要参数是_____。
（6）SCSI 接口的主要性能特点是_____、_____、_____，但需要配置 SCSI 卡。
（7）SAS 接口的主要性能特点是_____、_____。
（8）40X CD-ROM 的平均数据传输率为_____MB/s。
（9）键盘根据按键开关结构方式主要有_____、_____和_____。
（10）SSD 的闪存架构分别是_____、_____、_____。
（11）根据光盘存取类型，光盘分为 3 种，即_____、_____、_____。
（12）光驱的接口有 3 类，分别是_____、_____、_____。
（13）选购光驱时，要考虑的 3 个最重要的参数是_____、_____、_____。
（14）LCD 主要技术参数有：_____。
（15）计算机电源的主要技术指标是_____、_____、_____、_____、_____和_____。
（16）DDR2 400 的核心频率是_____MHz，数据传输频率是_____MHz，带宽为 3.2GB/s，数据总线宽_____位，规格是 PC_____，系统频率是_____MHz。
（17）硬盘的单碟容量越大，道密度越大，平均寻道时间越_____；转速越高，盘片转动一周所需时间越少，平均寻道时间和平均等待时间越_____。因此，_____单碟容量，_____转速，可使硬盘内部传输率提高，读写速率加快。

2．单项选择题

（1）Intel Pentium 4 及以上平台的 CPU 其 FSB 频率是系统频率的（　　）倍。
　　A．1　　　　　　B．2　　　　　　C．4　　　　　　D．8
（2）CPU 的 L1 和 L2 是（　　）。
　　A．磁盘与主存之间的缓存　　　　B．磁盘与 BIOS 存储器之间的缓存
　　C．CPU 与显存之间的缓存　　　　D．CPU 与主存之间的缓存
（3）平常所说 CPU 为 3.2G，3.2G 是指 CPU 的（　　）。
　　A．主频　　　　B．外频　　　　C．倍频　　　　D．前端总线频率
（4）目前，主板的 CMOS 电路一般被集成在（　　）。
　　A．北桥　　　　B．南桥　　　　C．I/O 控制芯片　　　　D．BIOS 芯片
（5）在主板系统中，最重要的芯片是（　　），主板所能支持的许多功能由它决定。
　　A．控制芯片组　　B．BIOS 芯片　　C．CMOS 芯片　　D．Super I/O 芯片
（6）已知 PCI-E 1X 的频宽为 256MB/s，则 PCI-E 16X 的频宽为（　　）。
　　A．1GB/s　　　　B．2GB/s　　　　C．4GB/s　　　　D．8GB/s
（7）内存条的芯片颗粒是（　　）。
　　A．RAM　　　　B．ROM　　　　C．EEPROM　　　　D．Flash ROM
（8）LCD 的刷新频率到（　　），就能够保证稳定地显示了。
　　A．60Hz　　　　B．72Hz　　　　C．85Hz　　　　D．90Hz
（9）5.1 声道中的".1"是指（　　）。
　　A．前左声道　　B．前右声道　　C．中置声道　　D．重低音声道
（10）VGA 接口显卡的工作过程为（　　）。
　　A．CPU 送出显示指令→GPU 处理数据→显存→RAMDAC→VGA 接口
　　B．CPU 送出显示指令→GPU 处理数据→RAMDAC→显存→VGA 接口
　　C．CPU 送出显示指令→显存→GPU 处理数据→RAMDAC→VGA 接口
　　D．CPU 送出显示指令→RAMDAC→GPU 处理数据→显存→VGA 接口

(11) 真彩色显示可显示的颜色数是（　　）。
　　A. 2^8　　　　B. 2^{16}　　　　C. 2^{24}　　　　D. 2^{32}

(12) 话筒是计算机的（　　）。
　　A. 视频输入设备　B. 音频输入设备　C. 视频输出设备　D. 音频输出设备

(13) 音箱输入连接声卡的（　　）。
　　A. Line In　　B. Mic In　　C. Line Out　　D. MIDI

(14) 一个 USB 接口能够支持的设备数最多为（　　）。
　　A. 1 个　　B. 2 个　　C. 63 个　　D. 127 个

(15) 如果内存条标称指标为 DRR 400，表明该内存条的稳定运行时钟频率为（　　）。
　　A. 100 MHz　　B. 200 MHz　　C. 400 MHz　　D. 800 MHz

(16) 分辨率为 1280×1024 像素，颜色数为 4M，2D 显卡需要的显示内存至少是（　　）。
　　A. 2.5 MB　　B. 3 MB　　C. 3.5 MB　　D. 4 MB

(17) Athlon 64 CPU 主频 2.8GHz，外频 200MHz，字长 64b，其 FSB 频率为（　　）。
　　A. 200 MHz　　B. 400 MHz　　C. 800 MHz　　D. 1066 MHz

(18) PATA100 硬盘的数据传输速度为 100MB/s，DDR SDRAM（64 位数据宽度）内存条的存取时间为 8ns，内存带宽是硬盘带宽的（　　）。
　　A. 10 倍　　B. 20 倍　　C. 100 倍　　D. 200 倍

(19) 1024×768×16 位色的显示模式下，如果屏幕每秒刷新显示 60 帧图像，显卡的带宽至少要到（　　）。
　　A. 600 MB/s　　B. 720 MB/s　　C. 800 MB/s　　D. 1 GB/s

(20) HyperTransport 2.0 规格，传输频率 1.2 GHz，双向 32b 模式，最大带宽为（　　）。
　　A. 12.8 GB/s　　B. 16.0 GB/s　　C. 19.2 GB/s　　D. 22.4 GB/s

(21) IDE 接口光盘驱动器信号电缆插座有（　　）针。
　　A. 15　　B. 34　　C. 40　　D. 80

(22) DDR3 接口线数与工作电压为（　　）。
　　A. 168 线，3.3V　　B. 184 线，2.5V　　C. 240 线，1.8V　　D. 240 线，1.5V

(23) 在主存和 CPU 之间增加 Cache 的目的是（　　）。
　　A. 增加内存容量
　　B. 提高内存可靠性
　　C. 解决 CPU 和主存之间速度匹配问题
　　D. 提高内存安全性

(24) DDR DRAM 内存条的总线宽度是（　　）位。
　　A. 8　　B. 16　　C. 32　　D. 64

(25) 目前，用于家用台式计算机显示器的成熟产品有（　　）。
　　A. LED　　B. LCD　　C. PDP 显示器　　D. LCoS 显示器

3. 多项选择题

(1) CPU 的内部结构归纳起来分为（　　）。
　　A. 控制单元　　B. 逻辑单元　　C. 存储单元　　D. 散热单元

(2) 声卡一般具有的功能是（　　）。
　　A. 录音　　B. 收音　　C. 复音　　D. 回放

(3) 显卡是主机与显示器之间通信的（　　）。
　　A. 控制电路　　B. 时钟电路　　C. 稳压电路　　D. 接口电路

(4) 计算机机箱的作用是（　　）。
　　A. 固定　　B. 防尘　　C. 防潮　　D. 屏蔽

(5) 计算机电源的中国国家强制性认证包括（   ）。
　　A. 长城认证　　　　　　　　　　B. 中国进口电子产品安全认证
　　C. 电磁兼容认证　　　　　　　　D. TCO03 标准
(6) 以下属于硬盘驱动器参数的是（   ）。
　　A. 容量　　　B. 转速　　　C. 平均寻道时间　　　D. 缓存
(7) DVD 光盘是一种能够存储高质量视频、音频信息和超大容量数据的光盘，可以分为以下几种物理结构（   ）。
　　A. 单面单层　　B. 单面双层　　C. 双面单层　　D. 双面双层
(8) COMBO 光驱的功能有（   ）。
　　A. 刻录 CD　　B. 刻录 DVD　　C. 读 CD　　D. 读 DVD
(9) 选购音箱主要注意（   ）。
　　A. 喇叭　　B. 箱体　　C. 防磁性能　　D. 服务与安全
(10) 选择显示器通常需要考虑（   ）。
　　A. 分辨率　　B. 尺寸　　C. 接口　　D. 水平频率
(11) 选购光驱时应考虑以下条件（   ）。
　　A. 接口类型　　B. 倍速和读取方式　　C. 缓存　　D. 格式支持
(12) 以下（   ）是 ATX 电源提供的直流电压。
　　A. +5V　　B. -5V　　C. +12V　　D. -12V
(13) 目前，GPU 芯片的品牌主要有（   ）。
　　A. NVIDIA　　B. Intel　　C. ATi　　D. AMD
(14) 主板芯片组架构有（   ）。
　　A. All in one　　B. NS　　C. Hub　　D. HT
(15) 北桥芯片主流负责管理（   ）的通信。
　　A. CPU　　B. 内存　　C. 显卡　　D. 硬盘

4. 判断题

(1) 以太网网卡的功能：一是把由网络设备传输过来的所有数据包拆包，将其转换成计算机可以识别的数据，然后送给本机 CPU 处理；二是将计算机发送的数据打包后输送到其他网络设备中。

(2) 目前，按网卡所支持的带宽分，主要有 10Mb/s、100Mb/s、1Gb/s 网卡，以及 10/100Mb/s 和 10/100/1000Mb/s 自适应网卡。

(3) 有些硬件的质保时间分为保换期和保修期。

(4) 技嘉主板一定使用自己生产的芯片组。

(5) 内存条的品牌一定和内存颗粒的品牌一致，否则一定是假货。

(6) 选购内存条时，只要条上 8 个内存颗粒的品牌相同就可以，不必在乎它们的型号是否相同。

(7) 温彻斯特（Winchester）硬盘技术的关键是"密封、固定并高速旋转的镀磁盘片，磁头沿盘片径向移动且悬浮在高速转动的盘片上方，不与盘片直接接触"。因此为保证密封，应将硬盘表面的透气孔盖住。

(8) 电源的优劣直接关系到计算机系统的稳定和硬件的使用寿命。

(9) 开关电源的每个电子元器件外面都应该加热收缩膜进行保护，防止元器件因水分或灰尘造成短路。

(10) 刻录光盘时，刻录速度越低，可靠性越高。

5. 简答题

(1) 简述多媒体计算机的硬件组成及各部件的功能。

(2) 简述主板的基本组成，例举所了解的主板技术。

(3) 简述声卡的基本结构和工作原理。

【基本技能】

1. 选购一台多媒体计算机，配置为：主板、CPU、内存、显卡、硬盘、光驱、机箱、电源、键盘、鼠标、音箱和显示器，步骤如下：

(1) 提出需求，根据需求设计具体的硬件配置方案；

(2) 进行市场调研，根据配件的实际价格修改配置方案；

(3) 购买，由于条件所限只能模拟进行，要求写出购买每一配件的方法及注意事项。

2. 填写表 2.12 中所示插头和插座的名称。

表 2.12 几种插头及其对应插座

插头	插头接口名称	插座	插座接口名称及说明
		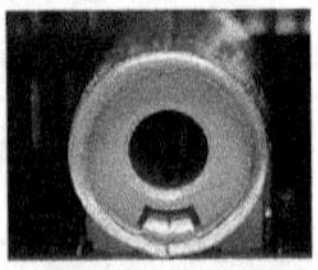	SPDIF（Sony/Philips Digital Interfaces，索尼/飞利浦数字音频接口），采用 RCA/同轴接口
			S/PDIF，采用 TOSLINK（光纤）接口

			RJ-11 接口，主要用于 Modem（参见第 4 章）和电话机。形状与 RJ-45 很相似，但 RJ-11 只有 4 针（有时只用 2 针），而 RJ-45 有 8 针
	RJ-11 接口插头		

3. 图 2.102 是 Intel 关于 9 系列芯片组的宣传资料，根据图示确定芯片组所能支持的功能。

【能力拓展】

1. 1978 年，Intel 公司推出的第一块 16 位微处理器芯片命名为 i8086。80x86 系列的第一块 32 位微处理器芯片是 Intel 公司哪一年推出的？命名为什么？（提示：到图书馆或资料室查找，或通过网络搜索查找）。

2. 有一位用户想用已有的多媒体计算机观看电视节目，请你做出解决方案，应做到尽可能详尽。

3. 如图 2.103 所示芯片 ALC1150、ASM1083、CRYSTAL SOUND 2、Realtek 8111G 分别支持什么功能？

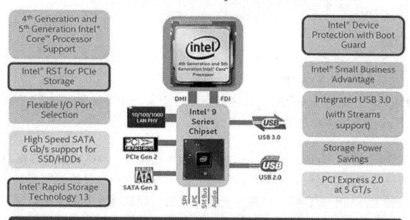

图 2.102　Intel 9 系列芯片资料

图 2.103　芯片 ALC1150、ASM1083、CRYSTAL SOUND 2、Realtek 8111G

第 3 章 计算机硬件系统组装

 知识目标

1. 熟悉多媒体计算机硬件系统组装的流程。

 技能目标

1. 熟悉装配计算机前的准备工作;
2. 掌握计算机各配件的安装技巧及注意事项,能完成计算机硬件的组装及拆卸;
3. 熟悉硬件组装完成后计算机的工作状态。

用户购买计算机时有两种选择:一种是购买品牌机,另一种是组装兼容机。

品牌机即原装机,购买机器后用户只需把外部设备与主机连接好后即可开机使用。原装机在性能和质量上都高于兼容机,配有齐全的随机资料和软件,并附有品质保证书,信誉较好,售后服务也有保证,但价格高。此外,一些名牌品牌机在某些方面采用了特殊设计和特殊部件,因此部件互换性差,维修比较麻烦。

兼容机是指用户根据个人喜好购买计算机配件进行组装的计算机。自己动手用配件组装计算机被称为 DIY(Do It Yourself)。DIY 是一项非常简单的体力劳动与非常复杂的脑力劳动相结合的工作,因此,组装计算机时必须有信心和耐心,做到胆大心细。

3.1 装机前的准备工作

1. 组装用工具

俗话说:"工欲善其事,必先利其器"。为提高装机速率,在组装计算机前必须先准备好所需要的工具。随着计算机配件模块化、集成化程度的日益提高,计算机的组装与维护,一般只在"板卡级"进行,很少涉及集成芯片内部,因此组装计算机所用的工具相对较少。十字形螺丝刀、镊子、尖嘴钳、平口螺丝刀、万用多孔型电源插座、浅口的硬纸盒或塑料杯盖等是组装计算机所需要的工具。

十字螺丝刀用于拆卸和安装螺丝。由于计算机中的大部分配件都用十字形螺丝固定,所以带有磁性的十字螺丝刀是组装计算机的必备工具。选用带磁性螺丝刀的主要原因是为了吸住螺丝便于安装。另外,由于安装完配件后,机箱内的空隙较小,用带磁性的螺丝刀比较容易取出不小心掉入机箱内的螺丝。

镊子主要用来夹取螺丝、跳线帽及一些其他的小零件。

由于机箱钢板的材质比较硬,尖嘴钳主要用来拆断机箱后面的挡板。

在安装和拆卸计算机的过程中,需要随时取用螺丝、塑料卡及跳线帽等许多小零件,应准备一个浅口的硬纸盒，带有格子的纸盒更好，或一二个塑料杯盖，用来分类盛装这些小零件。另外，还需要准备一个万用多孔型电源插座为系统中的多个设备供电。除此之外，还应准备一个高度适中的工作台，用来摆放装机用的工具及配件。

2．安装注意事项

（1）释放人体所带静电。为防止人体产生的静电将集成电路内部的器件击穿造成配件损坏，在安装前，先用手触摸自来水管、暖气片等接地设备，或用清水洗手以释放掉身上携带的静电。如果有条件，最好能佩戴防静电手环。

（2）断电操作。为保证人身安全以及各种配件的安全，在装配各种配件或插拔各种板卡及连接电缆的过程中，一定要断电操作，最好将主机电源插头从电源插座上拔掉。

（3）阅读产品说明书。仔细阅读各配件的说明书，确认是否有特殊的安装需求。

（4）使用正确的安装方法。在安装过程中一定要注意正确的安装方法，对于不懂、不会的地方要仔细查阅说明书，不要强行安装，更不可粗暴安装。安装时一定要轻拿轻放配件，不要用力过大或发生碰撞。

为避免造成板卡变形，或日后发生断裂或接触不良，导致系统不能正常工作等情况，不要强行使用螺丝固定安装位置不到位的设备，同时注意不要用力太大把螺丝拧滑丝。

（5）遵守操作规范。安装过程中要严格遵守操作规范，禁止将水、饮料等带到工作台上；避免汗水沾湿板卡造成器件短路；严禁用潮湿的手抓、拿板卡，更不准许手上有水时进行安装操作；对各部件所附带的安装螺丝等要做到心中有数，集中存放，防止丢失，避免掉落到机箱内造成短路；严禁在工作台附近嬉戏跑动，防止部件碰撞跌落摔坏等。

3．准备配件

将装机所用配件准备好。本次装机所用的主要配件有CPU、主板、内存条、显卡、声卡、网卡、硬盘、固盘、光驱、机箱及电源、键盘、鼠标、显示器。

特别提示

1．注意保管好产品包装盒中附带的零配件、产品说明书和驱动程序盘，不要遗失。也不要急于将包装盒丢掉，特别是带有序列号的包装盒。有些产品在质保期内有质量问题需要调换或退货时要出示原装包装盒。

2．对于暂时不用的配件，先不要从绝缘包装袋中取出。如果取出，应将配件放置在绝缘垫上以防止静电。

3．购买的每一个配件上几乎都有销售商贴的一个或两个约5mm见方的小纸片，俗称"标"。此标签反映的信息是销售商或代理商的名称以及购买配件的年月。绝对不能把标揭掉，否则将无法证明此配件的出处，配件也就失去了质保资格。

3.2 组装硬件系统

3.2.1 硬件组装

平常接触计算机不多的用户，可能会觉得"装机"是一件难度很大、很神秘的事情。其实只要动手组装一次，就会发现组装计算机并不太难。组装计算机的准备工作做好之后，开始进入组装计算机硬件阶段。计算机各配件的安装一般没有固定的顺序，主要以方便、可靠

为主,基本步骤如下:

(1) 准备好机箱并安装电源,主要包括打开空机箱和安装电源;

(2) 驱动器的安装,将硬盘、固盘和光驱固定到机箱上;

(3) CPU 的安装,在主板处理器插座上安装 CPU 及散热风扇;

(4) 内存条的安装,将内存条插入主板内存插槽中;

(5) 主板的安装,将主板固定在机箱中;

(6) 显卡的安装,根据显卡接口类型将显卡安装在主板上合适的扩展槽内并固定;

(7) 声卡、网卡等的安装,根据声卡、网卡等板卡的总线类型在主板上选择合适的扩展槽,将它们安装在主板上并在机箱上固定;

(8) 机箱与主板间连线的连接,是指各种指示灯、电源开关线、(也称机箱喇叭)等面板插针的连接,以及硬盘、固盘、光驱电源线和数据线的连接;

(9) 输入设备的安装,将键盘、鼠标与主机相连;

(10) 输出设备的安装,安装显示器;

(11) 重新检查连接线,准备进行测试;

(12) 给机器加电,若显示器能够正常显示,则表明硬件初装正确,启动 BIOS 设置程序,进行系统的初始化设置。

1. 准备主机箱和安装电源

有些机箱本身已经安装好了电源,但大部分的机箱与电源是分开的。

(1) 准备主机箱。首先拆除机箱外壳后部的固定螺丝,一般是上下左右共 4 颗,这类螺丝通常带柄,徒手就能拧下。然后观察挡板的结构,有些机箱挡板分左、右两侧两块结构,有些挡板左、上、右一体。观察好后开始拆卸,一般先将挡板往机箱后部稍微推一下,使挡板脱离与前面板的结合处,然后就可以取下挡板了,如图 3.1 所示。有些新机箱的挡板与前面板咬合得很紧,可轻轻拍打一下挡板,拍打同时向后用力。还要注意,有些机箱是免工具的,要打开机箱上的锁定开关才能取下挡板。

取下挡板后,将机箱内的螺丝、塑料脚垫、捆扎带等附件存放在空纸盒内备用。

(2) 安装电源。机箱中放置电源的位置通常位于机箱后部的顶部,如图 3.2 所示。将电源放到机箱内的电源托架上,并将电源后面的四个螺丝孔与机箱上的螺丝孔对正,然后拧紧螺丝。有些机箱则将电源安装在机箱后部的底部,如图 3.3 所示。

图 3.1 取下机箱挡板   图 3.2 安装电源

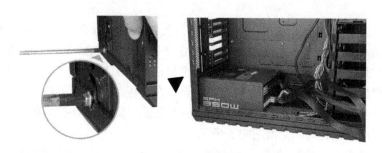

图 3.3 电源安装在机箱底部

📝 特别提示

1. 如果螺丝刀没有磁性，在机箱喇叭的磁铁上沿同一方向划几下就有磁性了。
2. 为了让螺丝对正安装孔，可以先将螺丝倒旋一二下，待对正后再正向旋入。
3. 为了避免螺丝滑丝，固定电源时先不要拧紧螺丝，等所有螺丝都到位后再逐一拧紧。固定主板、硬盘、固盘及光驱时也采用同样的方法。
4. 由于电源中的变压器相对较重，应选用粗螺纹的螺丝固定电源。
5. 未经打磨的机箱内部的铁架边缘非常锋利，注意不要划伤手指。

2. 安装驱动器

为避免在安装驱动器的过程中失手掉下驱动器或螺丝刀，砸坏主板，最好将驱动器安装在机箱上后再装主板。驱动器的安装主要包括硬盘、固盘和光驱的安装，其在机箱内的安装位置如图 3.4（a）所示。图中 1 号位置用来放置光驱、刻录机等 5.25 英寸的配件，2 号位置用来放置 3.5 英寸硬盘。底部安装电源的机箱 3.5 英寸安装位多为横向，以便背板走线，如图 3.4（b）所示。

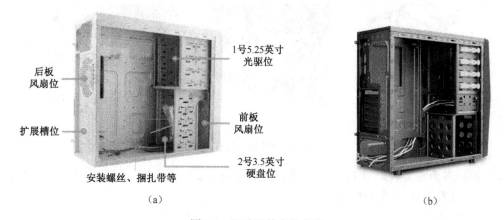

图 3.4 驱动器的安装位置

（1）安装硬盘。

硬盘的安装分为硬安装和软安装。所谓硬安装是指将硬盘固定在机箱内，并连接数据线和电源线的过程。而软安装是指对硬盘进行分区和格式化的过程，有关硬盘软安装的知识将在第 4 章中介绍。本章主要介绍硬盘硬安装的方法及注意事项。

一般来说，硬盘的安装分为单硬盘安装和多硬盘安装。所谓单硬盘安装是指系统中只安装一块硬盘，而多硬盘安装是指系统中安装多块硬盘。

① 首先介绍单硬盘安装。在接触硬盘前先释放静电，打开硬盘包装盒，取出硬盘，检

查硬盘是否完好、有无划伤、是否干净等，尤其要注意硬盘数据接口是否断针或弯曲。

对 IDE 硬盘一般要进行跳线设置。IDE 硬盘在出厂时，一般都默认为 CS 模式。当主板有两个 IDE 接口时，可以将光驱和硬盘分接在主板的两个 IDE 接口上，这时硬盘跳线可选择默认模式或设置为主盘模式。如果将光驱和硬盘接在主板的同一个 IDE 接口，则要将硬盘设置为主盘。现将硬盘设置为主盘，操作时对照硬盘面板或硬盘说明书，用镊子将跳线帽夹出，并重新安插在正确的位置即可，如图 3.5 所示。

接下来在将硬盘放入安装槽前，先确定显卡是否使用单超长显卡或双显卡互连，以便所选安装槽能使硬盘与显卡离开一定距离，不发生冲突。选好安装槽后开始安装。单手捏住硬盘，使硬盘面板朝上，数据接口朝手心，对准安装槽位，将硬盘轻轻地往里推，直到硬盘的四个螺丝孔与安装槽上的螺丝孔对齐，然后用螺丝固定硬盘。对于免工具安装，不同品牌的机箱技术不同。一般是先要给硬盘安装好支架或导轨，如图 3.6 所示，要注意支架或导轨的安装方向，横向安装位与普通位恰好相反，在推入硬盘时要使数据接口背对手心。支架安装好后，横向安装位是将硬盘推入安装槽即可卡住，普通位通常需要锁上卡扣。

图 3.5　硬盘跳线设置

图 3.6　硬盘安装到位

② 安装多个硬盘时，对 IDE 接口硬盘需要正确跳线，而 SATA 硬盘和 SAS 硬盘则不用跳线，但连接数据线时要正确连接。

（2）安装固盘。

3.5 英寸固盘的安装方法参照前述硬盘的安装。安装 2.5 英寸固盘时，一是安装到机箱底部 2.5 英寸硬盘位，如图 3.7 所示；二是通过转换托盘，安装到 3.5 英寸驱动器安装位上。

图 3.7　2.5 英寸固盘安装

💡 **特别提示**

1. 一定要轻拿、轻放硬盘，注意不要将硬盘撞到机箱板上。
2. 注意 IDE 硬盘的主、从盘跳线不能出现错误，否则无法正常工作。
3. 不要用手触摸硬盘底部的电路，以防静电损坏硬盘。
4. 硬盘工作时内部磁头高速旋转，受震动时易损坏，因此，一定要保证硬盘在机箱内牢固、稳定。要用粗螺纹的螺丝固定硬盘。

（3）安装光驱。不同类型的光驱安装方法基本相同，下面以 CD-ROM 光驱为例介绍安装步骤。

第 1 步，打开光驱的包装盒，取出光驱和 CD 音频信号线。检查光驱是否完好、有无划伤等，尤其要注意光驱的数据线接口是否发生断针或弯曲。将音频线收好备用。

第 2 步，设置光驱跳线。对照光驱说明书或光驱机壳上的跳线说明，设置好 IDE 接口光驱的主、从跳线。若光驱和硬盘共用同一条数据线，将光驱设置为从盘；若光驱和硬盘分用两条不同的数据线，则将光驱设置为主盘。

如果是 SATA 接口光驱，则无须跳线。

第 3 步，将光驱装入机箱。为便于散热，尽量把光驱安装在机箱最上面离硬盘远的位置。

安装光驱前，先将机箱前面板上的 5.25 英寸槽口的塑料挡板拆下，然后将光驱从机箱前面板的相应位置推入机箱，注意光驱的接口部分背对机箱前面板，如图 3.8（a）所示。

第 4 步，固定光驱。为保证面板美观，先在光驱左右两侧分别用两颗螺丝一前一后初步固定，适当调整其安装位置，使光驱与机箱前面板对齐，再拧紧螺丝，如图 3.8（b）所示。

（a）光驱的安装位置及推入方向　　　　　（b）固定光驱

图 3.8　安装光驱

💡 **特别提示**

1. 不要把光驱的上、下位置放反，前、后位置放反，光驱接口背对面板插入安装槽位。
2. 不要将 IDE 接口光驱的主、从盘跳线设置错，否则计算机系统无法正常工作。

对于抽拉式光驱托架，要先将光驱托架安装到光驱上，如图 3.9 所示，然后将光驱推入机箱托架就可安装到位。取下光驱时，用两手按住两边的簧片，就可拉出光驱。

3. 安装 CPU 及散热器

为避免安装主板后机箱内狭窄的空间影响 CPU 及内存条的安装，在将主板装进机箱之前最好先将 CPU 和内存条安装好。

接触主板和 CPU 前，先释放静电。

(a) 安装光驱托架　　　　(b) 将光驱推入机箱托架　　　　(c) 光驱安装到位

图 3.9　免工具机箱的光驱安装

打开主板包装盒，取出主板说明书，仔细阅读。根据主板说明书检查附件是否齐全，是否有损坏。附件一般包括：用户手册（即主板说明书）、I/O 挡板、数据线（目前一般为两条 SATA 6Gb/s 数据线）、驱动程序与实用程序光盘、产品保证单等。然后按照 2.2 节介绍的方法仔细检查主板的质量。检查完毕，将主板包装盒里的泡沫垫（或海绵垫）平放在工作台上，将主板放在绝缘的泡沫或海绵垫上，对照主板说明书，找到 CPU 插座的位置。

下面分别以 Intel LGA1150/1155、LGA2011 和 AMD Socket AM3+为例介绍 CPU 及其散热器的安装。

（1）Intel LGA1150/1155 CPU 的安装。

➢ 安装 CPU。

第 1 步，检查 CPU。按照包装盒上的指示打开 CPU 包装盒，取出 CPU，根据 2.1 节介绍的方法仔细检查 CPU 质量。认真阅读 CPU 说明书，依据其中的安装指导进行 CPU 的安装。

第 2 步，打开 CPU 插座。如图 3.10（a）所示，找到主板上 CPU 插座旁的杠杆，用适当的力向下按压杠杆，使杠杆脱离固定卡扣，这时 CPU 插座即处于解锁状态。将杠杆提起，再将固定 CPU 的盖子抬起，露出 CPU 插座。

第 3 步，固定 CPU。如图 3.10（b）所示，在 CPU 左下角有一个金色三角形标志，在主板 CPU 插座左下角也有一缺角三角形标志，两个三角标志同向对齐后将 CPU 放入 CPU 插座，这时 CPU 上方缺口与插座上对应的校准凸点恰好吻合，注意尽量避免插座针弯，放下盖子，向下微用力按下杠杆锁紧盖子，至此 CPU 稳固地安装到其插座中。

当 CPU 安装到位时，插座盖上的塑料保护罩就会被顶出。收好保护罩，以防日后返修主板时无此罩而失去保修资格。

(a) 打开 LGA1150/1155 CPU 的固定盖

(b) 安装 CPU

图 3.10　安装 LGA1150/1155 CPU

➢ 安装散热器。

安装散热器前认真阅读 CPU 说明书，依据其中的安装指导进行散热器的安装。

第 1 步，检查散热器。由 CPU 包装盒取出散热器，检查其质量，如图 3.11 所示。

第 2 步，涂抹硅脂。清洁 CPU 表面，然后挤上适量的硅脂，将其涂抹均匀，覆盖到整个 CPU 表面。硅脂的主要作用是导热，它使 CPU 与散热器能良好接触，有利于 CPU 的散热。很多散热器在出厂时就已经在底部与 CPU 接触的部分涂有硅脂了，这时就没有必要在 CPU 表面涂抹了。

第 3 步，固定散热器。将散热器风扇朝上置于 CPU 顶部，同时保证风扇电源插头位置要有利于后期连接，散热器四角的扣具脚位对准主板的对应孔位，然后均匀用力压下四个扣具，顺时针旋转每个扣具上的旋钮，散热器就被稳固地锁定在主板上了。

第 4 步，连接风扇电源。对照主板说明书，在主板上找到标有 CPU_FAN 的接口，把风扇电源插头插到主板 CPU_FAN 插座上。

图 3.11　安装 LGA1150/1155 CPU 散热器

（2）Intel LGA2011 CPU 的安装。

➢ 安装 CPU。

第 1 步，检查 CPU，并认真阅读 CPU 说明书。

第 2 步，打开 CPU 插座。如图 3.12 所示，分别按下 CPU 插座边的两个杠杆，使其脱离卡扣。然后双手同时摇动抬起两个杠杆，CPU 座即处于解锁状态。

第 3 步，固定 CPU。CPU 金三角与插座三角同向对齐后将 CPU 放入插座，CPU 上缺口与插座上校准凸点吻合，注意尽量避免插座针弯，按下杠杆锁紧 CPU，收好顶出的保护罩。

➢ 安装散热器。

如图 3.13 所示。清洁 CPU 表面，挤上适量硅脂并涂抹均匀，覆盖整个 CPU 表面。将散热器置于 CPU 顶部，在四个角落固定散热器，然后用螺丝刀锁紧螺丝。最后接好风扇电源。

图 3.12　安装 LGA2011 CPU

图 3.13　安装 LGA2011 CPU 散热器

(3) AMD Socket AM3+ CPU 的安装。

➢ 安装 CPU。

如图 3.14 所示。按下杠杆并摇起，抬起杠杆，CPU 插座解锁。将 CPU 金三角与插座三角标志同向对齐，将 CPU 放入插座。按下杠杆，CPU 被锁住。

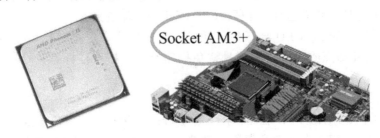

图 3.14　安装 Socket AM3+ CPU

图 3.14　安装 Socket AM3+ CPU（续）

> 安装散热器。

如图 3.15 所示。清洁 CPU 表面，均匀涂抹硅脂覆盖整个 CPU 表面。将散热器支架与底座扣紧，然后向下锁紧散热器开关，将 CPU 风扇电源插头插入主板 CPU_FAN 插座。

图 3.15　安装 Socket AM3+ CPU 散热器

特别提示

1. 安装前务必检查针脚式 CPU 的针脚是否弯曲，触须式 CPU 插座的触须是否整齐，如有异常请指导教师帮助拨正。
2. CPU 安装过程中，若遇较大阻力，应立即停止，这可能是 CPU 插入方向错误造成的。
3. CPU 散热风扇的安装方向应是风扇电源线靠近主板 CPU_FAN 的位置。
4. 在不熟悉散热器的安装方法时，仔细阅读 CPU 说明书。
5. 不使用导热介质会导致死机甚至烧毁 CPU，一定要在 CPU 表面涂硅脂或加放散热垫。
6. 散热器放在涂抹了硅脂的 CPU 上后，不要再在垂直方向移动散热器。
7. 务必连接风扇电源 CPU_FAN，否则通电后可能导致 CPU 过热、死机，并出现错误提示，如 Hardware monitoring errors，甚至烧毁 CPU。
8. 不要将硅脂抹在手上，以免损伤皮肤。

4. 安装内存条

安装内存条时需要注意内存条金手指的缺口与插槽分隔的位置相对应，以安装 DDR3 内存条为例介绍，如图 3.16 所示。

第 1 步，检查内存条。在安装内存条之前，按照 2.3 节介绍的方法检查内存条的质量，然后观察金手指是否有划痕等。

第 2 步，对照主板说明书，找到内存插槽的位置。同时按下内存插槽两端的塑料卡子。

第 3 步，将内存条的凹口垂直对准插槽凸起的部分，均匀用力将内存条压入槽内，当听到"啪"一声响后，说明内存条安装到位，此时插槽两边的卡子自动闭合卡住内存条。

图 3.16　安装内存条

特别提示

1. 安装内存条时不要太用力，以免损坏线路板和插槽。

2. 内存条接口设计不对称，要注意金手指缺口与插槽上分隔的位置相对应。当插入内存条有阻碍时，一定要检查是否左、右拿错，防止强行插入，损坏插槽或内存条。

3. 内存条安装到位，两边卡子便自动闭合发出"啪"声。如果没有听到响声，则取下重装。绝对不能用手把卡子推上去！即使推上了，内存条也可能没有安装到位。

4. 不同规格的内存条其工作速率及性能参数不同，两种不同规格的内存条不能同时混用，以免造成系统不稳定。

5. 在支持双通道的主板上安装内存条时，要将两条内存条安装在同一种颜色的内存插槽上。

5. 安装主板

第 1 步，对照主板说明书，将机箱提供的隔离铜柱和塑料钉旋入机箱底板与主板安装孔相对应的位置，如图 3.17 所示。考虑全部用铜柱，主板固定太紧，维护或安装板卡时容易损坏主板；全部用塑料钉，主板又容易松动，造成接触不良。最好用 3~4 颗铜柱，其余用塑料钉，这样主板比较稳固，同时又具有柔韧性。但铜柱与塑料钉的总数不少于 6 颗。

第 2 步，根据主板接口情况，将机箱背面相应位置的挡板去掉。由于挡板与机箱直接连在一起，先用螺丝刀将其顶开，再用尖嘴钳扳下。

第 3 步，安装机箱 I/O 挡片。仔细将 I/O 挡片对准机箱背部长方形开孔位置，按紧。

第 4 步，将主板 I/O 接口对准机箱背部的相应位置，双手平托住主板，小心地将它放在机箱的底板上，使键盘口、鼠标口、USB 接口等和机箱背部 I/O 挡片的相应开口对齐，不要让主板直接接触到机箱的侧面。检查铜柱或塑料钉是否与主板的定位孔（圆形开口）相对应、对齐，以便后续螺丝的固定。

第 5 步，在机箱附件配套的螺丝包中找到一款适合固定主板的圆头螺丝，套上绝缘垫圈，然后与机箱铜柱孔对齐。用螺丝刀小心拧紧，注意不要滑口。

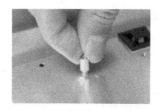

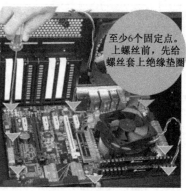

图 3.17　安装主板

特别提示

1. 主板放入机箱前，一定要先将机箱内散落的螺丝等异物清除干净。
2. 为避免静电击穿主板上的部件，不要用手触摸主板的电子元器件。
3. 机箱底板上有很多螺丝孔，要选择与主板匹配的螺丝孔安装固定螺柱。
4. 主板一定要与机箱底板平行，绝不能搭在一起，否则容易造成短路。
5. 确定主板是否安放到位，可以通过机箱背部的主板挡板来定位。
6. 固定螺丝时，每颗螺丝不要一开始就拧紧，等全部螺丝安装到位，再将每颗螺丝拧紧，这样可以随时对主板的位置进行调整，并且防止主板受力不均匀而导致变形。
7. 不要把固定螺丝拧得太紧，否则容易导致主板的印制电路板发生龟裂，或损伤硬件。

由于机箱空间有限,若先安装扩展板卡再连各种接线不好操作,故应先进行接线连接。

6．面板插针的连接

计算机机箱前置面板上的指示灯、开关,要使它们能正常发挥作用,就需要正确地连接面板插针。不同的主板在插针设计上不同,在连线前要仔细阅读主板说明书,找到各个连线插头所对应的插针位置。

虽然各主板或机箱的面板指示灯及开关连线插头上的英文标志可能不同,但一般都能从其标志上看出它们的含义,如图3.18所示。常见的连线插头标志及其用途如表3.1所示。

图3.18 机箱提供的面板指示灯及开关连线插头

表3.1 面板指示灯及开关连线插头的用途

插头标志	接机箱面板	用途	针数	插针顺序及机箱连线颜色
POWER SW	ATX 电源开关	主机电源开关	2	无极性,通常1针接黄线,2针接黑线
RESET SW	复位开关	产生复位信号,重启计算机并自检	2	无极性,可将1针接红线,2针接蓝线
POWER LED	电源指示灯,绿色	主板加电后灯亮,表示已接通电源	2	有极性,1针(＋)接绿线,3针(－)接白线
SPEAKER	机箱喇叭	利用其发出的不同声响,进行不同的提示	4	无极性,通常1针接红线,4针接黑线。2与3针短路时启动机箱喇叭或主板上的蜂鸣器,使其发声;正常工作时应使2、3开路
H.D.D LED	硬盘指示灯,红色	读/写硬盘时,指示灯闪烁	2	有极性,1针(＋)接红线,2针(－)接白线

注:一般情况下,白线或黑线表示负(－)极,彩色线表示正(＋)极。

(1)连接POWER SW。在插头中找到标有POWER SW或ATX SW字样的主机电源开关插头,在主板插针中找到标有PWR-ON(因主板不同而异)字样的插针,对应插好,如图3.19(a)所示。此插针无极性,通常将黄线一端插头插在主板PWR-ON的1针上。

(a)连接主机电源开关　(b)连接复位按钮　(c)连接电源指示灯　(d)连接机箱喇叭　(e)连接硬盘指示灯

图3.19 面板插针的连接

(2)连接RESET SW。RESET是2芯插头,连接机箱Reset按钮。将插头插在主板RESET插针上,如图3.19(b)所示,此插头无极性。机箱上Reset按钮的作用是按下时产生短路,手松开时又恢复开路,瞬间的短路可使计算机重新启动。

（3）连接 POWER LED。电源指示灯插头是两个单芯插头，如图 3.18 所示，也有机箱用 3 芯插头（中间为空芯），如图 3.19（c）所示。将插头插在主板 POW-LED 插针的第 1、3 针。该插针的连接具有极性，极性接反，指示灯即发光二极管 LED 不亮。插头的两条连线一般为绿色和白色，通常 1 线为绿色，代表接电源正极；3 线为白色，代表接地端。连接时，POWER LED 插头的绿色线对应主板上 POW-LED 的插针插入，如图 3.19（c）所示。

（4）连接 SPEAKER。SPEAKER 是 4 芯插头，实际只有 1、4 两条线，它连接机箱喇叭（也称 PC 喇叭）。通常 SPEAKER 插头的 1 线为红色，接在主板 SPEAKER 插针上，如图 3.19（d）所示。该插头无极性，但如果 1、4 线接反，虽然喇叭仍然发声，但噪声增大。主板 SPEAKER 插针的 2、3 针用来检测机箱喇叭，当用跳线帽短接 2、3 针时，喇叭发声，说明喇叭是好的。

（5）连接 H.D.D. LED。硬盘指示灯接线插头是两芯插头，与主板上标有 IDE LED 或 HDD LED 字样的插针连接。该连接有极性要求，极性接错指示灯不亮。连接线一般为红色和白色，通常 1 线为红色，接电源正极，如图 3.19（e）所示，图中主板上用 ▲ 表示插针的正极，连接时红线对应 ▲ 针。

指示灯及开关连线插头与主板插针连接完毕后的结果如图 3.20 所示。

对提供接线模块的主板，可在机箱外将面板插针连接到接线模块上，然后再将接线模块插入主板对应位置即可，如图 3.21 所示。

7．连接扩展接口

在机箱中找到 USB 扩展接口的连接线插头，在主板上找到扩展 USB 接口插座，然后将插头垂直对准插座上的插针插入插头即完成连接，如图 3.21 所示，此时前置 USB 口就可以用了。

如图 3.22 所示是主板上的两个 IEEE 1394 扩展接口插座，如果机箱面板提供了 IEEE 1394 输出接口，将连接该接口的电缆线插头插入主板插座中，机箱面板上的前置 IEEE 1394 接口就可以用了。

图 3.20　面板插针连接完毕　　图 3.21　接线模块及 USB 扩展接口　　图 3.22　IEEE 1394 扩展接口

8．连接电源线

需要连接的电源线有主板电源、硬盘电源、光驱电源及 CPU 专用电源。

第 1 步，给主板插上供电插头。从机箱电源输出插头中找到 24 芯（原生 24 芯或 20+4 芯）主板电源接头，在主板上找到主板电源接口，将 24 芯电源插头对准主板上的插座插到底，并使插头与插座上的两个塑料卡子互相卡紧，以防止电源插头脱落，如图 3.23（a）所示。在用 20+4 芯插头时，先将两部分插头对齐卡好后，然后再插。

第 2 步，连接 CPU 专用电源。将电源输出插头中 8 芯或（4+4）芯 CPU 电源插头插到主板 CPU 电源插座上，如图 3.23（b）所示。如果只用 4 芯，另一半放在一边即可。

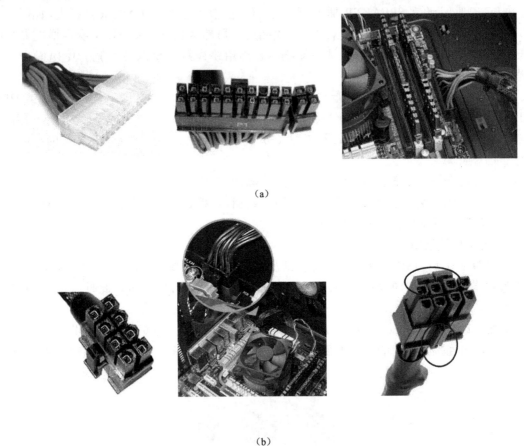

(a)

(b)

图 3.23　连接 ATX 主板电源和 CPU 专用电源

特别提示

1. 主板电源插头和插座间的连接用塑料卡子指示方向。如果方向错误，则插头和插座的形状不匹配，插头无法插入插座。类似于这类设计在计算机配件中被称为"防呆设计"。

2. 连接 CPU 电源时注意，不要把 20＋4 芯主电源插头的 4 芯头插到 CPU 电源插座上。

第 3 步，连接硬盘和光驱的电源线。从电源输出插头中找出 4 芯 D 型插头，看好形状、方向，插到 IDE 硬盘的电源接口上，如图 3.24（a）所示。光驱电源线的连接与之相同。

从电源输出插头中找出 SATA 硬盘 15 线电源插头连接到 SATA 硬盘电源接口上，如图 3.24（b）所示。如果没有 15 线电源插头，使用 SATA 电源适配器连接到 4 芯 D 型插头。对于有 4 芯 D 型电源接口的 SATA 硬盘，可以直接与 4 芯 D 型电源插头相连。

(a)   (b)

图 3.24　连接硬盘电源

特别提示

电源下置机箱多采用背板走线。连接电源接口时，先将电源线缆从最下面的镂空位置伸出，如图 3.25 所示。然后根据主板接口位置，适当安排线缆穿插顺序，将不同作用的接口分配到不同的镂空位置穿回，如主板电源接口走最上面的孔洞，显卡供电接口走下面的孔洞。这样可以使接口就近接到主板和显卡上，既避免线缆搅在一起，机箱整洁，又不影响风道。

图 3.25　电源线的背板走线

9．连接驱动器数据线

第 1 步，对照主板说明书，在主板上找到 IDE 接口或 SATA 接口。并找到各接口的第 1 针引脚位置，通常标记为"Pin 1"。

第 2 步，连接硬盘数据线。

➢ 连接 IDE 硬盘。用 ATA-66 或 ATA-100 或 ATA-133 数据线连接 IDE 硬盘。首先连接主板一端，使数据线第 1 线（红色线或蓝色线、印有字母或花边）与主板 IDE1 接口的第 1 针相对应，如图 3.26（a）所示，将数据线蓝色插头垂直向下压入主板 IDE 接口，注意数据线插头的凸起部分对应 IDE 接口的缺口，如图 3.26（b）所示。然后，将数据线另一端黑色插头插入硬盘数据接口，数据线第 1 线与硬盘数据接口第 1 针相连接，硬盘数据接口第 1 针一般在靠近电源接口的一边，如图 3.26（c）所示，即带有色边的一端靠近电源接口。

如果是两个 IDE 硬盘，则将第二个硬盘跳线设置为从盘，连接在 ATA 数据线的中间灰色插头；或与光驱连接在同一条数据线上。

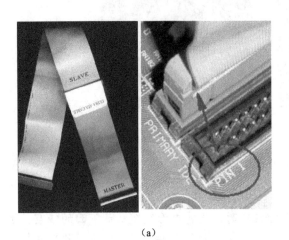
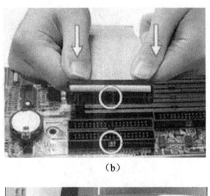

图 3.26 连接 IDE 硬盘数据线

➤ 连接 SATA 硬盘。SATA 硬盘不用设置跳线，每个 SATA 接口只能连接一个硬盘，系统自动将其设定为主盘。SATA 数据线两端插头没有区别，均采用单向 L 形盲插插头，一般不会插错。将数据线一端插头插入主板 SATA1 接口，如图 3.27（a）所示，另一端插头连接硬盘，如图 3.27（b）所示。

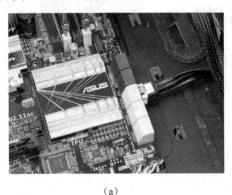
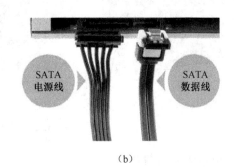

图 3.27 连接 SATA 硬盘数据线

如果是安装多个 SATA 硬盘，只要将连接每个硬盘的数据线插头依次插入主板的 SATA1 接口、SATA2 接口等，便完成连接，这时系统自动将它们按照 1、2、3 顺序编号。需注意，启动硬盘要接在所连接的最小序号 SATA 接口，但不一定是 SATA1。如果主板支持 RAID 功能，要创建 RAID 模式时，需要在 BIOS 设置中进行，这部分内容将在第 4 章中介绍。

此外，如果既安装了 SATA 硬盘，又安装了 PATA 硬盘，为使其不冲突，有时需要在 BIOS 设置中进行设置。

第 3 步，连接光驱数据线。当光驱与硬盘分用两根数据线时，光驱数据线的连接过程与硬盘数据线的连接相似，只是需要将数据线的蓝色插头插入主板的 IDE2 接口。当光驱与硬盘共用一根数据线时，将数据线缆中间的灰色插头插入光驱数据接口。注意数据线的第 1 线要与光驱数据接口的第 1 针对应，通常光驱第 1 针在靠近电源接口的一边。

如果是两个 IDE 硬盘,并且将第二个设置为从盘模式的硬盘与光驱连接在一条数据线上,则将光驱设置为主盘模式,接在数据线的黑色接口。

10.安装显卡等扩展板卡

打开板卡包装后,首先按照 2.4~2.6 节中介绍的方法检查各板卡的质量,以及配件是否齐全、完好,阅读产品说明书,然后再进行安装。

(1)安装显卡。

第 1 步,找到主板显卡插槽(PCI-E X16 槽或 AGP 槽),通常是距离 CPU 最近的一根槽。观察机箱背部对应插槽位置的金属背板是否移除,如果没有移除,拧开固定背板的螺丝即可移除,如图 3.28 所示。收好螺丝,之后用于固定显卡。

第 2 步,将插槽远离机箱背部一侧的卡子打开。

第 3 步,将显卡垂直对准显卡插槽,带有输出接口的金属挡板面向机箱后侧,然后用力平稳地将显卡向下压入插槽中,同时插槽卡子自动关闭,卡住显卡。须注意显卡挡板下端不要顶在主板上,否则无法插到位。

第 4 步,确认插槽一侧的卡子扣住显卡的金手指,同时显卡另一侧挡板与机箱背板的位置吻合,用螺丝将显卡挡板与机箱固定。

第 5 部,连接显卡电源线。低功耗显卡可以直接通过主板插槽供电,而高性能 PCI-E 显卡至少需要 1 个 6 芯独立电源供电。显卡性能越高,所需供电性能要求越强,所以更高端的显卡通常需要 1 个 6 芯或 1 个 8 芯,甚至 2 个 8 芯独立供电电源,以保证有足够的电源驱动。

图 3.28 显卡插入显卡插槽并固定

（2）安装声卡。

第1步，在主板上找一条未用的与声卡总线接口相匹配的插槽，这里为PCI插槽。从机箱背部拆除与此PCI插槽对应的挡板。

第2步，将声卡对准PCI插槽垂直插入，用螺丝将声卡挡板与机箱固定，如图3.29（a）所示。

第3步，连接音频线。音频线一般是3芯或4芯信号线，其中红线和白线分别是左右声道信号线，黑线是地线。将音频信号线的一端接入光驱的音频输出口，另一端接声卡的音频口，如图3.29（b）所示。确保音频信号线的红、白两线连在光驱与声卡的对应声道上，即红色接右声道R，白线接左声道L。若连接错误，可能听不到CD音乐或者只有一个声道发声。

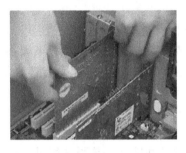
（a）

（b）

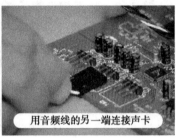

图3.29　安装声卡

（3）安装网卡。将网卡垂直插入主板上某个空闲的、与网卡总线接口相匹配的插槽，如图3.30所示，然后拧紧挡板与机箱固定的螺丝。

图3.30　安装网卡

特别提示

1. 为便于散热及维护方便，板卡间应留有足够的空间，不要在紧邻的插槽上安插板卡。

2. 显卡、声卡、网卡在主板上的扩展槽内安装好后，还必须安装驱动程序才能正常工作。为便于今后能正确选择、安装它们的驱动程序，在安装各板卡前，最好记下GPU、声卡主芯片及网卡主芯片的型号。有关驱动程序的安装将在第4章中介绍。

至此，一台计算机的内部硬件全部安装完毕。但机箱内连线比较乱，有可能破坏原有风道，还可能有线缆挨上散热风扇造成摩擦。因此，需要对各种连线进行整理，称之为理线。

11．理线

整理机箱内部连线的具体步骤如下。

第1步，整理面板信号线。将面板信号线理顺，用捆扎带或细的捆绑绳捆扎起来。

第2步，整理电源线。先将电源线理顺，将没用的电源线用捆扎带扎好后固定在远离CPU风扇的地方。如果机箱采用背板走线，将捆好的电源线固定在机箱背板后面即可。

第3步，固定CD音频信号线。由于CD音频线用来传送音频信号，为避免产生干扰，不要将CD音频线与电源线捆在一起，最好将CD音频线单独固定在远离电源线的地方。

第4步，整理驱动器的数据电缆线。

理线完毕，仔细检查各部件的连接情况，确保连接无误。最后，剪去捆扎带多余的部分。

理好线的机箱内部如图 3.31 所示。

图 3.31 理线完毕的机箱内部

12．安装连接外设

（1）安装显示器。

第 1 步，检查显示器。打开显示器包装箱，取出说明书，按照说明书检查配件，检查显示器质量。仔细阅读说明书中关于安装显示器方法的介绍。

第 2 步，安装显示器底座。根据显示器说明书有关底座的安装方法，将底座安装到位。然后适当调整显示屏的前、后倾角至合适位置，如图 3.32 所示。

图 3.32 安装显示器底座

第 3 步，连接显示器数据线。首先确定是核芯显卡、APU，还是独立显卡，以确定显示器数据线连接的接口。此处为独立显卡。根据显示器附件中数据线接口类型，将显示器数据线连接到显卡的 HDMI、DVI、DisplayPort 或是 VGA 显示接口上，如果是 DVI 或 VGA 接口，插入插头后，还要拧紧两边的紧固螺钉，如图 3.33 所示。

第 4 步，连接显示器电源。显示器外接电源连接分为两种：AC（交流）和 DC（直流）。连接 AC 电源时，将电源线插头插入显示器后部标示为 AC 的插座中，如图 3.34（a）所示，另一端插头插到 220V 多孔电源插座上即可。如果是 DC 电源，则将连接线插头插入显示器的

DC 插座，如图 3.34（b）所示，另一端接电源适配器，然后将电源适配器接 220V 电源。

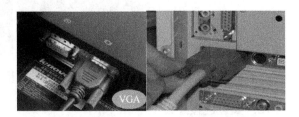

图 3.33 连接显示器数据线

（a）

（b）

图 3.34 连接显示器电源线

（2）连接键盘和鼠标。

目前，键盘和鼠标多采用 PS/2 接口或 USB 接口。在 PC'99 标准中规定，PS/2 鼠标接口采用绿色，键盘接口采用紫色。按照对应的颜色接口，校准插针和插孔的方向，将 PS/2 键盘插头和鼠标插头插入主机 I/O 挡板的插孔上。如果是 USB 口，则插入 I/O 挡板上的 USB 口，如图 3.35 所示。

（3）连接音箱。

第 1 步，检查音箱。打开音箱包装，检查音箱外观有无划痕、碰伤，面板网罩有无破损。

第 2 步，连接音箱。如果是 2.0 音箱，连接比较简单，将音箱的同轴音频线插头插到主机声卡 SPEAKER 或 LINE-OUT 口即可，如图 3.36 所示；如果是无源音箱则要插到 SPEAKER 口。对多声道音箱和高性能声卡，通常有多个输出接口，要对照声卡说明书一一进行连接。

第 3 步，连接音箱电源线。将音箱电源线的插头插到 220V 多孔电源插座上。

最后连接主机箱的电源线。将电源连接线插头插入主机箱后板的电源插口中，电源开关位置拨到"I"即打开状态，如图 3.37 所示，另外一端插头插到 220V 多孔电源插座上。

图 3.35　连接键盘和鼠标　　图 3.36　连接音箱　　图 3.37　连接电源

3.2.2　加电自检

在通电之前，务必仔细检查各种设备的连接是否正确、接触是否良好，尤其要注意各种电源线是否有接错或接反的情况。检查确认无误后，将多孔电源插座的电源线插头插入 220V 50Hz 电网电源插座。

打开显示器开关，按下机箱面板上的电源开关，注意观察通电后有无异常，如冒烟、发出烧焦的异味，或者发出报警声，CPU 风扇是否转动等。一旦有问题立即拔掉主机电源插头或关闭多孔电源插座的开关，然后进行检查。

如果一切正常，计算机启动约 3s 后，机箱喇叭会发出"嘀"的一声（此声音也可以在 CMOS 设置中将其关闭，参见第 4 章介绍），同时还可以听到主机电源风扇转动的声音，以及硬盘启动时发出的自举声，机箱上的电源指示灯一直点亮，硬盘指示灯及键盘各指示灯、按键灯亮一下后再熄灭。显示屏上出现开机画面信息，并且进行硬件自检。

硬件自检通过后，关闭主机电源，关闭多孔电源插座开关。

接下来安装机箱挡板。将机箱挡板依循轨道由后向前推移，使挡板与前面板卡扣咬合好后，拧上机箱螺丝。为了在安装软件出现问题时便于检查，此时机箱上的螺丝可以暂不拧紧。

至此，硬件安装全部完成。要使计算机正常工作，还需要进行 CMOS 参数设置，硬盘分区和格式化，安装操作系统，安装显卡、声卡等设备的驱动程序以及有关的应用软件。

3.3　硬件系统的拆卸

拆卸计算机各部件时，必须关闭多孔电源插座开关，拔下机箱电源线插头。计算机硬件系统的拆卸步骤如下。

（1）拔下电源线。拔下主机及显示器等外设的电源线。

（2）拔下外设连线。拔除键盘、鼠标、USB 电缆、HDMI 电缆等与主机箱的连线时，捏住插头直接向外平拉即可；拔除显示器 VGA、DVI 电缆时，先松开插头两边的固定螺丝，捏住插头向外平拉；拔除网线时，先捏住水晶头上的卡子使其张开，然后再向外拔出插头。

（3）打开机箱盖。机箱盖的固定螺丝大多在机箱后侧边缘上，多为手旋螺丝，直接拧下即可。如果是十字花螺丝，则要借助十字花螺丝刀拧下。沿导轨向后抽取下机箱盖。

（4）拔下面板插针插头。沿垂直方向向上拔出面板插针插头。注意，拔之前最好把插接线的颜色、位置及排列顺序等做好记录，以便还原。

（5）拔下驱动器电源插头。沿水平方向向外拔出硬盘、光驱的电源插头。注意，这些插头与插座咬合得比较紧，拔时一定要捏住插头垂直拔，绝对不能上下左右晃动电源插头。

（6）拔下驱动器数据线。硬盘、光驱数据线一头插在驱动器上，另一头插在主板的接口插座上，捏紧数据线插头的两端，平稳地沿水平或垂直方向拔出插头。然后拔下光驱与声卡间的音频线。

（7）拔下主板电源插头。拔下 ATX 主板电源插头时，用力捏开电源插头上的塑料卡子，如图 3.38 所示，垂直主板，适当用力把插头拔起，另一只手轻轻按压住主板，按时应轻按在 PCI 或 PCI-E 插槽上，不能按压在芯片或芯片散热器上。然后拔下 CPU 专用电源插座上的插头。

（8）拆下板卡。用螺丝刀拧下挡板上固定板卡的螺丝，双手捏紧板卡的上边缘，垂直向上拔出板卡。注意拔显卡时，先要松开锁住显卡的卡子。

（9）拆卸内存条。轻缓地向两边掰开内存插槽两端的固定卡子，内存条被自动弹出插槽，如图 3.39 所示。

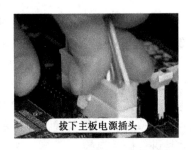 

图 3.38　拆除 ATX 主板电源　　　　　　　图 3.39　拆卸内存条

（10）取出主板。松开固定主板的螺丝，将主板从机箱内取出。

（11）拆下 CPU。

第 1 步，拔下 CPU 风扇电源插头。

第 2 步，拆除散热器。

对 AMD Socket AM2 接口，松开散热器上的锁定扳手，然后压下有扳手的扣具，使扣具脱离支架的卡扣，再使另一扣具脱离支架的卡扣，这时就可以取下散热器和风扇了。需要注意，当涂抹在 CPU 表面的散热硅脂呈现硬化状态后，可能会产生散热器粘住 CPU 的现象，在此情况下如果移除散热器有可能造成 CPU 的损坏，所以操作时一定要小心。

对 Socket T 接口如图 3.40 所示，先将每个扣具上的旋钮以逆时针方向旋转，松开散热器固定扣具，然后依照对角顺序将扣具扳离主板上的散热器插孔，小心谨慎地取下散热器和风扇，再将每个扣具上的旋钮朝顺时针方向转回原位，这时旋钮上的箭头标志指向外侧。

第 3 步，拆下 CPU。松开 CPU 的固定扳手，对 Socket T 接口还要打开扣盖，然后轻轻取下 CPU。

第 4 步，盖上保护罩。将收好的 CPU 插座的保护罩盖到插座上。

（12）拆下驱动器。硬盘、光驱都固定在机箱内驱动器支架上，先拧下驱动器支架两侧的固定螺丝，再水平抽出驱动器。拧下驱动器最后一颗螺丝时要用手握住驱动器，小心驱动器落下摔坏。

图 3.40　拆除散热器

特别提示

1. 品牌计算机不允许用户自己打开机箱，如擅自打开机箱导致一次性封贴破裂，会失去一些应当由厂商提供的保修权利。

2. 目前，主板几乎都采用 ATX 电源，在关机状态时为使计算机能通过网络唤醒，主板仍然保持约几毫安的电流。在进行配件安装、拆卸及外部电缆线插/拔时，必须关闭多孔电源插座的开关或拔下机箱电源线插头。

3. 有些主板装有电力警示灯（SB_PWR）。当警示灯点亮时，提醒用户此时机器处于正常运行、节电模式或软关机状态，并非完全断电。不允许插/拔机箱内的任何硬件。

4. 拆卸时要小心、细心，不要用蛮力，避免损坏部件，更要防止划伤手指、碰破皮肤。

5. 拔各种插头时一定要捏住插头拔下，绝不能抓住连接插头的电缆把插头从插座上拽出。

6. 拆品牌机主板时，如果确定所有固定螺丝都拧下后主板仍与机箱不脱离，则仔细观察，可能有开口固定螺柱。用钳子将螺柱的开口闭合，就可以顺利取出主板了。

本 章 小 结

本章介绍了计算机硬件的安装与拆卸步骤及注意事项。虽然主板类型很多，所支持的 CPU 类型、各种插座和接口的位置、数量可能会有所不同，但掌握了组装的基本方法及注意事项，具体安装时注意结合硬件说明书进行操作，就能够顺利完成多媒体计算机的组装。

习 题 3

【基础知识】

1．填空题

（1）内存条的安装位置尽量不要与CPU靠得太近，这样有利于_____。

（2）不用跳线的硬盘是_____。

（3）主板上一个IDE接口可以连接____个IDE设备，一个称为____盘，另一个称为____盘。

（4）PC99规范中IDE接口数据线三个接口颜色分别为蓝色、黑色和灰色，____色接口在中间；____色接口接主板IDE口；_____色接口接主盘。

（5）机箱背部走线，有利于_____。

2．单项选择题

（1）新机器在进行硬件安装时，一般步骤是（　　）。

　　A．固定光驱、固盘、硬盘，安装内存条、CPU，固定主板
　　B．固定光驱、硬盘、固盘，安装CPU、内存条，固定主板
　　C．固定光驱、固盘、硬盘，固定主板，安装内存条、CPU
　　D．固定光驱、固盘、软驱，固定主板，安装CPU、内存条

（2）以下说法正确的是（　　）。

　　A．均匀向下按压内存条，有阻力时停止按压，表明内存条安装到位。
　　B．均匀向下按压内存条，当听到啪声后，说明内存条不能安装到位。
　　C．内存条安装到位后，插槽两边的锁扣自动闭合卡住内存条。
　　D．内存条安装到位后，需要手动使插槽两边的锁扣卡住内存条。

（3）DDR2 1066和DDR3 1066的核心频率分别是（　　）。

　　A．133MHz，133MHz　　　　　　　　B．133MHz，266MHz
　　C．266MHz，133MHz　　　　　　　　D．266MHz，266MHz

（4）DDR2 1066和DDR3 1066的带宽分别是（　　）。

　　A．4.264GB/s，4.264GB/s　　　　　　B．4.264GB/s，8.528GB/s
　　C．8.528GB/s，4.264GB/s　　　　　　D．8.528GB/s，8.528GB/s

（5）GDDR5 5000的位宽是256b，则该显存的带宽为（　　）。

　　A．40GB/s　　　B．80GB/s　　　C．160GB/s　　　D．320GB/s

（6）6b的液晶面板，有（　　）个灰阶。

　　A．32　　　　　B．64　　　　　C．128　　　　　D．256

（7）"即插即用"的缩写是（　　）。

　　A．PnP　　　　B．ECC　　　　C．Cache　　　　D．PDP

（8）一主板上安装了两条不同型号的内存条，这时内存的传输速率（　　）。

　　A．取决于小的一条　　　　　　　　B．取决于大的一条
　　C．无法确定　　　　　　　　　　　D．不能工作

(9) 以下 4 种接口中，带宽最快的是（   ）。

  A．USB2.0 接口 B．IEEE 1394b 接口 C．SAS2.0 接口 D．SATA2.0 接口

(10) 如图 3.41 所示是（   ）接口。

  A．CPU 12V 电源接口   B．CPU 风扇电源接口

  C．声卡音频线接口   D．机箱喇叭接口

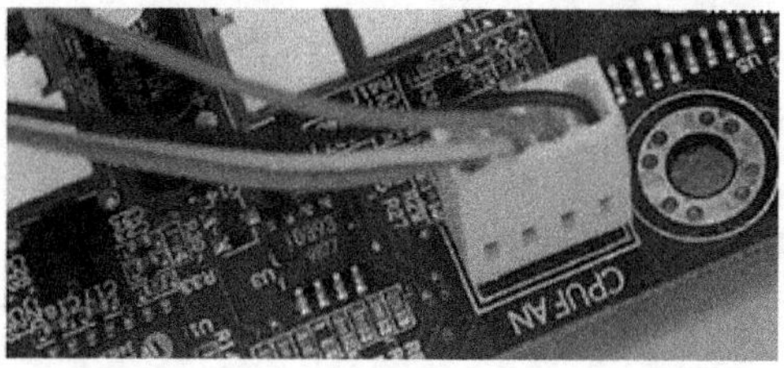

图 3.41

3．多项选择题

(1) 为防止人身体所带静电对电子器件的损坏，在拆装计算机配件前，正确的做法是（   ）。

  A．佩戴静电环 B．触摸暖气片 C．触摸自来水管 D．触摸金属物体

(2) CPU 与其风扇之间所涂抹硅脂的作用是（   ）。

  A．减小电阻 B．减小热阻 C．提高散热能力 D．提高通风效果

(3) 计算机硬件安装完成后，第一次通电时应注意观察（   ）。

  A．主机电源风扇是否转动   B．CPU 风扇是否转动

  C．面板指示灯是否正常点亮   D．音箱是否发声

(4) 计算机配件上商家贴的小标，含有（   ）的信息。

  A．销售商 B．购买日期 C．质保期 D．购买人

(5) SATA 数据线可用于连接（   ）。

  A．IED 接口硬盘   B．SATA 接口硬盘

  C．SAS 接口硬盘   D．SCSI 接口硬盘

(6) 需要进行跳线的是（   ）。

  A．IDE 接口硬盘 B．SCSI 接口硬盘 C．SATA 接口硬盘 D．SAS 接口硬盘

(7) 鼠标的接口类型有（   ）。

  A．PS/2 B．USB C．COM D．无线

(8) 常见的主板品牌有（   ）。

  A．华硕 B．华擎 C．创新 D．技嘉

(9) RAID 1 是（   ）模式。

  A．快速 B．安全 C．镜像 D．校验

(10) 目前常见的显存封装形式是（   ）。

  A．TSOP B．PQFP C．MBGA D．FBGA

4．判断题

(1) 安装 IDE 接口的光驱时要考虑跳线。

(2) PS/2 接口的键盘一定要接在机箱的 PS/2 键盘接口上。

(3) 主板上的 Primary IDE 接口可以接一个硬盘、一个光驱。这时，硬盘设置为主盘模式，光驱设置为从盘模式。

（4）硬件安装完毕，在第一次通电时，如果发现 CPU 风扇不转，这时应该立刻断电。

（5）无论什么原因造成的硬件损坏，只要在保换期内，销售商都应该无条件地退换。

（6）安装 IDE 接口硬盘与光驱数据线遵循的原则是数据线有颜色的一边靠近电源接口。

（7）主板主电源插头采用了防呆设计，只有一个方向能够插入插座。

（8）将两条内存条分别插在两种不同颜色的内存插槽上，以使内存的双通道打开。

（9）双通道内存在主板上必须成对插入，如果插一条就不能正常工作。

（10）只有一个 SATA 硬盘时，必须接在主板 Serial ATA1 接口上。

（11）用 DVI 接口接 LCD 显示器，信号传输路径是：显存数字信号→编码→DVI→显示器→解码→显示。

（12）关机状态，只要计算机电源插头与交流电网接通，就有+5V 电压提供给主板，以支持电源唤醒。

（13）计算机机箱发展到现在，已经由单纯承载硬件的容器变为了为硬件散热的散热设备了。

5．简答题

（1）简述安装多媒体计算机硬件的流程。

（2）计算机加电自检时能观察到哪些现象。

【基本技能】

1．组装一台多媒体计算机，配置为：主板、CPU、内存、显卡、硬盘、光驱、机箱、电源、键盘、鼠标、音箱和显示器。

2．主板板载 ALC 889A 音效芯片能提供 8 声道（即 7.1 声道）HD 音效输出，请配合该板载声卡设计 8 声道音箱摆放的位置。

【能力拓展】

1．M.2 接口有哪些特点？用来连接什么设备？

2．为什么音箱的信噪比单位用 dBA 表示？

3．网络搜索，各类计算机机箱风道设计的特点。

4．Intel EIST 技术有何用途？

5．Intel FDI 技术能否支持多屏显示？

6．如图 3.42 所示是一主板的 I/O 接口，请说出每一个接口的名称及功能。

图 3.42　主板 I/O 接口

第 4 章　计算机软件系统安装

知识目标

1. 掌握 BIOS、CMOS 的基本知识；
2. 掌握物理硬盘、逻辑磁盘的概念；
3. 掌握系统分区、扩展分区及活动分区的概念；
4. 熟悉硬盘分区的文件系统及特点；
5. 理解各种硬件参数的含义；
6. 理解操作系统的基本功能；
7. 掌握驱动程序的基本知识。

技能目标

1. 熟悉计算机的启动过程；
2. 熟悉计算机的开机信息，能够利用开机信息分析计算机硬件系统的基本配置；
3. 掌握利用 BIOS 设置程序对 CMOS RAM 参数进行设置的方法；
4. 掌握对硬盘进行分区的基本操作；
5. 熟悉操作系统常用的几种安装方式；
6. 熟练掌握 Windows 操作系统的安装方法；
7. 熟练掌握各种驱动程序的安装及卸载方法；
8. 掌握常用应用程序的安装及卸载方法。

计算机硬件系统组装完成并"通过"加电自检后，必须利用 BIOS 设置程序对 CMOS RAM 参数进行设置，才能使计算机各配件工作在最佳状态。计算机硬件系统只有在安装了操作系统和相关软件后才能发挥作用，在安装操作系统前必须对硬盘进行分区和格式化。本章主要讲述以下内容：计算机的启动过程；通过 BIOS 设置程序对 CMOS RAM 参数进行设置的方法；硬盘分区、格式化的操作步骤；操作系统以及应用程序的安装、卸载方法。

4.1　计算机启动过程

1. 冷启动和热启动

计算机的启动过程实际上是计算机完成对硬件的检测，并把操作系统从磁盘装入内存的过程。计算机的启动有冷启动和热启动之分。冷启动是指打开计算机电源开关加电后的启动过程，也就是系统从未加电到加电的启动过程。热启动是在系统加电的状态下进行的启动，它分为软件热启动和硬件热启动。按下 Ctrl+Alt+Del 组合键或从 Windows 中选择重新启动计算机属于用软件热启动；按下 Reset 复位按钮启动计算机属于用硬件热启动。

2. 系统 BIOS 及其作用

系统 BIOS 是指固化在主板 BIOS 芯片中的一组程序，是用来管理、控制计算机硬件的程序，一般用汇编语言编写。它负责在计算机开机时，对系统各个硬件设备进行检测和初始化，以确保操作系统能够正常工作。它为计算机提供最低级、最直接的硬件控制，是计算机硬件与软件程序之间的"桥梁"。如果没有 BIOS 程序或 BIOS 程序有故障，计算机系统就不能正常工作。

系统 BIOS 的具体作用主要有以下几点。

（1）加电自检及初始化。计算机加电且供电电压稳定后，首先运行系统 BIOS 中的启动程序，启动程序调用各硬件设备的 BIOS 代码进行设备自检，自检"通过"后，系统 BIOS 通过读取 CMOS RAM 中的内容识别各硬件配置，对其进行初始化，使之处于备用状态。自检过程中，如果发现严重问题，如 CPU 损坏等，则立即停止启动，并不做出任何提醒；如果是非常严重的错误，则给出屏幕提示或声音报警，等待用户处理。

（2）系统 BIOS 启动自举。系统 BIOS 的启动程序完成硬件的初始化后，即把控制权移交给引导系统，引导系统负责引导操作系统，完成操作系统的启动。

（3）CMOS 设置。在计算机启动过程中，按下特殊热键进入 BIOS 中的 Setup 程序（称为 BIOS 设置程序），可以对保存在 CMOS RAM 中的 CPU 频率、倍频、硬盘、光驱、显卡等配件的基本信息进行设置。

（4）硬件中断处理程序和 I/O 设备驱动程序。操作系统通过调用 BIOS 中的中断处理程序及设备驱动程序，完成对硬盘、光驱、键盘、鼠标及显示器等设备的管理。

由上可见，系统 BIOS 程序的性能决定了主板的兼容性、稳定性及先进性。现在生产的主板 BIOS 芯片都采用 Flash ROM，因而能很方便地使 BIOS 升级，改进其性能。

3. BIOS 的种类

由于 BIOS 作为计算机硬件与软件程序间的接口，直接与计算机的硬件打交道，因此不仅主板有系统 BIOS，每一种硬件设备都有自己的 BIOS，如显卡 BIOS、网卡 BIOS、键盘 BIOS、硬盘 BIOS 等。

常见的系统 BIOS 芯片有 AMI BIOS、AWARD BIOS、Phoenix BIOS、Winbond BIOS、GIGABYTE BIOS 等。各硬件设备的 BIOS 芯片多采用一些容量较小的 Flash ROM 芯片。

4. 计算机的启动过程

（1）电源稳定供电后，执行启动程序。当按下主机电源开关，电源开始向主板和其他设备供电。电压还不稳定时，主板控制芯片组向 CPU 发出并保持一个 Reset 重置信号，使 CPU 变为初始状态。当芯片组检测到电源已经开始稳定供电，便撤去 Reset 信号（如果是按下 Reset 按钮重启计算机，当松开按钮时芯片组就撤去 Reset 信号），CPU 马上从规定的内存地址处开始执行指令。这个地址是 BIOS 芯片存储单元的地址，此单元放了一条跳转指令，跳转到系统 BIOS 存储单元的启动代码处。因此，CPU 执行该指令的结果就是跳去执行系统 BIOS 的启动代码。

（2）加电自检。系统 BIOS 的启动代码首先是进行 POST（Power-On Self Test，加电自检）。POST 的主要任务是检测系统中一些关键设备（内存和显卡等）是否存在和能否正常工作。由于 POST 最早进行，此时显卡还没有初始化，如果在检测过程中发现一些致命错误，例如，没有找到内存或者内存有问题（此时只检查 640KB，它们地址最小，被称为基本内存），系统

BIOS 将直接控制喇叭发声来报告错误，声音的长短和次数代表了错误的类型。正常情况下，POST 进行得非常快。POST 结束之后，系统 BIOS 将调用其他代码进行更完整的硬件检测。

（3）执行其他 BIOS 芯片中的程序。系统 BIOS 根据规定的显卡 BIOS 芯片存储单元的地址，找到显卡 BIOS，并调用其初始化代码来初始化显卡。此时大多数显卡会在屏幕上显示出一些初始化信息，介绍生产厂商、图形芯片类型、显存容量等，这就是开机看到的第一个界面。

接下来系统 BIOS 继续根据规定的地址找到其他设备的 BIOS 程序，调用这些 BIOS 内部的初始化代码来初始化相关的设备。

（4）显示系统 BIOS 启动界面。查找完所有设备的 BIOS 之后，系统 BIOS 将显示自己的启动界面，其中包括系统 BIOS 的类型、序列号和版本号等内容。

（5）检测 CPU 和内存条。系统 BIOS 检测、显示 CPU 的类型和工作频率。测试所有的内存，同时在屏幕上显示内存测试的进度。

（6）检测系统的标准硬件设备。内存测试通过后，系统 BIOS 将开始检测系统中安装的一些标准硬件设备，包括硬盘、光驱、串口、并口等。另外，绝大多数新版本的系统 BIOS 在这一过程中还自动检测和设置内存的定时参数、硬盘参数和访问模式等。

（7）检测和配置系统中的即插即用设备。标准设备检测完毕后，系统 BIOS 内部的支持即插即用代码将开始检测和配置系统中安装的即插即用设备。每找到一个设备，系统 BIOS 都会在屏幕上显示出设备的名称和型号等信息，同时为该设备分配中断、DMA 通道和 I/O 端口等资源。

（8）显示系统配置列表。到此，所有硬件检测配置完毕。多数系统 BIOS 会清屏并在屏幕上方显示一个表格，其中概略地列出系统中安装的各种标准硬件设备，以及它们使用的资源和一些相关工作参数。

（9）更新 ESCD。接下来系统 BIOS 将更新 ESCD（Extended System Configuration Data，扩展系统配置数据）。ESCD 是系统 BIOS 用来与操作系统交换硬件配置信息的一种手段，这些数据被存放在 CMOS RAM 中。通常 ESCD 只在系统硬件配置发生改变后才会更新，所以，不是每次启动机器都显示"Update ESCD…Success"（成功更新 ESCD…）这样的信息。但也有一些主板的系统 BIOS 在保存 ESCD 时，使用了与 Windows 操作系统不同的数据格式，于是 Windows 在启动过程中会把 ESCD 修改成自己的格式，但在下一次启动机器时，即使硬件配置没有发生改变，系统 BIOS 也会把 ESCD 的数据格式改回来。如此循环，导致每次启动机器时，系统 BIOS 都要更新一遍 ESCD。

（10）从启动盘引导操作系统。ESCD 更新完毕后，系统 BIOS 的启动代码将进行它的最后一项工作，即按照 CMOS RAM 中保存的启动顺序从硬盘或光驱启动。系统 BIOS 读取并执行启动盘主引导记录 MBR（Master Boot Recorder，该记录只占一个扇区，也称引导扇区，位于磁盘的 00 道）中的主引导程序，主引导程序从分区表中找到第一个活动主分区，然后读取其分区引导记录 PBR（Partition Boot Record，每个分区都有 PBR，位于各个分区开始处第一个扇区），PBR 搜寻分区内的启动管理器文件，找到后将控制权交给它。启动管理器读取并执行操作系统引导记录，操作系统引导记录再读取并执行操作系统的系统文件。从这时起，系统的控制权就转交给了操作系统，操作系统将继续初始化，完成启动。

以上介绍的是冷启动或按 Reset 按钮时计算机所要完成的各种初始化工作。如果是用软件热启动，POST 过程将被跳过直接从第 3 步开始，第 5 步检测 CPU 和内存测试也不再进行。

5. BIOS 自检响声的意义

当系统正常启动时，用户能从机箱喇叭中听到 BIOS 一声清脆的"嘀"声。如果硬件发生故障，机箱喇叭会发出不同的响声，通过 BIOS 自检的响声可以判断出一些基础的硬件故障。表 4.1 和表 4.2 分别列出了 AWARD BIOS 和 AMI BIOS 自检响声的含义。

表 4.1 AWARD BIOS 自检响声含义

响声	含义
1 短	系统正常启动
2 短	常规错误，进入 BIOS，重新设置不正确的选项
1 长 1 短	RAM 或主板出错，换内存条重试。如果仍然出错，在确定内存条是完好的前提下，更换主板
1 长 2 短	显示器或显卡错误
1 长 3 短	键盘控制器错误，检查主板
1 长 9 短	主板 Flash ROM 错误
重复长响	内存条未插紧或损坏
不停地响	电源、显示器未和显卡连接好
重复短响	电源有问题
无声音无显示	电源有问题

表 4.2 AMI BIOS 自检响声含义

响声	含义
1 短	内存刷新失败
2 短	内存 ECC 校验错误
3 短	系统基本内存检查失败
4 短	系统时钟出错
5 短	中央处理器错误
6 短	键盘控制器错误
7 短	系统实模式错误，不能切换到保护模式
8 短	显示缓存错误。显示缓存有问题，更换显卡
9 短	ROM BIOS 检验错误
1 长 3 短	内存错误。内存损坏，更换内存
1 长 8 短	显示测试错误。显示器数据线没插好或显卡没插牢

4.2 BIOS 设置

4.2.1 进行 BIOS 设置的原因

主板 CMOS RAM 中保存了当前系统的硬件配置数据和用户对某些参数的设定，如硬盘的访问模式，显示器的类型、显示方式，当前系统的时间、日期，启动设备顺序等。特别是硬件参数，如果设置合适，不仅可以使计算机稳定运行在最佳状态，还能极大地提高整个系统的性能。因此，利用 BIOS 设置程序，对 CMOS RAM 的存储内容进行设置很有必要。设置的过程简称为 BIOS 设置或 CMOS 设置。

以下情况需要进行 BIOS 设置。

① 刚组装完硬件系统的新机器在第一次使用时，CMOS RAM 中保存的是默认参数。为了使系统更好地管理各种硬件资源，保证系统正常工作，需要进行 BIOS 设置。

② 新增或更换硬件设备、CMOS 数据意外丢失、对系统进行优化、设置或更改开机密码、改变计算机的启动设备顺序等，必须进行 BIOS 设置。

4.2.2 BIOS 设置方法

1. 启动 BIOS 设置程序的方法

打开计算机电源，系统开始进行 POST，当屏幕中出现"Press DEL to enter SETUP"的提示信息时，如图 4.1 所示，按下 Delet 键，启动 BIOS 设置程序。

注意，如果 Delet 键按得太迟，计算机将开始启动系统，这时只能重启计算机。此外，有些计算机是按其他键，如按 F1 键或 F2 键。具体按哪些键，由所使用的主板决定。

2．BIOS 设置程序界面

目前，BIOS 设置界面有两种形式。一种是传统界面，流行了几十年，现在还在使用。另一种是 2011 年以来出现的图形化界面，即 UEFI（Unified Extensible Firmware Interface，统一的可扩展固件接口）。在 UEFI 界面中可用鼠标进行操作，相比较传统界面来说方便了许多。

（1）传统界面。

不同品牌的主板，虽然设置界面稍有差异，但功能和设置方法差别不大。下面以目前使用较多的美国安迈公司（American Megatrends. Inc.）生产的 AMI BIOS 为例，简要介绍。

启动 BIOS 设置程序后，其界面如图 4.2 所示。

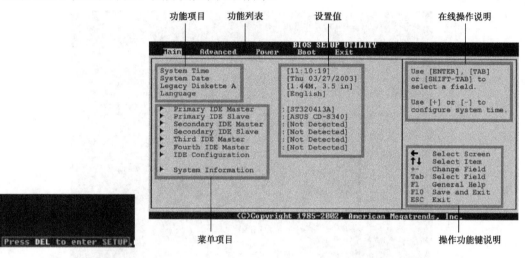

图 4.1　系统启动界面中的提示信息　　　　图 4.2　BIOS 设置程序界面

① 功能列表。功能列表包括五个菜单，分别为：Main（系统基本设置），Advanced（系统高级功能设置），Power（电源管理模式设置），Boot（开机启动设备设置），Exit（退出 BIOS 设置）。使用"←"、"→"方向键可切换选择的功能。

② 功能项目和菜单项目。在功能列表中选定某一功能后，被选择的功能将反白显示，如图 4.2 所示选择了 Main，下方同时列出 Main 的菜单，包括功能项目和菜单项目。在菜单项目中，每一功能选项前都有一个小三角形标记，代表此选项有子菜单。用"↑"、"↓"方向键切换菜单选项，按 Enter 键进入子菜单。

如果菜单选项太多，超出显示页面，可以按 PageUp 或 PageDown 键切换显示，或使用滚动条，如图 4.3 所示，改变显示界面。

③ 设置值。菜单中的设置值有两种情况：以淡灰色显示的值仅为告知用户当前的运行状态，无法更改；对可更改的设置值，当使用方向键选择某一功能选项时，按 Enter 键即可

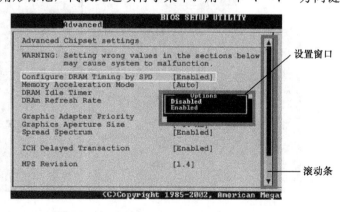

图 4.3　BIOS 设置窗口

进入设置窗口,如图 4.3 所示。窗口中除为用户显示能够选择的具体参数外,有些窗口还为用户提供几种预置选择项,使用"↑"、"↓"方向键改变设置值选项或输入参数值,按 Enter 键或 Esc 键退出设置。

④ 在线操作说明。此部分为目前所选择选项的功能说明,其内容依据选项的不同而自动更改。仔细阅读这部分内容,对正确设置选项有很大的帮助。

(2) 图形化界面。

不同品牌主板的 UEFI 界面各具特色。如图 4.4 所示是华硕主板的 UEFI 界面,在 EZ 便捷模式下,主机主要参数均以图形表示,并可用鼠标操作。如图示用鼠标拖动设备图标改变其前后顺序就可修改系统启动顺序。如果需要进行更深入的参数性能调整,按 F7 键即可进入 Advanced 设置。

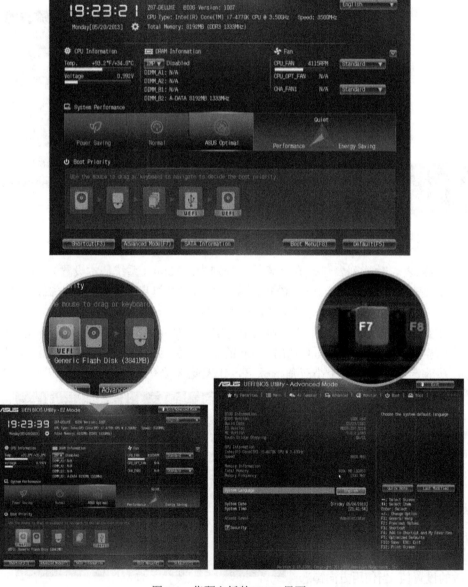

图 4.4 华硕主板的 UEFI 界面

EFI 主板大多都支持多种语言显示，如图 4.5（a）所示，如果选择语言为"简体中文"，设置界面将转为中文显示，如图 4.5（b）所示。此外，有些主板还提供"UEFI 指南"，以教程的形式帮助快速了解 UEFI 的相关设置，如图 4.6 所示。

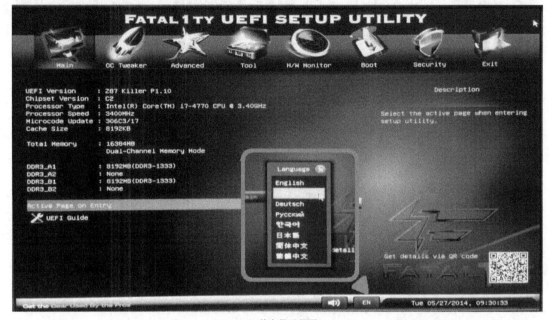

（a）英文显示界面

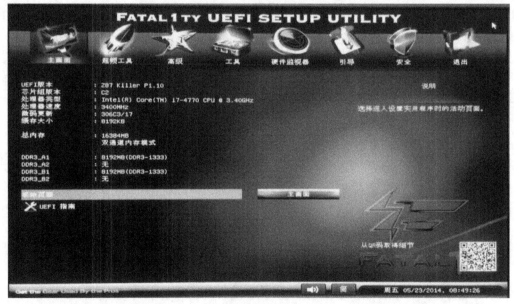

（b）中文显示界面

图 4.5 不同语言显示

4.2.3 BIOS 设置举例

以下结合传统设置界面，介绍几个典型的 BIOS 设置值，更详细的介绍请参阅附录 A。

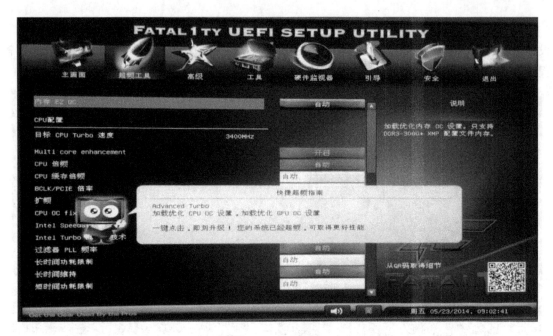

图 4.6　UEFI 指南

1. 设置系统时间和日期

启动 BIOS 设置程序，进入系统基本设置界面，如图 4.7 所示。

选择 "System Time" 选项设置系统时间，通常设置为当前时间，格式为"时：分：秒"，有效值为：时（00～23）、分（00～59）、秒（00～59）。使用 Tab 键切换时、分、秒的设置，直接输入数字。

选择 "System Date" 选项设置系统日期，格式为"星期 月/日/年"。"星期"由设置的"月/日/年"根据万年历公式推算，无法自行修改；月可设置 1～12；日可设置 1～31；年的设置以公元纪年为单位，不同的主板其设置值略有不同。使用 Tab 键切换月、日、年的设置，直接输入数字。

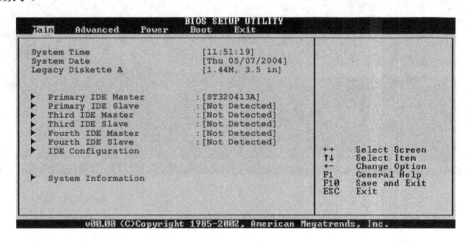

图 4.7　BIOS 基本设置界面

2. 设置硬盘参数

进入 BIOS 程序时，程序自动检测系统 IDE 设备，并将各通道的主、从设备都设为独立选项，如图 4.7 所示，其中，"Not Detected"表示该接口检测结果是没有连接设备，对于检测到的设备则列出设备型号。选择检测到的设备项，可对所连接设备的参数进行设置。此外，"Third/Fourth IDE…"是对 SATA 接口所连接 IDE 设备的设置选项。

选择"Primary IDE Master"项进行设置，如图 4.8 所示。图中，Device（设备）、Vendor（型号）、Size（容量）等所显示的值是自动检测值。如果显示为 N/A，则表示此接口没有连接设备。

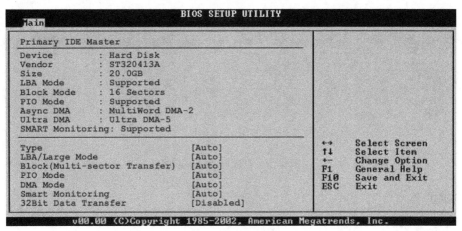

图 4.8　设置硬盘参数

对界面上方的参数还可以通过界面下方的选项进行设置，如，将光标移到"Smart Monitoring"选项，按 Enter 键进入参数设置窗口，有 3 个选项："Auto"、"Disabled"、"Enabled"。选择"Enabled"选项，再按 Enter 键，系统将启用 S.M.A.R.T.功能。

在图 4.7 中，选择"IDE Configuration"（IDE 设备配置）选项进行设置，如图 4.9 所示。图中，"Configure SATA As"有 3 个选项："Standard IDE"、"AHCI"、"RAID"。选择"Standard IDE"，SATA 接口与 PATA 接口的硬盘使用方法相同；选择"AHCI"（Advanced Host Controller Interface，高级主机控制器接口），可使主板内置驱动程序启用高级 SATA 功能，驱动程序选择最优化的方式驱动 SATA 接口的存储设备；选择"RAID"选项，可以创建 RAID 存储模式。

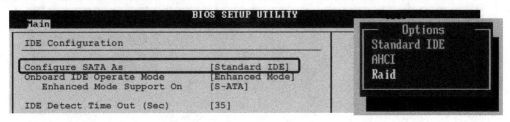

图 4.9　IDE 设备配置

其他选项的设置请参阅附录 A。

3．设置启动设备顺序

进入启动（Boot）功能设置界面，如图 4.10（a）所示。选择"Boot Device Priority"选项，设置启动设备顺序，如图 4.10（b）所示。1st、2nd、3rd 顺序代表开机启动设备顺序，设备名称是所使用硬件设备的型号。进入设置窗口，其中选项根据所接设备依次列出：设备型号 Drive、Disabled。在图 4.10（b）中，第一启动设备是软盘驱动器；第二启动设备是硬盘，型号为"PM-ST330620A"；第三启动设备是光驱，型号为"PS-ASUS CD-S360"。

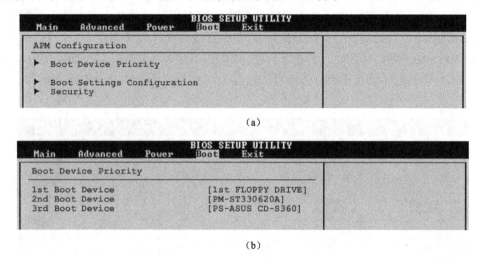

图 4.10 设置启动设备顺序

✎ 特别提示

1. 建议将设置硬盘参数选项设为"Auto"，可省去更换硬盘时需重新设置参数的麻烦。
2. 新组装的计算机，由于硬盘上没有安装操作系统，可设置光驱或 USB 设备为第一启动设备。当安装完操作系统后，为缩短开机启动时间，可以将硬盘设置为第一启动设备。

4. 病毒防护设置

在图 4.10 中选择"Security"（安全性）选项，进入安全性菜单，如图 4.11 所示。"Boot Sector Virus Protection"（引导扇区病毒防护）选项可设置为"Disabled"或"Enabled"。当设置为"Enabled"时，开启病毒防护功能，当有软件修改硬盘引导扇区时，BIOS 会自动弹出警告信息，询问是否修改，从而起到防范病毒的作用。安装 Windows 操作系统时，要对引导扇区进行修改，此时要取消病毒防护功能，即将"Boot Sector Virus Protection"选项设置为"Disabled"；安装完操作系统后，再把此选项设置为"Enabled"。

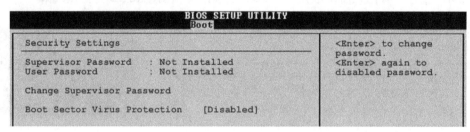

图 4.11 关闭病毒防护功能

5. 载入默认设置

进入退出（Exit）设置界面，如图 4.12 所示，"Load Setup Defaults"选项的作用是载入 BIOS 设置的默认值，它是能使系统稳定运行而设定的默认值，但不一定是最优化值。选择此选项，出现"Load Setup Defaults？（Y/N）"对话框，询问是否载入默认值，按 Y 键或 Enter 键，即可载入 BIOS 设置的默认值。

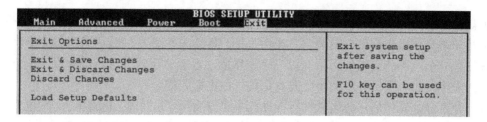

图 4.12 退出菜单

6. 退出 BIOS 设置程序

在图 4.12 中,"Exit & Save Changes"选项的作用是存储所有设置结果,并退出 BIOS 设置程序,重新启动计算机,重启后将使用新的设置值。选择该项后,出现"Save configuration changes to CMOS and exit now?"对话框,单击"OK"按钮或按 Enter 键,将所有设置结果存储到 CMOS RAM 中,退出 BIOS 设置程序并重新启动计算机。如果不想退出,单击"Cancel"按钮或按 Esc 键,均可返回基本设置界面。

"Exit & Discard Changes"选项是放弃所有设置并退出 BIOS 设置程序。选择该项或按 Esc 键,出现"Discard configuration changes and exit now?"对话框,单击"OK"按钮或按 Enter 键,即刻退出 BIOS 设置程序并重新启动计算机。如果单击"Cancel"按钮或按 Esc 键,则返回设置界面。

"Discard Changes"选项是放弃所有设置,并将所有设置值恢复为原 BIOS 设置值。选择该项,在出现对话框后单击"OK"按钮,则将所有设置值还原为原来的设置值,并继续 BIOS 设置。如果单击"Cancel"按钮,则继续 BIOS 设置,本次修改的设置仍然存在。

4.3 硬盘分区与格式化

刚生产出品的硬盘必须经过低级格式化→分区→高级格式化等步骤,用户才能通过操作系统向它写入数据。其中,低级格式化在硬盘出厂前就已完成,只有在某些特殊情况下,如完全清除数据、彻底清除病毒、硬盘有坏道时,才需要进行低级格式化。平常使用中,一般只需要对硬盘进行分区和高级格式化。

4.3.1 硬盘分区

1. 物理盘和逻辑盘

实际的硬盘称为物理盘或物理驱动器。利用有关软件对硬盘分区后,在 Windows 操作系统的"我的电脑"中看到的"C 盘"、"D 盘"等称为逻辑盘,或逻辑驱动器。逻辑盘是系统为控制和管理物理硬盘而建立的操作对象。一个物理硬盘可以是一个逻辑盘,也可以被分为两个或多个逻辑盘。

2. 硬盘分区及其作用

硬盘分区实质上是将存储容量很大的物理硬盘划分成多个存储容量较小的逻辑盘,以便于管理和使用。打个比方,一个大容量的硬盘就像一个大的文件柜,要在这个柜子里存放各种文件,有很多种方法,为了便于管理和使用,一般都把文件柜分成多个相对独立的"隔间"或"抽屉",绝不会把整个柜子当作一个大抽屉来使用。硬盘的分区,正如文件柜的使用。具体将其分成了几个逻辑盘,可以通过"我的电脑"中的盘符查看。

硬盘分区的类型分为系统分区和扩展分区。系统分区也称为主分区，用来安装操作系统。一般需要安装几个操作系统，就分出几个主分区。除主分区之外的分区就是扩展分区。扩展分区只能有一个，不能直接使用，是以一个逻辑驱动器也称逻辑分区，或分成若干个逻辑分区的方式来使用的。逻辑分区的个数没有限制，根据需要确定。

执行硬盘分区操作后，分区软件将在硬盘主引导扇区"0 柱面、0 磁头、1 扇区"写入主引导记录 MBR，大小为 512B。MBR 由三部分构成：主引导程序（前 446B），硬盘分区表（Disk Partition Table，DPT，64B），主引导扇区结束标志（2B）。

硬盘分区完毕，必须激活一个主分区作为活动分区，其状态被写入硬盘分区表。

硬盘分区表存储了各个分区的重要信息，它以 16B 作为一个分区记录，记有分区活动状态标志、文件系统标志、起止柱面号、磁头号、扇区号、隐含扇区数目、分区总扇区数目等内容。64B 最多能存储 4 个分区记录，所以 MBR 分区方案一个硬盘最多能分 4 个主分区，或 3 个主分区加 1 个扩展分区。

主引导程序的功能是，扫描分区表查找活动分区；寻找活动分区的起始扇区；将活动分区的引导扇区 PBR 读到内存；执行 PBR 的运行代码。

主引导扇区结束标志用十六进制数表示为"AA55"，如果这两个字节的标志被修改（有些病毒就专门修改这两个标志），则系统引导时将报告找不到有效的分区表。

需要指出，主引导记录不属于任何一个操作系统，它先于所有的操作系统调入内存并发挥作用，根据主分区表信息来管理硬盘，然后，才将控制权交与活动分区内的操作系统。

3. 分区工具

可以用专门的分区软件对硬盘进行分区。常见的分区软件有很多，如 Disk Manager、DiskGenius 和 Partition Magic 等，早期最常见的是 DOS 下自带的 Fdisk 程序，简单易用，不足之处是对大硬盘分区时速度极慢。现在的一些操作系统安装盘本身自带分区程序，如 Windows 2000 以后的操作系统，在安装操作系统的过程中可以对硬盘进行分区。

📖 **知识拓展——DOS 与 Fdisk 分区工具**

DOS 中文名称是磁盘操作系统，又称命令行操作系统，其特点是使用命令行界面来接收用户的指令。所谓命令行是指由键盘输入的命令，以行为单位，一行就是一条命令，一条命令完成一项功能。

在 DOS 中，利用 Fdisk 分区程序对硬盘分区，可以将硬盘分成主 DOS 分区（Primary DOS Partition）、扩展 DOS 分区（Extended DOS Partition）和非 DOS 分区（Non-DOS Partition）。Fdisk 只能创建一个主分区，就是 C 盘。扩展 DOS 分区还可以被分成一个或多个逻辑 DOS 分区（Logical DOS Drive(s)），D 盘、E 盘等就是扩展分区中的逻辑 DOS 分区。非 DOS 分区不是必选。

✒ **特别提示**

1. 如果安装了非 Windows 操作系统，会产生非 DOS 分区。
2. 只有主分区才可以被设置为活动分区。当硬盘划分多个主分区时，可设置其中任意一个为活动分区。

4. 硬盘分区的意义

归纳起来，硬盘分区有 9 个方面的意义。

（1）便于硬盘的规划、文件的管理。可以将不同类型、不同用途的文件，分别存放在不同的逻辑盘中，以利于分类管理，互不干扰。还可以避免用户误操作（误执行格式化命令、删除命令等）造成整个硬盘数据全部丢失。

（2）有利于病毒的防治和数据的安全。硬盘的多分区多逻辑盘结构，更有利于对病毒的预防和清除。对装有重要文件的逻辑盘，可以用工具软件设为只读，减少文件型病毒感染的几率。即使病毒造成系统瘫痪，由于某些病毒只攻击C盘，也可以保护其他逻辑盘上的文件，从而把损失降到最低。

在使用中，系统盘（通常是C盘）因各种故障而导致系统瘫痪的现象常有，这时往往要对C盘进行格式化操作。如果C盘上只装有系统文件，而所有的用户数据文件（文本文件、表格和源程序清单等）都存放在其他分区和逻辑盘上，这样即使格式化C盘也不会造成太大的损失，最多是重新安装系统，数据文件却得到了完全的保护。

（3）有效地利用磁盘空间。Windows操作系统分配文件的最小单位是"簇（Cluster）"，即文件在磁盘上是以簇为单位而不是以扇区为单位来存放的。一簇包含若干个扇区，具体数目由操作系统版本和磁盘类型决定。一个文件需要用一个或多个簇来存放。根据存放文件情况合理划分分区和逻辑盘，可以减少磁盘空间的浪费。

（4）提高系统运行效率。系统管理硬盘时，如果对应的是一个单一的大容量硬盘，无论是查找数据还是运行程序，其运行效率都没有分区后的效率高。

（5）便于为不同的用户分配不同的权限。在多用户多任务操作系统下，可以为不同的用户指定不同的访问权限。文件放置在不同的逻辑盘上，比放置在同一逻辑盘的不同文件夹内效果更好。

（6）便于磁盘整理。清理磁盘或整理磁盘碎片时可以按逻辑盘进行，因此，可以灵活地选择需要整理的逻辑盘，而不必对整个硬盘操作，且逻辑盘比较小，可以缩短整理时间。

（7）能够创建磁盘镜像。为磁盘分区作镜像时，必须在不同的分区之间进行操作。

（8）能够使用不同类型的文件系统。安装多个操作系统时，可能需要使用不同类型的文件系统，这就只能在不同的分区上实现。

（9）提高查杀病毒的速度。逻辑盘比较小，文件性能好，可以提高查杀病毒的速度。

5．硬盘分区的策略

在对硬盘分区时，首要考虑的问题是分几个区，各分区的容量如何确定。其次是簇的大小。一个簇往往包含2、4、8、16或更多个扇区。从节约磁盘空间的角度讲，簇越小，簇内空间浪费越少。但簇的容量小了，会使文件存取效率降低，而且容易产生碎片。

（1）小容量硬盘分区策略。在对小容量硬盘进行分区时，其逻辑盘容量可以从以下两个方面考虑。

➤ 如果要经常安装大型软件、使用大型数据文件，应当考虑将逻辑盘的容量设置得大一些。另外，簇的容量大一些，可以提高数据的存取速率和效率。

➤ 如果是经常用于存放大量的小文件，例如，一般用户的工作盘、学生实习盘等，从节省磁盘存储空间的角度出发，应将逻辑盘容量设置得小一些。

（2）大容量硬盘分区策略。对于大容量硬盘，主要从使用上考虑其逻辑盘容量的大小，性能方面一般可以不考虑。例如，一个500GB的硬盘可考虑分为4个分区：C分区80GB，安装操作系统与应用程序；D分区100GB，作为用户数据区；E分区200GB，作为娱乐分区，存放MP3、视频文件等；F分区120GB，专门用作备份，可在系统崩溃时快速恢复系统。如果要安装多个系统，可考虑相应的增加各种系统分区。

6．需要对硬盘分区的情况

新硬盘先分区后才能使用；需改变当前硬盘已有的分区时，要对硬盘进行重新分区；需要增加新的操作系统或更换不同系列的操作系统时，要对硬盘进行重新分区；硬盘分区信息被破坏时需要对硬盘进行分区。

7．分区前的准备工作

（1）规划硬盘分区。在硬盘分区前要仔细考虑，认真分析，根据硬盘分区策略做好分区规划，否则会给使用和管理硬盘带来不便。

（2）对硬盘数据备份。由于对硬盘分区会使硬盘上的数据全部丢失，所以，对已存有文件的硬盘分区之前，应先对有关数据作备份。

（3）准备好安装软件。需要准备好系统启动盘、操作系统安装盘，有关设备的驱动程序。有关硬盘分区的具体操作将在 4.4 节安装操作系统中详细介绍。

4.3.2 硬盘格式化

硬盘格式化分为低级格式化和高级格式化。

1．低级格式化

硬盘低级格式化也称硬盘物理格式化。它的作用是检测硬盘磁介质；划分磁道并为每个磁道划分扇区；对磁盘表面进行测试，对已损坏的磁道和扇区做"坏"标记等。当低级格式化完成后，硬盘被设置成初始的规范化格式。

由于低级格式化对硬盘有较大的磨损，会影响其使用寿命。因此，不到万不得已，不要轻易对硬盘做低级格式化。

📖 **知识拓展——交错因子**

交错因子（interleave）也称为交叉因子，是硬盘低级格式化时需要给定的一个重要参数，取值范围 1∶1～5∶1，具体数值由硬盘类型决定。交错因子对硬盘的存取速度有很大影响。虽然硬盘的物理扇区在磁道上是连续排列的，但格式化后的逻辑扇区却是交叉排列的。交错因子反映的就是每两个连续逻辑扇区之间所间隔的物理扇区数，如图 4.13 所示。

硬盘每访问一个逻辑扇区后，需等待将该扇区的数据处理完毕后才能进行下一个扇区的读/写，在这个等待过程中，硬盘可能已经转过几个物理扇区。如果交错因子选择过小，则可能对应下一个逻辑扇区的物理扇区已转过磁头，需等待磁盘再转一圈后才能读/写；如果交错因子选择过大，则可能对应下一个逻辑扇区的物理扇区还未转到磁头处，需要继续等待。因此，选择合适的交错因子，可使当前扇区到下一个待读/写的扇区之间没有或具有最短等待时间，提高读写速度。

在低级格式化硬盘时，不要轻易改变硬盘的交错因子，其设置值应符合厂商提供的说明。在某些低级格式化程序中提供了自动设置交错因子的功能，用户也可以选择该功能由系统自动选择设置。

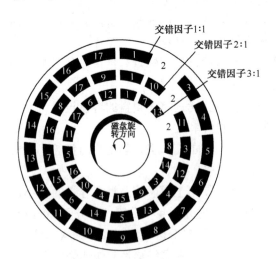

图 4.13 交错因子

2. 高级格式化

硬盘分区完成后，就会建立起多个相互"独立"的逻辑驱动器。这些逻辑驱动器就像一座座空城，要使用它们，还需要在上面搭建文件系统，这个过程就是逻辑驱动器的高级格式化。高级格式化一定是针对逻辑磁盘而言的，既不是针对物理硬盘，也不是针对某个文件夹。由于逻辑磁盘和文件系统相对应，所以，也可以说高级格式化针对文件系统。高级格式化完成后，就可以以文件为单位进行逻辑驱动器的写入或读出操作了。

（1）高级格式化工具。早期对 DOS 逻辑盘的高级格式化可以使用 DOS 的高级格式化命令"Format"来完成。现在的操作系统安装盘基本都自带格式化程序，如 Windows 2000 以后的操作系统，在安装操作系统的过程中可以对硬盘分区格式化，安装完成后也可以对分区格式化。此外，还可以使用专门的软件，如 DiskGenius 等。

各硬盘厂商的专用工具一般都集低级格式化、分区和高级格式化于一身，使用简单、方便，购买硬盘时免费提供。

📖 知识拓展——DOS 的高级格式化

DOS 管理磁盘时，把所有扇区有规则地按一定次序进行排列，并为排列后的扇区按规定编号，称为逻辑扇区号或相对扇区号。编号从 0 开始，没有重复。读/写磁盘时使用逻辑区号，然后经换算得出物理位置。

在 DOS 环境下用 Format 命令对逻辑盘进行高级格式化的主要作用是：
- 对逻辑盘内的扇区进行逻辑编号（分区内的编号）；
- 建立 DOS 引导记录 DBR（DOS Boot Record）；
- 建立文件分配表 FAT（File Allocation Table）；
- 建立根目录对应的文件目录表 FDT（File Directory Table）及数据区 Data。

高级格式化创建的 4 个区的作用简介如下。

① DBR。在 DOS 环境下建立的 PBR 被称为 DBR。DBR 通常位于硬盘 0 柱 1 面 1 扇区，逻辑扇区号为 0，是操作系统可以直接访问的第一个扇区，包括一个引导程序和一个本分区参数表。引导程序的主要任务是，当 MBR 将系统控制权交给它时，判断本分区根目录是否有操作系统的引导文件。如果有，就将其读入内存并把控制权交给它。分区参数表记录本分区的起始扇区、结束扇区、文件存储格式、硬盘介质描述符、根目录大小和 FAT 个数、簇的大小等参数。

② FAT。在 DBR 之后就是 FAT 区，FAT 用于描述文件的存放位置和本分区的使用情况。描述按簇进行，描述的数据称为 FAT 的表项值，每个表项值为 12 位或者 16 位，反映簇的 5 种状态：空簇、占用的簇、保留不用的簇、坏簇、文件结束簇。

一个文件可能需要占用多个簇，这些簇并不一定完整地存放在磁盘的一个连续区域内，它们构成一个簇"链"。簇的每种状态具有特定的标志，已占用的簇对应的表项值是该文件所占用的一系列簇的簇号链。

如果 FAT 损坏，DOS 无法确定文件存放位置，所以存了两份，一旦 FAT1 坏，可用 FAT2 重新复制 FAT1。

③ FDT。FDT 所占扇区紧接 FAT2 之后。FDT 存放磁盘根目录下所有的文件名和子目录名、文件属性、文件起始簇号、文件长度、文件建立和修改日期、时间。

每一个文件的目录登记项在 FDT 表中占 32B。一个扇区 512B，最多可以存放 16 个文件目录。因此，每个磁盘根目录下所允许的文件或子目录个数，由 FDT 表所占用的扇区数决定。

④ Data。用户数据区 Data 是真正存储文件内容的扇区。

DOS 向磁盘写文件时，将文件名等内容按 FDT 规定格式登记在一个空白目录项，并顺序检索 FAT 每个簇的表项值，发现第一个空簇，便将文件内容写入该簇对应的扇区，同时该簇号作为文件的起始簇号记录在

FDT 中。若文件未写完，继续在 FAT 中寻找下一个空簇，在相应扇区写入文件，并将簇号填入上一个簇在 FAT 的表项中，直至文件写完，将文件使用的最后一个簇在 FAT 中的表项值标记为文件结束簇。

DOS 读文件时，根据文件名在 FDT 中找到该文件，由 FDT 给出的文件起始簇号计算出文件起始逻辑扇区号，并将其内容读出，同时找到文件起始簇在 FAT 中的表项，其表项值就是该文件占用的下一个簇的簇号，利用簇号链依次按顺序——确定每个扇区并将其读出，直到遇到表项值说明该簇是文件结束簇为止。

🖉 特别提示

格式化将使逻辑盘上的数据丢失！对有数据的逻辑盘，在格式化之前要先备份数据。

（2）文件系统。硬盘分区经过高级格式化，建立文件系统（也称为分区格式）。目前常用的文件系统有：FAT16、FAT32、NTFS、EXT2 和 EXT3 等。

➢ FAT16。FAT16 采用 16 位的文件分配表，最大能支持 2GB 的硬盘。FAT16 具有较高的兼容性，DOS、Windows 系列操作系统、Linux 等都支持这种文件系统，可在不同操作系统中进行数据交换。但 FAT16 的磁盘利用率较低。

➢ FAT32。FAT32 采用 32 位的文件分配表，最大支持 16TB 硬盘分区。在逻辑盘超过 512MB 时使用这种格式，能更高效地存储数据，减少硬盘空间浪费，加快程序运行。FAT32 是大容量硬盘的极有效的文件系统。DOS、更早期 Windows（包括 Windows 95 [Version 4.00.950]、Windows NT 3.x、Windows NT 4.0、Windows 3.x 等）系统不支持这种文件系统。

➢ NTFS。NTFS 是网络操作系统文件系统，Windows NT/ 2000 及以后版本都支持 NTFS。其优点是通过对用户权限的严格限制，使每个用户只能按照系统赋予的权限进行操作，充分保护系统的安全，具有较高的安全性和稳定性；另一优点是 NTFS 是一个可恢复的文件系统。

尽管 NTFS 有许多优越性，但对于 1GB 以下的硬盘来说，FAT 比 NTFS 文件系统显示出更高的性能。因此，如果不考虑安全性，并且硬盘分区不是非常大，在网络操作系统中使用 FAT 文件系统或许比 NTFS 文件系统还要好。NTFS 适用于一些要求安全性高，而且在磁盘上存储远远大于 FAT 文件系统所能处理的巨型文件等场合。

➢ EXT2 和 EXT3。EXT2、EXT3 是 Linux 操作系统的文件系统。EXT2 具有极好的文件存取性能，对中、小型文件更显优势，在速度和 CPU 利用率上较为突出。EXT3 在 EXT2 的基础上发展而来，最重要的优势是 EXT3 是一种具有日志功能的文件系统。它会将整个磁盘的写入动作完整地记录在磁盘的某个区域上，以便有需要时可以回溯追踪。Linux 操作系统存储在 EXT3 分区上，除这个分区外，用户还应创建一个独立的分区——Swap 分区（交换分区），用作 Linux 内核的虚拟内存。在 Windows 操作系统下安装一定的软件才能访问 Linux 分区。

关于对硬盘分区进行格式化的方法将在 4.4 节安装操作系统中详细介绍。

📖 知识拓展——硬盘的容量限制与工作模式

（1）容量限制。磁盘存取数据时，操作系统通过中断 INT13 调用 BIOS 中的磁盘服务程序。服务程序再将 INT13 请求转换为硬盘的 ATA 接口请求，继而在硬盘上存取数据。

早期硬盘与 BIOS 磁盘服务程序通过 CHS（Cylinders、Heads、Sectors，柱面数、磁头数、每柱面扇区数）寻址。现在支持 LBA（Logical Block Address，逻辑块地址）寻址。与硬盘容量有关的部分是 INT13 接口和 ATA 接口，INT13 接口程序保存在 BIOS 中，独立于操作系统；ATA 接口与硬盘驱动器有关。因此，BIOS 和 IDE/ATA 接口共同限制了硬盘的容量。

由 IDE/ATA 决定硬盘容量的计算方法是，16 位表示柱面数，4 位表示磁头数，8 位表示扇区数，每扇区 512B，使用 CHS 寻址理论最大容量为：

$$2^{16}\times 2^4\times(2^8-1)\times 512B=127.5GB$$

由 BIOS 决定硬盘容量的计算方法是，10 位表示柱面数，8 位表示磁头数，6 位表示扇区数，使用 CHS 寻址理论最大容量为：

$$2^{10}\times(2^8-1)\times(2^6-1)\times 512B=8.4GB$$

但 IDE/ATA 与 BIOS 结合只能取其中的小值，即只能用 10 位表示磁柱数，4 位表示磁头数，6 位表示扇区数，所以使用 CHS 寻址支持的硬盘最大容量为 528MB。

利用 LBA 模式存取时，用 28 位表示硬盘上每一个位置，最高驱动 128GB。

利用 LBA 模式时，操作系统支持大硬盘。由于 FAT16 位文件分配表的簇最大只能到 32KB，而 16 位数值是 65 536，因此每一分区最大容量只能到 2.1GB（=32KB×65 536），所以用 16 位文件分配表，每一个硬盘分区最大容量为 2.1GB。

使用 Windows 2000 FAT32，支持容量超过 2GB。而 FAT32 的每簇能为 4KB，更大程度地节省了空间。

（2）工作模式。

① 普通模式（Normal）。原始 IDE 硬盘模式。此时 CMOS 参数为真正物理参数，最大柱面数 1024（即使在 CMOS 硬盘参数中输入大于 1024），磁头数 16，扇区数 63。由于此模式只能使用前 1024 柱面，因此最大容量为：

$$1024\times 16\times 63\times 512B/1024KB=504MB$$

硬盘生产厂家通常按 1K=1000 换算，则为：

$$1024\times 16\times 63\times 512B/1000=528MB$$

对于 Normal 模式，即使安装大硬盘，也只能使用 504MB。

② 逻辑块模式（LBA）。BIOS 采用逻辑地址与物理地址映射技术，用逻辑参数代替物理参数，以保证系统正常使用硬盘空间。早期 LBA 模式支持最大磁盘容量 128GB，目前扩展的寻址系统采用 48 位，支持磁盘容量达到 144PB（PetaByte，即 144 百万 GB）。

③ 巨大（Large）。在不支持 LBA 的 IDE 控制器上使用的一种模式，在支持 LBA 的控制器上也可使用。此模式为：真正柱面数/2，磁头数×2，因此，支持的最大容量为 1GB。

4.4 安装操作系统

操作系统是计算机能够正常工作的最主要的软件组成部分，负责管理计算机的各种硬件和软件资源，是各种应用软件的使用平台。由于使用 Windows 系列操作系统的用户占绝大多数，下面将以 Windows 系列为例，介绍操作系统的安装。

4.4.1 Windows 操作系统的选择及安装前准备

不同的硬件配置、不同的使用要求，对操作系统的要求也不同。选择操作系统时，应从实际出发，以节约资金、充分发挥软硬件性能为原则。

以下列出的是常见的 Windows XP/7 操作系统，以及它们对硬件环境的要求。

1. Windows XP

最低硬件配置：CPU，233MHz，内存，64MB，1.5GB 的可用硬盘空间。

推荐配置：奔腾 III 及以上机型，显存 32MB 的显卡，内存 256MB 以上，8GB 以上的硬盘空间。该系统比较成熟，有多种版本，是目前使用比较广泛的操作系统，基本能满足除服务器领域的各种需要。

2．Windows 7

Windows 7 包含 6 个版本，本书介绍 Windows 7 Ultimate（旗舰版）。

最低硬件配置：CPU，1GHz，32 位或 64 位；内存，1GB 及以上；显卡，支持 DirectX 9，显存 128MB 及以上（开启 AERO 效果）；硬盘，16GB 以上（主分区，NTFS 格式）；显示器，1024×768 像素及以上（低于该分辨率无法正常显示部分功能）。

安装 Windows 操作系统前要做好以下准备工作。
- 确定安装方案，决定是安装单操作系统还是多操作系统；
- 准备 Windows 操作系统的安装光盘；
- 找到并记录随安装光盘附带的安装文件的产品密钥（即安装序列号）；
- 将硬盘上的重要数据进行备份（如果是新硬盘可省略此项）；
- 准备好相关设备的驱动程序，包括主板、显卡、网卡、声卡等设备的驱动程序；
- 确保光驱能够正常使用；
- 设置启动设备顺序，将光驱设为第一启动盘，保存并退出 BIOS 设置程序。

4.4.2　单操作系统的安装

单操作系统的安装是指当前计算机中只安装一种操作系统。由于各种版本的 Windows 操作系统的安装过程非常相似，下面仅介绍常见的 Windows XP 的安装过程。

Windows XP Professional 的安装有升级安装、双系统共存安装和全新安装 3 种方式，现选择全新安装，具体步骤如下：

第 1 步，将 Windows XP Professional 安装光盘放入光驱，重新启动计算机进入如图 4.14（a）所示的安装程序界面，稍等片刻出现如图 4.14（b）所示选择界面。按 Enter 键选择安装。

（a）安装准备　　　　　　　　　　（b）选择界面

图 4.14　安装开始界面

第 2 步，出现如图 4.15 所示许可协议界面后，按 F8 键接受许可协议。

第 3 步，接下来出现如图 4.16 所示选择硬盘分区界面。由图可见，此时硬盘容量为 18 426MB，未划分空间也是 18 426MB，因此硬盘未被分区。根据提示可以直接按 Enter 键，将整个硬盘作为一个分区，在其上安装操作系统，如图 4.17（a）所示。也可以按 C 键进行分区，如图 4.17（b）所示，输入创建分区的大小，单位为 MB，按 Enter 键继续创建其他分区，如图 4.17（c）所示。如果不再继续分区，直接按 Enter 键结束分区。

硬盘分区大小没有固定模式，一般视整个硬盘的空间来确定。系统盘 C 盘的容量大小对计算机的启动速度有一定的影响,太小会经常出现空间不够的情况,太大既浪费也会使得启动速度变慢,一般可以参照以下标准进行分配:Windows XP 系统盘 8~15GB,Windows 7 系统盘 128~256GB。

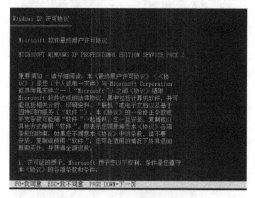

图 4.15 安装许可协议开始界面

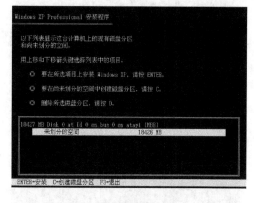

图 4.16 选择硬盘分区

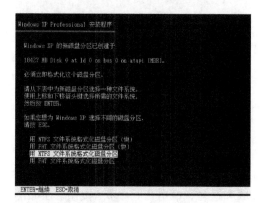

(a) 整个磁盘作为一个分区

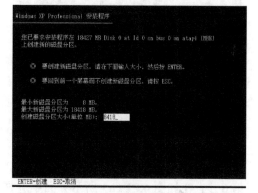

(b) 确定分区大小

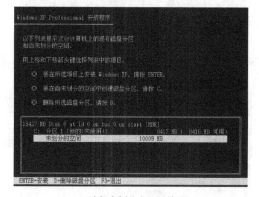

(c) 选择未划分空间继续分区

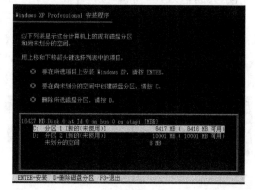

(d) 结束分区

图 4.17 创建分区

第 4 步,将亮度条定于 C:,选择在 C 盘上安装,如图 4.17 (d) 所示,按 Enter 键。出现格式化磁盘选择界面,如图 4.18 (a) 所示,选择"用 NTFS 文件系统格式化磁盘分区",按 Enter 键,安装程序开始扫描并格式化磁盘,格式化进度情况如图 4.18 (b) 所示。

第 5 步,格式化磁盘完成后,安装程序向硬盘复制系统文件,如图 4.19 所示。文件复制完成,自动重新启动计算机,界面显示 Windows XP 继续安装,如图 4.20 所示。

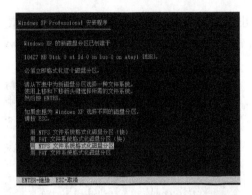

(a) 选择对 C 盘的格式化方式　　　　　　(b) 正在格式化

图 4.18　安装程序扫描并格式化磁盘

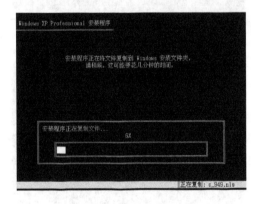 

图 4.19　复制系统文件　　　　　　　　　图 4.20　继续安装的界面

第 6 步，在如图 4.21（a）所示界面中选择区域和语言，单击"下一步"按钮。在如图 4.21（b）所示界面输入姓名和单位，单击"下一步"按钮。在如图 4.21（c）所示界面输入产品密钥，单击"下一步"按钮。在如图 4.21（d）所示界面输入计算机名和系统管理员密码，计算机名可任意输入，系统管理员密码要输入两次并一定记牢，单击"下一步"按钮。在如图 4.21（e）所示界面中设定系统日期和时间，单击"下一步"按钮。在如图 4.21（f）所示界面中，根据用户提供的信息设置网络，创建网络连接，并完成安装。

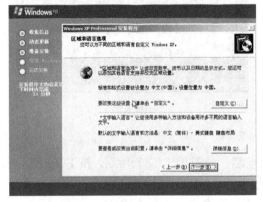 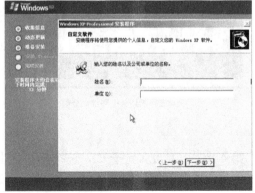

(a) 选择时区和语言　　　　　　　　　　(b) 输入姓名和单位

图 4.21　设置界面

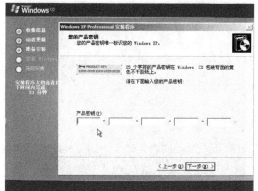
(c)输入序列号

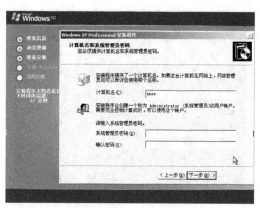
(d)输入计算机名和管理员密码

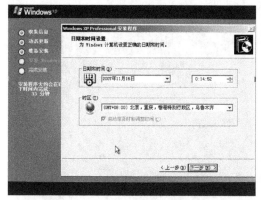
(e)设置日期和时间

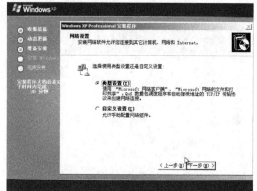
(f)网络设置

图 4.21 设置界面(续)

第 7 步,安装完成后自动重新启动计算机,如图 4.22(a)所示。随后询问是否进行显示设置以改善视觉外观,如图 4.22(b)所示,单击"确定"按钮,Windows XP 自动配置显示模式,加载关键驱动,如图 4.22(c)所示,完成后出现欢迎界面,如图 4.22(d)所示。

第 8 步,Windows XP 需要激活,否则过了试用期就不能工作了。当出现激活窗口,选择"现在通过 Internet 激活 Windows",如图 4.23(a)所示,单击"下一步"按钮进入如图 4.23(b)所示选择注册和激活界面,一般情况下只选激活就可以,单击"下一步"按钮,出现如图 4.24 所示 Windows XP 已激活界面。随后出现如图 4.25 所示 Windows XP 的桌面界面。

(a)Windows XP 正在启动

(b)系统自动配置显示模式

图 4.22 Windows XP 启动界面

(c) Windows XP 加载驱动　　　　　　　　(d) 欢迎使用界面

图 4.22　Windows XP 启动界面（续）

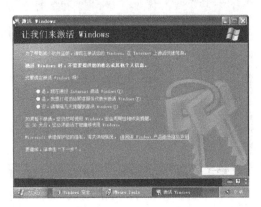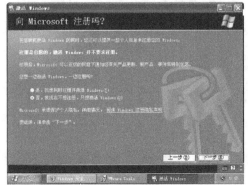

(a) 选择通过 Internet 激活　　　　　　　(b) 选择是否注册和激活

图 4.23　Windows XP 激活选择

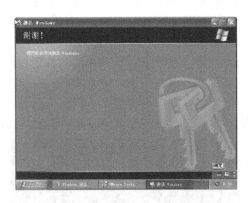

图 4.24　Windows XP 已激活　　　　　　图 4.25　Windows XP 桌面

至此，基本完成 Windows XP 的安装，接下来就可以安装驱动程序与应用软件。

特别提示

1. 文件系统的选择。Windows XP 支持 FAT 和 NTFS 两种文件系统。用户可以根据自己的需要选择 FAT 或 NTFS 文件系统。

2. Windows XP 安装系统自带的分区工具，在对硬盘分区之后能自动激活系统分区。

3. 系统管理员（Administrator）具有管理计算机的全部权力。在安装过程将自动创建一个名为"系统管理员"（或显示为"Administrator"）的用户账号，并需要输入系统管理员的密码。系统完成安装并重新启动时，必须使用这个密码才能登录计算机。

如果在要求输入系统管理员密码时不输入密码，即系统管理员密码为空，则系统安装完成并重新启动计算机时，就不需要登录密码。

【例4.1】办公室新买一块120GB硬盘，需要安装Windows XP操作系统，简述其操作过程。设办公室有人员3人，管理的工作不同。

分析：新硬盘必须先分区、格式化，然后才能安装软件。要合理地分配硬盘空间，需要从几个方面来考虑。第一，按所安装的操作系统的类型及数目来分区；第二，按要存放的数据类型分类来分区；第三，从便于维护和整理数据考虑分区；最后，从安全性考虑分区。基于以上几点，对120GB新硬盘的分区可采用以下方案：C盘作为系统分区，容量20GB，安装Windows XP操作系统与应用程序；剩下100GB再分成4个逻辑分区，其中D、E、F盘根据3位工作人员所负责的工作性质按需分配，考虑安全性，各分区均采用NTFS文件系统；留下10～15GB分配给G盘，用来存放系统备份及驱动程序等。

步骤：第1步，将硬盘安装好后，启动机器，进入BIOS设置选择光盘启动，保存设置并退出，重启机器，这时应确定Windows XP安装光盘已放入光驱。第2步，用Windows XP安装光盘启动机器，并进入Windows XP全新安装。接下来的安装步骤参照本节内容。

4.4.3 双操作系统的安装

如果要安装多操作系统，一般来说，安装顺序是先安装低版本再安装高版本。例如，安装双操作系统Windows XP和Windows 7时，首先安装Windows XP，然后在Windows XP下安装Windows 7，这样做的好处是系统能够自动生成开机选择操作系统的界面。下面以先安装Windows XP（C盘）后安装Windows 7（D盘）为例，简要介绍双操作系统的安装步骤。

第1步，准备好安装系统的目标驱动器。Windows XP安装到C盘，划分C盘容量≥8GB，格式FAT32或NTFS均可，一般建议是NTFS。Windows 7安装到D盘，容量≥16GB，格式必须为NTFS。所以为统一起见，C盘、D盘都采用NTFS。

第2步，安装Windows XP。Windows XP安装方法前面已介绍，此处不再重复。

第3步，开始安装Windows 7。启动Windows XP，将Windows 7安装光盘放入光驱，在光盘目录中找到setup.exe并双击，当出现如图4.26所示界面时选择"现在安装"。出现许可协议界面，如图4.27所示，接受"许可条款"，单击"下一步"按钮。出现安装类型选择界面，如图4.28所示，安装双系统要全新安装，因此选择"自定义（高级）"安装。在如图4.29所示是否获取安装更新界面，选择"不获取最新安装更新"，可在安装完成后再进行更新。

图4.26 确认安装

图4.27 接受协议

第 4 步，选择安装系统的目标驱动器。选择 D 盘，单击"下一步"按钮，如图 4.30（a）所示。

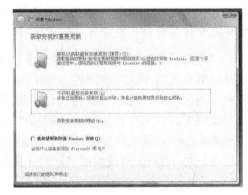

图 4.28　选择安装类型　　　　　　　　图 4.29　选择是否获取安装更新

特别提示

1. 如果有驱动器应该在列表中而没有被列出，选择"刷新"选项以刷新驱动器列表。
2. 如果安装程序的随机驱动程序不支持该磁盘控制器，选择"加载驱动程序"选项，在可移动介质中查找存储控制器驱动程序。
3. 如果在 DOS 下启动安装，或 Windows 7 安装光盘引导启动安装，有"驱动器选项（高级）"，如图 4.30（b）所示，可以对分区进行配置，如扩展、新建、格式化等操作。Windows XP 下安装无此选项，因此必须先把驱动器处理好，即将 D 盘提前分好，并格式化成 NTFS。
4. 如果没有提前格式化 D 盘，这时仍可手动格式化。方法是，单击键盘 Windows 徽标键弹出开始菜单，打开计算机驱动器的控制界面，在 D 盘图标上单击鼠标右键选格式化即可。

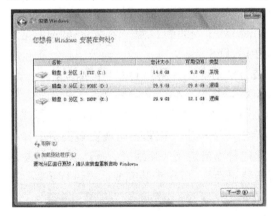
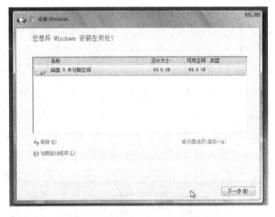

（a）Windows XP 环境下安装界面　　　　　　（b）Windows 7 单系统安装界面

图 4.30　选择安装位置

第 5 步，安装：复制 Windows 文件，展开 Windows 文件，安装功能，安装更新，如图 4.31 所示。以上步骤全部完成后，自动重新启动。

第 6 步，启动系统选择。重新启动后出现操作系统选择界面，如图 4.32 所示。选择启动 Windows 7，系统开始检测硬盘文件系统，更新注册表设置，启动服务，再重新启动，为首次使用准备……以上过程全部自动完成。

图 4.31 正在安装

第 7 步,设置 Windows。在图 4.33 所示界面输入用户名和计算机名,用拼音或英文均可。在图 4.34 所示界面输入用户密码。以上也可以在安装完成后进入系统进行设置和更改。在图 4.35 界面中输入产品序列号,也可以不填,等安装完成后再激活,取消图中自动激活项,单击"下一步"按钮。然后根据提示完成其他的系统基本设置(尽量选择系统推荐或默认选项),如图 4.36、图 4.37 所示。根据实际情况配置网络连接(一般选择工作网络),如图 4.38 所示。

图 4.32 双系统选择界面　　　　图 4.33 用户名和计算机名

图 4.34 用户密码　　　　图 4.35 产品序列号

图4.36 系统设置

图4.37 日期和时间设置

第8步,完成安装。设置完毕后,Windows 7开始准备桌面,如图4.39所示,显示欢迎界面,进入系统的主界面,如图4.40、图4.41所示。至此,Windows 7安装基本完成。

图4.38 网络设置

图4.39 准备桌面

图4.40 欢迎界面

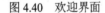

图4.41 Windows 7桌面

知识拓展——Windows 7下调整默认启动项及启动等待时间

多操作系统需要调整默认启动项和启动等待时间时,在Windows 7下操作很方便。按以下步骤进行调整:

在控制面板中打开"系统",打开"高级系统设置"至"高级"标签页,单击"启动和故障恢复"→"设置"按钮,在"默认操作系统"选项中选择默认启动系统,勾选"显示操作系统列表的时间",调整数字即调整启动等待时间至合适的值(最小 0,最大 999,单位:秒)。最后单击"确定"按钮,完成更改。

4.5 安装驱动程序

当 Windows 操作系统安装成功后,接下来就要安装显卡、声卡、网卡等设备的驱动程序。下面简要介绍驱动程序的基本概念,以及在 Windows XP 下安装驱动程序的步骤。

4.5.1 驱动程序概述

1. 驱动程序的概念

驱动程序就是用来驱动相应硬件正常工作的特殊程序,是一段包含有关硬件设备信息的特殊程序代码,它能够使操作系统快速、准确地辨识硬件设备,保证硬件与系统稳定运行。作为连接操作系统和硬件设备的桥梁,驱动程序的作用是对系统 BIOS 不能支持的各种硬件设备进行解释,使计算机能够识别这些硬件设备,从而保证它们的正常运行。不同的设备在不同的操作系统下有不同的驱动程序。

2. 安装驱动程序的原因

如果驱动程序没有安装或者安装不正确,可能会导致硬件不能被系统识别或不能正常工作,以至影响系统运行的稳定性。因此,安装驱动程序是计算机使用硬件设备前的一项十分重要而又必须进行的步骤。

一般来说,安装完操作系统后,大部分的硬件如 CPU、内存、键盘、显示器等设备已经能够被识别和驱动,处于正常的工作状态;但对显卡、声卡、网卡等部件,操作系统只能利用它们的一部分功能,为了更好地发挥它们的功能,必须安装相应的驱动程序。

3. 需要安装驱动程序的情况

在以下几种情况下需要安装驱动程序。

(1)重新安装操作系统。在 Windows 操作系统安装过程中,系统会识别一些设备,如显卡、声卡等,并自动安装它们的驱动程序,但由于 Windows 操作系统提供的驱动程序只支持设备最简单的功能,因此,最好安装设备所附带的驱动程序。

(2)新增加或更换硬件设备。为保证新增加或更换的硬件设备正常运行,需要安装相应的驱动程序。

(3)设备工作不正常。某个设备工作不正常,如声卡不出声、网卡无法连接、显示属性不正常等情况,需要先删除该设备的驱动程序,再重新安装驱动程序。需要特别说明的是,重新安装驱动程序是一种可行的解决设备工作异常的方案,是排除系统问题不可或缺的操作步骤。如果重新安装驱动程序或重新安装操作系统后仍不能解决问题,则该问题很可能是由于硬件故障引起的。

4. 驱动程序的来源

(1)操作系统自带驱动程序。在 Windows 系统中,带有许多驱动程序,这些驱动程序分别以 SYS(系统文件)、DLL(动态链接文件)、VXD(虚拟设备驱动程序)和 DRV(设备驱动程序)为扩展名,对这些文件进行操作时一定要谨慎。

Windows 操作系统支持即插即用功能。它能够自动检测到新安装的硬件设备,并从自带的驱动程序中为其安装驱动程序。如果不能正确安装,就会启动驱动程序安装向导,提示用户插入设备驱动程序的安装盘。目前，计算机配件一般都支持即插即用功能，并在包装盒上印有 PnP 字样。

（2）设备附带驱动程序。一般在购买某一硬件设备时会附带驱动程序。此驱动程序通常以光盘的形式由设备生产厂商免费提供，务必保存好驱动程序安装盘。

（3）通过 Internet 获得驱动程序。如果驱动程序盘遗失或需要更新，可以到各厂商网站上查找并下载；也可以到有关的驱动程序网站，例如 www.drivers.yesky.com、www.mydrivers.com 等查找并下载，或在常用的搜索引擎中输入"驱动之家"直接查找该类网站；还可以在各厂商网站上或设备说明书上查找免费 800 电话，通过电话求得帮助。

5．驱动程序的安装顺序

组装完计算机硬件并装入 Windows 操作系统后，安装设备的驱动程序是软件安装的必经步骤。如果装机用硬件不是经过公认的稳定组合，安装驱动程序时必须遵照一定的顺序，否则会造成系统工作不稳定或无法识别部分硬件。驱动程序安装的一般准则是由内及外，即先安装主板芯片组驱动程序，再安装显卡、声卡、网卡等驱动程序，最后安装外部设备的驱动程序，具体步骤如下。

第 1 步，安装主板芯片组驱动程序。目前所有主板都提供智能化安装驱动程序，只要在安装界面依次选择安装选项即可完成安装。

第 2 步，安装显卡驱动程序。安装完主板芯片组驱动程序，通常情况下系统会提示重新启动计算机，重新启动计算机后，接下来便可安装显卡的驱动程序。

第 3 步，依次安装声卡、网卡等设备的驱动程序。最后，安装打印机等外围设备的驱动程序。

特别提示

1．安装驱动程序之前要认真阅读设备说明书或驱动程序安装盘上的 ReadMe 文件。

2．采用 Intel 芯片组的主板，通常其驱动程序为 INF 和 IAA 两个文件，有安装次序之分。先安装 INF，再安装 IAA。安装 INF 后要重新启动计算机，否则会提示不能安装。

3．有些 AMD CPU 需要安装驱动程序，安装后会使系统性能得到提高，所以使用 AMD CPU 的计算机一定要仔细查看驱动程序安装盘，看上面是否有 CPU 驱动程序的说明。

4．在安装显卡或声卡驱动程序之前，最好先查看硬件安装时记下的 GPU 和声卡主芯片的型号，或者查阅设备说明书关于芯片型号的标注，然后安装相应的驱动程序。

4.5.2 驱动程序的安装方法

驱动程序主要有以下几种安装方法。

1．安装由硬件生产厂商提供的驱动程序

有些硬件的驱动程序安装光盘带有自启动程序，如果光驱设置为自动运行，当把光盘放入光驱时系统会自行启动安装程序。如果安装程序不能自启动，在安装光盘目录下找到"Autorun"后双击即可启动。在安装程序界面按照提示操作即可完成驱动程序的安装。

有些硬件的驱动程序带有诸如 Install.exe 或者 Setup.exe 之类的自动安装程序，只需通过双击 Install.exe 或者 Setup.exe 文件名，安装程序就能自动检测硬件并选择与之匹配的驱动程序，自动完成安装。以 NVIDIA 显卡为例简要说明此类驱动程序的安装过程。

第 1 步，双击 Setup.exe，程序开始展开文件并检测系统后弹出如图 4.42 所示初始化界面。

图 4.42 安装驱动程序初始化界面

第 2 步，单击"下一步"按钮开始安装驱动程序，如图 4.43 所示。

第 3 步，安装完毕请求重新启动计算机，如图 4.44 所示，单击"完成"按钮，计算机重新启动后，完成驱动程序的安装。

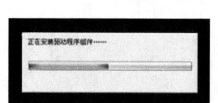

图 4.43 安装驱动程序

图 4.44 请求重新启动计算机

特别提示

1. 显卡安装完成后必须重新启动计算机，才能使得驱动程序发挥作用。在显卡附带的驱动程序安装盘内一般都有多个版本的驱动程序，但不是最高版本或最新的驱动程序就一定是最合适的。

2. 声卡的驱动程序安装完成后，如果在任务栏中未出现"小喇叭"图标，则重新启动计算机。如果重新启动计算机后仍然还没有出现"小喇叭"图标，单击任务栏中"开始"按钮，选择"设置/控制面板/声音和音频设备"，勾选"将音量图标放入任务栏"，单击"确定"按钮。

3. 如果发现安装某一设备的驱动程序后出现死机，建议更换其他版本的驱动程序。

2．利用系统找到新硬件向导安装驱动程序

Windows 操作系统在运行过程中能自动检测即插即用设备，一旦发现新设备，并且在 INF 目录下有该设备的.inf 文件，系统将自动安装其驱动程序。如果 INF 目录下没有新设备相应的.inf 文件，系统就会启动添加硬件向导，如图 4.45 所示。一般情况下，此时只需按照硬件安装向导提示，一步一步操作即可完成驱动程序的安装。

以摄像头为例，说明通过系统自动检测到新硬件进行驱动程序安装的步骤。

第 1 步，把摄像头 USB 接口连接到计算机上，系统启动添加硬件向导，如图 4.45 所示。

第 2 步，选择"否，暂时不"，单击"下一步"按钮，出现搜索设备驱动程序对话框，如图 4.46 所示。

图 4.45 找到新硬件

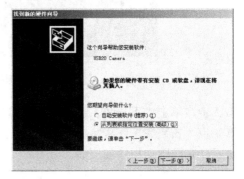

图 4.46 指定搜索设备驱动程序位置

第 3 步，选择"从列表或指定位置安装"，单击"下一步"按钮。

第 4 步，在如图 4.47 所示"选择搜索和安装选项"对话框中单击"浏览"按钮，弹出如图 4.48 所示"选择包含硬件驱动程序的文件夹"对话框，选择驱动程序位置，单击"确定"按钮。

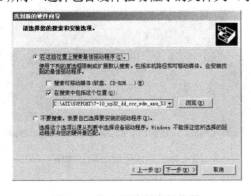

图 4.47 指定驱动程序的位置

图 4.48 查找驱动程序的位置

第 5 步，返回到"请选择您的搜索和安装选项"对话框后，单击"下一步"按钮，系统开始安装驱动程序，如图 4.49 所示。

第 6 步，由于该驱动程序未通过 Windows 徽标认证，安装过程中，弹出如图 4.50 所示对话框，单击"仍然继续"按钮，系统会继续直至完成安装驱动程序。

第 7 步，在如图 4.51 所示对话框中单击"完成"按钮，重启计算机后设备就可以使用了。

特别提示

一些设备的驱动程序安装完毕后，配置信息需要重新启动计算机并自动加载，设备才能正常工作。

图 4.49　开始安装驱动程序　　　　　图 4.50　驱动未能通过 Windows 徽标认证

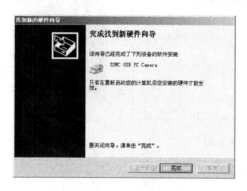

图 4.51　提示重新启动计算机

3．利用系统的设备管理器安装驱动程序

有时操作系统未检测到新安装的设备，这时可从系统的"设备管理器"下进行安装。在使用这种方法时，只需为系统指明新硬件.inf 文件的路径，并按提示一步一步地操作，硬件安装向导即可自行完成驱动程序的安装。以安装网卡驱动程序为例简要说明安装过程。

第 1 步，在桌面上右键单击"我的电脑"，选择"属性"菜单项，弹出如图 4.52 所示"系统属性"对话框。也可以从"控制面板"打开"系统属性"对话框。

第 2 步，选择"硬件"标签，显示如图 4.53 所示"硬件"管理对话框。

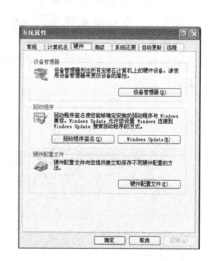

图 4.52　"系统属性"对话框　　　　　图 4.53　"硬件"管理对话框

第 3 步，单击"设备管理器"按钮，弹出如图 4.54 所示"设备管理器"窗口。一般情况下，设备前标有黄色问号，表明系统未能正确识别设备；设备前标有黄色叹号，表明未正确安装设备的驱动程序。

第 4 步，右击"以太网控制器"，选择"更新驱动程序"选项，弹出"硬件更新向导"对话框，如图 4.55 所示，选择"从列表或指定位置安装"，单击"下一步"按钮。

第 5 步，在如图 4.56 所示对话框中选择"不要搜索。我要自己选择要安装的驱动程序"，单击"下一步"按钮，弹出如图 4.57 所示对话框，单击"从磁盘安装"按钮。

图 4.54 "设备管理器"窗口

图 4.55 "硬件更新向导"对话框之一

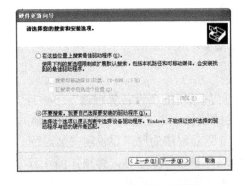
图 4.56 "硬件更新向导"对话框之二

图 4.57 "硬件更新向导"对话框之三

第 6 步，在如图 4.58 所示对话框中指定驱动程序的位置，单击"确定"按钮。

第 7 步，在如图 4.59 所示找到的匹配的硬件驱动程序对话框中，选择匹配的硬件驱动程序，单击"下一步"按钮。硬件安装向导开始安装驱动程序，如图 4.60 所示。

第 8 步，在图 4.61 中单击"完成"按钮，网卡的驱动程序安装完成，"桌面"上出现"网上邻居"的图标。

图 4.58 选择驱动程序位置

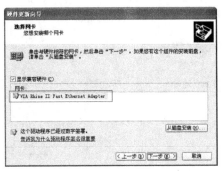
图 4.59 找到的匹配的硬件驱动程序列表

图 4.60 安装硬件驱动程序

图 4.61 完成网卡驱动程序的安装

4．利用系统添加硬件向导安装驱动程序

对于非即插即用设备驱动程序的安装可以采用这种方法，具体安装步骤如下。

第 1 步，将非即插即用设备连接到计算机上，打开计算机电源，启动操作系统，在"控制面板"中打开"添加硬件"。

第 2 步，在"添加硬件向导"中，单击"下一步"按钮。

第 3 步，单击"添加新的硬件设备"，然后单击"下一步"按钮。

第 4 步，执行以下任一操作。

➢ 如果希望 Windows 检测要安装的新的非即插即用设备，单击"搜索并自动安装硬件"；

➢ 如果知道要安装设备的类型和型号，并想从设备列表中选择该设备，单击"安装我手动从列表选择的硬件"。

第 5 步，单击"下一步"按钮，然后按屏幕提示操作，至完成驱动程序的安装。

✎ 特别提示

1．安装非即插即用设备驱动程序的前提条件是，清楚地知道安装的硬件型号，或者知道是什么硬件。

2．必须以管理员或 Administrators 组成员的身份登录计算机，才能完成非即插即用设备驱动程序的安装。如果计算机与网络连接，网络策略设置可能会阻止完成此项安装。

3．添加和安装非即插即用设备可能需要管理权限。如果安装设备需要用户界面或者在安装过程中出现问题，则需要管理权限。

4．如果不是管理员或 Administrators 组成员，可以单击任务栏中"开始"按钮，选择"运行..."方式执行某些管理员功能。

5．安装完毕非即插即用设备的驱动程序，可能需要重新启动计算机。

4.6 应用软件的安装和卸载

当 Windows XP/7 及有关设备的驱动程序安装好后，计算机就可以正常运行了，此时可根据需要安装各种应用软件，如办公软件、系统维护软件、程序设计软件等。

目前，大多数软件的安装程序智能化程度比较高，基本上都可以指导用户通过少量的必要操作，就可以自动安装完成。

4.6.1 应用软件的安装

1．注意的问题

安装应用软件时的注意事项如下：

（1）注意安装软件对硬件环境的需求；

（2）确保硬盘有足够的空间，以保证软件安装后，能够正常运行；

（3）安装应用软件时应尽量不打开其他应用程序窗口，关掉不用的程序后，再开始安装新软件；

（4）要详细了解软件的性能与需求。

2．安装步骤

应用软件的安装步骤一般有以下几步。

第1步，将应用软件安装光盘放入光驱，在资源管理器界面找到应用软件安装文件。

第2步，运行安装文件。一般先要对安装文件进行解压缩，然后再运行安装。

第3步，接受软件使用许可协议。不接受就是不同意安装，将会退出安装程序。

第4步，输入产品序列号，免费版的软件一般不需要这一步。

第5步，选择安装路径。一般情况下选择默认路径就可以，对于有些需要更大工作空间的软件，用户可以根据硬盘空间进行选择。

第6步，选择安装规模，即根据需要选择安装功能。

第7步，安装程序开始复制文件，有些软件可能在复制完文件后需要重新启动计算机。

第8步，完成安装。有些软件在第一次使用时需要进行配置，才能开始使用。

3．安装实例

以常用的办公软件 Microsoft Office Professional Edition 2003（简称 Office 2003）为例，简要说明应用软件的安装过程。

（1）Office 2003 对计算机环境的要求。

CPU：Pentium 233MHz 或更高频率，推荐使用 Pentium III。

操作系统：Microsoft Windows 2000 SP3 或更高版本，或者 Windows XP 或更高版本。

内存：64MB RAM（最低）；128MB RAM（推荐）。

磁盘空间：245MB，其中安装操作系统的硬盘上必须具有 115MB 的可用磁盘空间。在安装过程中，本地安装文件大约需要 2GB 的硬盘空间；除安装 Office 文件所需的硬盘空间外，保留在用户计算机中的本地安装文件还需要大约 240MB 的硬盘空间。

显示器：SVGA，分辨率 800×600 像素或更高，256 色。

光盘驱动器：CD-ROM 驱动器。

指针设备：Microsoft Mouse 或 Microsoft IntelliMouse®或兼容指针设备。

（2）安装步骤。

图 4.62　准备安装提示窗口

第1步，将 Office 2003 安装盘放入光驱中，Office 2003 安装程序自动运行，出现如图 4.62 所示正在准备安装的窗口。如果光盘没有自动运行，可以在"我的电脑"中双击 Office 2003 所在的光驱盘符。

第2步，在图 4.63 所示对话框中填写有关信息，并接受安装协议。

(a) 输入产品序列号　　　　　　　　(b) 输入使用者信息

(c) 安装协议

图 4.63　填写有关信息并接受安装协议

第 3 步，选择安装模式，如图 4.64（a）所示。Office 2003 的安装模式有 4 种。

➢ 典型安装：选择此选项将安装运行 Microsoft Office 2003 程序所用的全部最常用文件，其中包括 Office 工具，如拼写检查以及语法和同义词库校对工具。

➢ 完全安装：安装所有 Microsoft Office 产品和工具。

➢ 最小安装：最小安装仅安装最少的必要组件，其他大部分功能将在第一次使用这些功能时安装。

➢ 自定义：自定义安装允许从所有可用 Office 功能和组件列表中选择需要的安装方式，以及确定是否要保留旧版本的 Office 程序。

现选择典型安装，并单击"下一步"按钮，在随后的对话框中单击"安装"按钮，如图 4.64（b）所示。安装程序开始复制文件，同时显示安装进度，如图 4.65 所示。

(a) 选择安装模式　　　　　　　　(b) 安装选择的模式需要的空间

图 4.64　选择安装模式

（a）开始复制文件　　　　　　　　　　（b）配置当前系统的组件环境

图 4.65　安装进度

第 4 步，可以勾选"自动检查网站上的更新程序和其他下载内容"以及"删除安装文件"，如图 4.66 所示。互联网上可能会有可用的更新或其他组件，选中此复选框可在安装完成后使用 Windows"浏览器"访问 Microsoft Office Online 网站。此网站会提供帮助、培训、模板、媒体和 Office 更新信息。如果未连接 Internet，请在查看更新前进行连接。

在安装过程中，系统会将 Office 安装文件复制到计算机上，这些文件可在不使用光盘或原始安装源的情况下帮助进行 Office 的维护和更新。如果硬盘空间比较紧张，也可删除这些文件以节省附加的磁盘空间。但建议还是保留这些文件。

单击"完成"按钮。

第 5 步，重新启动计算机使 Microsoft Office 2003 的配置生效，如图 4.67 所示。

 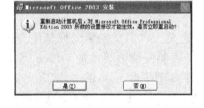

图 4.66　检查网站上的更新程序和其他下载内容　　　图 4.67　重新启动计算机

重新启动计算机后，系统自动更新完成，Office 2003 的安装告一段落。因为采用的是典型安装，所以在今后使用中，可能还需要为 Office 2003 添加功能。

4.6.2　应用软件的卸载

计算机中安装的软件多，也会造成某些不正常的工作现象，可以卸载经常不用的软件或疑似有问题的软件，既可以增加磁盘空间；也可以解决某些计算机的故障，如硬件冲突、软件冲突等。

1．使用卸载程序

大多数软件的安装目录中都有卸载程序（Uninstall.exe），执行该程序，按照弹出的自动引导操作,即可将软件卸载或删除。

2．利用"添加/删除程序"卸载

有些软件没有卸载程序,可以利用 Windows 操作系统自带的"添加/删除程序"来卸载。在"控制面板"中打开"添加/删除程序"窗口,在列表中列出的是本机安装的所有程序,找到欲删除的程序,单击"更改/删除"按钮,就可以安全地卸载软件了,如图 4.68 所示。

3．直接删除

有一些软件只有该软件本身一个文件夹,称为"绿色软件",是可以直接删除的软件,找到其所在的文件夹直接删除即可。

4．卸载工具删除法

有些软件使用上述方法无法卸载时,可以尝试借助卸载工具来完成卸载。这种工具有很多,如超级兔子、360 安全卫士、McAfee UnInstaller、Advanced Uninstaller PRO 等,利用这些软件工具,能快速、安全地将系统中安装的应用程序从系统中彻底删除。

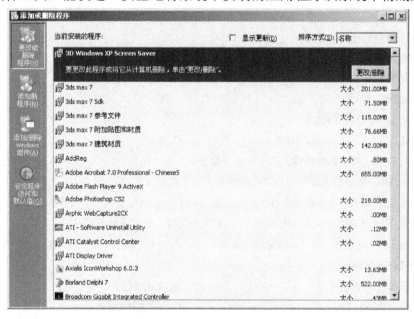

图 4.68　"添加/删除程序"界面

本 章 小 结

本章主要讲述了 BIOS 基础知识、CMOS 设置、计算机启动过程、硬盘分区及格式化的作用。以 Windows 操作系统为例,介绍了操作系统的安装过程、注意事项,驱动程序的概念、安装方法和注意事项;以 Office 2003 为例介绍了应用软件的安装及卸载方法。

计算机软件系统的安装步骤一般是:通过 BIOS 设置程序设置为使用光盘启动计算机,利用 Windows 操作系统安装光盘启动计算机后,在安装向导的引导下对硬盘分区、格式化,然后安装操作系统。操作系统安装完成后,接下来安装硬件设备的驱动程序,安装顺序一般是主板芯片组、显卡、声卡、网卡,以及其他设备的驱动程序。最后安装所需要的应用软件程序。

习 题 4

【基础知识】

1. 填空题

(1) 计算机的启动有冷启动和热启动之分。_____是指打开计算机电源开关加电后的启动过程；按下 Ctrl+Alt+Del 组合键重新启动计算机属于_____。

(2) 从功能上看，系统 BIOS 的主要作用有_____、_____、_____、_____。

(3) 物理硬盘是指_____，逻辑磁盘是指_____。

(4) 对硬盘分区实质上是_____。

(5) 一块物理硬盘可以分成若干个_____和扩展分区，扩展分区可以再分成多个_____。

(6) 主 DOS 分区的英文名称是_____，就是 C 盘。扩展分区的英文名称是_____，D、E 盘是扩展分区中的逻辑分区。

(7) 驱动程序是_____。

(8) 系统主引导程序在磁盘的_____扇区中。

(9) 计算机的启动分为以下_____过程。

(10) MBR 扇区有 64 个字节用于分区表，所以只能记录____个分区的信息。

2. 单项选择题

(1) 硬盘分区完成后，将创建（   ）。
  A. MBR   B. DBR   C. FAT   D. FDT

(2) 计算机安装了两个物理硬盘，每个物理硬盘被分为 3 个区（1 个主分区，扩展分区上分出 2 个逻辑分区），在 Windows XP 资源管理器中为第一物理硬盘的盘符是（   ）。
  A. A、C、D B. C、D、E C. C、E、F D. C、F、G

(3) 在安装了网卡驱动程序后，Windows XP 系统的桌面上会出现的图标是（   ）。
  A. Internet Explorer B. Microsoft Outlook C. 网上邻居 D. 我的电脑

(4) 通常 BIOS 是指（   ）。
  A. 基本输入/输出系统   B. BIOS 程序
  C. 一块 ROM 芯片   D. 一块 RAM 芯片

(5) FAT 文件系统中，存储文件的基本单位是（   ）。
  A. 位   B. 字节   C. 扇区   D. 簇

(6) 如果"设备管理器"中某一设备前标有黄色问号，表明该设备（   ）。
  A. 是未知设备   B. 没有安装驱动程序
  C. 已安装驱动程序但有问题 D. 与操作系统不兼容

(7) POST 是指（   ）。
  A. 节电模式 B. 挂起类型 C. 远程唤醒 D. 加电自检

(8) 如果每簇的扇区数最多为 64，那么 FAT16 分区的最大容量是（   ）。
  A. 1.4 MB B. 512 MB C. 2 GB D. 2 TB

(9) 以下不属于硬盘 3 种工作模式的是（   ）。
  A. Normal B. LBA C. Large D. Small

(10) 簇容量小，文件存取效率（   ），（   ）产生碎片。

A. 高，容易　　　B. 高，不容易　　　C. 低，容易　　　D. 低，不容易

(11) MBR 结束标志占 2 字节 16 位，用 4 个数每数 4 位表示，对应十进制数是（　　）。
　　A. 1010 1010 0101 0101　　　　B. 12 12 5 5
　　C. 10 10 5 5　　　　　　　　　D. A A 5 5

(12) 计算机上只有一块硬盘，分成 4 个主分区，必须有（　　）个且仅能有（　　）个主分区被激活作为活动分区。
　　A. 1，1　　　B. 1，4　　　C. 4，1　　　D. 4，4

(13) 已知"簇"容量为 8KB。存储大小为 3KB、3KB、18KB 的 3 个文件需要占用（　　）个"簇"。
　　A. 3　　　B. 4　　　C. 5　　　D. 6

(14) 活动分区的状态被写入（　　）。
　　A. 硬盘分区表　　　B. 文件分配表　　　C. 文件目录表　　　D. 数据区

(15) MBR 构成不包括（　　）。
　　A. 主引导程序　　　B. 硬盘分区表　　　C. 分区引导记录　　　D. 主引导扇区结束标志

(16) MBR 为支持更多的分区引入扩展分区及逻辑分区的概念。扩展分区项在分区表中用（　　）存储。
　　A. 16B　　　B. 64B　　　C. 依逻辑分区数量定　　　D. 无法确定

(17) 如果计算机硬盘接口是 SATA 接口，要在 BIOS 设置中将 IDE 设备配置项设置为（　　）。
　　A. AHCI　　　B. RAID　　　C. Enable　　　D. Standard IDE

(18) 将磁盘阵列配置成 RAID 1+0 模式，至少需要（　　）块硬盘。
　　A. 2　　　B. 4　　　C. 8　　　D. 16

3．多项选择题

(1) 以下说法正确的是（　　）。
　　A. BIOS 是固化在 ROM 芯片中，管理计算机基本硬件的一组程序
　　B. CMOS RAM 芯片存储 BIOS 设置程序所设置的参数与数据
　　C. CMOS RAM 是存放系统参数的地方
　　D. BIOS 中的设置程序是完成系统参数设置的工具

(2) 硬盘分区完成后，必须经过高级格式化，才能以文件为单位进行写入或读出操作。高级格式化是针对（　　）而言的。
　　A. 逻辑磁盘　　　B. 物理硬盘　　　C. 目录　　　D. 文件系统

(3) 在单硬盘系统中，查看有几个逻辑盘，可以通过（　　）查看。
　　A. 我的电脑　　　B. 资源管理器　　　C. 设备管理器　　　D. 磁盘管理

(4) 安装硬件驱动程序时，应该阅读（　　）。
　　A. 产品说明书　　　　　　　　B. 安装盘上的 ReadMe 文件
　　C. 操作系统帮助文件　　　　　D. 包装盒上的相关信息

(5) 硬件驱动程序带有（　　），只须双击该文件名，安装程序就能自动检测硬件并选择与之匹配的驱动程序完成安装。
　　A. Autorun.exe　　　B. Install.exe　　　C. Setup.exe　　　D. Enable.exe

(6) 以下需要进行 BIOS 设置的情况是（　　）。
　　A. 改变计算机启动设备顺序　　　B. 设置开机密码
　　C. CMOS 数据意外丢失　　　　　D. 安装应用软件

(7) 以下必须对硬盘进行分区的情况是（　　）。

A. 使用新硬盘 B. 使用从其他机器上拆下的好硬盘
C. 更换操作系统 D. 单分区的硬盘上增加新的操作系统

（8）在使用 Format 命令对磁盘格式化后，将磁盘划分的区域有（   ）。

A. 命令区 B. 数据区 C. 文件分配表区 D. 文件目录区

（9）安装硬件驱动程序的方法有（   ）。

A. 手动安装 B. 系统自动检测安装 C. 安装包方式 D. 网络下载方式

（10）Windows XP 的安装有（   ）。

A. 全新安装 B. 典型安装 C. 双系统共存安装 D. 升级安装

（11）操作系统的作用是（   ）。

A. 完成加电自检 B. 管理计算机的各种资源
C. 对硬件进行初始化 D. 为各种应用软件构筑使用平台

（12）对 BIOS 的描述以下正确的是（   ）。

A. BIOS 是硬件 B. BIOS 是固件
C. BIOS 有 POST 功能 D. BIOS 有基本驱动程序接口

（13）CMOS RAM 芯片，用来保存（   ）等信息。

A. 硬件配置 B. 用户设定的参数 C. 计算机应用程序 D. 计算机运行结果

（14）Windows XP 能识别的文件系统有（   ）。

A. EXT2 B. FAT16 C. FAT32 D. NTFS

（15）MBR 分区方案，一个硬盘能分（   ）。

A. 4 个主分区，没有扩展分区 B. 3 个主分区加 1 个扩展分区
C. 2 个主分区加 2 个扩展分区 D. 1 个主分区加 3 个扩展分区

（16）MBR 构成包括（   ）。

A. 主引导程序 B. 硬盘分区表 C. 分区引导记录 D. 主引导扇区结束标志

（17）主引导程序的功能包括（   ）。

A. 查找活动分区标志 B. 查找活动分区起始扇区
C. 读活动分区 PBR 到内存 D. 执行 PBR 代码

（18）相比传统 BIOS 设置界面，UEFI 的优势是（   ）。

A. 界面图形化 B. 界面个性化 C. 支持多语言 D. 操作方便

4．判断题

（1）BIOS 是计算机硬件与软件程序之间的"桥梁"。

（2）对于一块硬盘，即使要将所有容量都划分给一个分区，也要进行分区操作来指定。所以，对硬盘低级格式化后，必须进行分区操作，通过分区来完成主引导记录的写入。

（3）计算机的启动有冷启动和热启动之分，按下 Reset 键属于冷启动。

（4）所有的计算机硬件和板卡都必须单独重新安装驱动程序才能正常工作。

（5）"即插即用"是指安装硬件后，Windows 操作系统会自动为硬件安装上驱动程序。

（6）必须先在硬盘上安装操作系统后，才能安装应用软件。

（7）安装驱动程序时，没有一定的顺序，可随意进行安装。

（8）安装双操作系统时最好先安装低版本，然后再安装高版本。

（9）如果硬盘没有分区，可以在安装 Windows XP/7 操作系统的过程中对硬盘进行分区、格式化。

（10）安装驱动程序的一般准则是先安装主板芯片组驱动程序，再安装显卡驱动程序，然后再安装声卡、

网卡驱动程序,最后安装外部设备的驱动程序。

(11)当声卡驱动程序安装完毕后,如果在任务栏中没有"小喇叭"图标,则表明声卡驱动程序一定没有安装成功。

(12)系统加电引导时,读取 CMOS RAM 中的信息,初始化各部件的状态。

(13)计算机启动时,顺序为 BIOS→MBR→DPT→PBR→启动管理器。

(14)只要操作系统具有即插即用功能,就可自动识别新设备。

(15)在 CMOS 的设置中,要使某项功能起作用,一定要将其设置为 Disabled,否则设置为 Enabled。

(16)"00"磁道非常重要,以致很多硬盘仅仅因为"00"磁道损坏就报废。

(17)开机过程中,如果系统报告找不到有效的分区表,则有可能是主引导程序没有运行。

(18)扩展分区包含的逻辑分区数可不加限制。

【基本技能】

1. 进入计算机 BIOS 设置程序,分别设置或查看以下参数:

(1)查看系统当前时间;

(2)设置启动顺序为,光驱、硬盘、USB 设备;

(3)设置 USB 为使用状态;

(4)查看硬盘工作模式;

(5)设置电源管理,开启 ACPI 支持模式;

(6)设置当按下计算机电源开关时,"延迟 4 秒"关机。

(7)设置用户密码;

(8)保存设置并退出。

重新启动计算机,进入 BIOS 设置程序,将用户密码修改为无。

2. 设有一容量为 1TB 的硬盘,用于办公和播放音乐,请设计分区方案。

3. 分别进行 Windows XP/7 单操作系统的安装。

4. 分别卸载计算机中的显卡、网卡及声卡,再重新进行安装。

5. 安装 Office2003/2007/2010 办公软件再卸载。

【能力拓展】

1. 安装 Windows XP、Windows 7 双操作系统。

2. 研究卸载 Windows XP 的方法及注意事项。

3. 查阅资料,了解 NTFS 利用 B-Tree 文件管理方法跟踪文件在磁盘上的位置,相比在 FAT 文件系统中使用链接表技术的优越性。已知 NTFS 支持的簇大小为 512/1024/2048/4096B,与之对应的磁盘容量是多大。

4. RAID 5 模式是磁盘阵列常用的一种模式,最低配置需要几块硬盘。

5. 探究磁盘 GPT 分区架构,在磁盘分区数量,支持最大卷,以及应用场合方面与 MBR 比较有何不同。

第 5 章 计算机的其他外部设备

 知识目标

1. 掌握调制解调器的作用及分类;
2. 掌握打印机的分类及性能指标;
3. 了解扫描仪的技术指标;
4. 了解常用移动存储设备的分类及指标;
5. 了解常用影像采集设备的技术指标。

 技能目标

1. 熟悉常用外部设备的选购原则;
2. 掌握常用外部设备与计算机的连接方法;
3. 掌握常用外部设备驱动程序的安装及卸载方法;
4. 了解打印机及其耗材的合理选购,熟悉打印机的使用方法;
5. 了解扫描仪的选购及使用方法;
6. 了解移动存储设备的合理选购,掌握常用移动存储设备的使用方法;
7. 了解常用影像采集设备的选购及使用方法。

随着网络技术的迅速发展和家用计算机的普及,网络设备、打印机、扫描仪、数码相机及移动存储设备已经成为多媒体计算机重要的外部设备。本章介绍调制解调器、打印机、扫描仪、移动存储设备及常用影像采集设备的主要作用、性能指标,以及选购这些设备的原则和方法。

5.1 调制解调器

调制解调器英文名称为 Modem,实际是调制器(Modulator)与解调器(Demodulator)的简称,俗称"猫"。它是计算机利用电话线或有线电视电缆等进行远程通信的网络设备。

5.1.1 调制解调器概述

1. 调制解调器的功能

计算机处理的信号是数字信号,而电话线传输的是模拟信号,当计算机之间通过电话线进行数据传输时,需要 Modem 进行数/模或模/数转换。计算机在发送数据时,先由 Modem 把数字信号转换为相应的模拟信号,这个过程称为"调制";经过调制的信号通过电话线等传输到另一台计算机,由接收计算机的 Modem 把模拟信号还原为计算机能识别的数字信号,这个过程称为"解调"。利用 Modem 调制与解调的数/模转换和模/数转换功能，从而实现了计算机之间的远程通信。

2. 调制解调器主要技术指标

（1）传输速率。传输速率是指 Modem 每秒钟传输数据量的多少，单位 kb/s。它是 Modem 的重要技术指标，传输速率越高，其发送和接收数据的速率越快。

Modem 的传输速率由 Modem 所支持的协议决定。在 Modem 包装盒或说明书上有其所支持协议的标志，如 V.34+是同步全双工 33.6kb/s 标准协议。因 Modem 在传输时都对数据进行压缩，因此 33.6kb/s Modem 的传输速率理论上可以达到 115.2kb/s，甚至 230.4kb/s。

（2）传输协议。Modem 产品必须通过符合标准的传输协议，才能与计算机进行可靠的通信和数据交换。目前 Modem 支持的协议主要有 K56Flex、X2、V.90 及 V.92 协议。早期 56kb/s Modem 标准有两种：一是以 Rockwell 公司为代表的 K56Flex 技术；另一个是以 3Com/U.S.Robotics 公司为代表的 X2 技术，两标准不兼容。之后国际电信联盟制定了 V.90 标准，使两者通过软件技术统一起来。

V.92 在 V.90 基础上增加了四项功能：快速连线功能提高了"握手速度"（网络正式通信前的连通时间），使用户快速登录；网络呼叫等待即 Modem-on-hold 暂停功能，可暂停 Modem 连接来接听或拨打电话，通话完毕不需再重新连线；PCM 上行方式，即上、下行通信方式都采用 PCM（脉冲编码调制），加速用户对 ISP（Internet Service Provider，因特网服务提供商）的数据发送（上行）速率；V.44 压缩技术，采用新的 Modem 数据压缩标准 V.44。

3. 调制解调器分类

（1）按安装位置分类。按照安装位置不同，Modem 可分为外置 Modem、内置 Modem 和板载 Modem。

外置式 Modem 放置于机箱外，一般通过串口或 RJ-45 口与主机连接，易于安装，并且有多个指示灯，便于监视其工作状况。但它需要使用额外的电源与电缆。

内置式 Modem 需要占用主板的一个扩展插槽，安装较为烦琐，但无须额外的电源与电缆，价格比外置式 Modem 便宜。

板载 Modem 是指主板上集成了调制与解调功能的 Modem 芯片。相对独立 Modem，其兼容性好，不用安装，但会增加主板的成本。

（2）按接口类型分类。按 Modem 与计算机的接口分类，主要有 PCI Modem 卡、USB Modem、RJ-45 Modem、RS-232 Modem 等，如图 5.1 所示。PCI Modem 卡是内置式 Modem，价格便宜；USB Modem、RJ-45 Modem 是外置式，安装方便；RS-232 Modem 也是外置式，RS-232 接口即串口，不支持热插拔，已逐渐被淘汰。

(a) PCI Modem 卡　　(b) USB Modem　　(c) RJ-45 Modem　　(d) RS-232 Modem

图 5.1　Modem 实物图

（3）按接入技术分类。按接入技术分类，主要有 Modem、ISDN Modem、ADSL Modem、

Cable Modem 和无线接入 Modem。

Modem 一般指连接普通电话线拨号上网的调制解调器，本节以上内容主要介绍的是这类 Modem。

ISDN Modem 是指连接综合业务数字网的拨号上网调制解调器。ISDN 以纯数字方式传输语音、数据、图像信息，可在普通电话线上提供 64～128kb/s 的传输速率。

ADSL Modem 是非对称数字用户调制解调器，ADSL 能在普通电话线上提供高达 640kb/s～8Mb/s 的下行速率，上行速率也可达到 640kb/s，有些 Modem 甚至能够达到更高。

Cable Modem 利用有线电视电缆进行信号传输，具有成本低、频带宽的优势。通过 Cable Modem 上网，每个用户都有独立的 IP 地址，相当于拥有了一条个人专线，可以获得最高为 30Mb/s 的传输速率。

📖 知识拓展——硬 Modem 与软 Modem

Modem 的数据传输工作主要由两部分电路完成：一是数字信号处理部分，主要完成信号转换等功能；二是控制部分，主要完成规范通信协议，数据传输中数据流控制，以及传输数据的压缩、纠错等功能。

硬 Modem 是指将两部分功能集成到 Modem 的主芯片中；软 Modem 只将数字信号处理功能集成到芯片中，控制部分的功能通过软件实现，由 CPU 处理完成。软 Modem 在数据通信时需要占用 CPU 资源，相对硬 Modem 其网速较慢。

5.1.2 调制解调器的选购

Modem 是影响上网速度，继而影响上网费用的主要因素，选购时主要考虑以下因素。

3．考虑 ISP

首先要确定 ISP。不同的 ISP 提供的网络线路不同，应购买的 Modem 种类不同。

如果允许选择网络线路，首选 Cable Modem，因为通过 Cable Modem 上网，可以有独立的 IP 地址，相当于拥有个人专线，网速不受上网高峰期的影响；其次选 ADSL Modem，ADSL 传输速率高于 ISDN。目前，ADSL 为主流，有线电视网接入因特网未普及，ISDN 基本淘汰。

2．考虑内置还是外置

内置 Modem 相对外置 Modem 便宜许多。另外，内置 Modem 不占桌面空间，也不需要专门的电源转换器。但外置 Modem 容易安装，并且面板上有许多状态指示灯和喇叭，出现问题时容易侦查联机差错。如果计算机有扩展接口，工作空间又大，应选择外置 Modem。

3．考虑软 Modem 还是硬 Modem

软 Modem 较硬 Modem 价格便宜，但占用 CPU 资源多，数据处理相对较慢。

4．考虑品牌

选择品牌好的 Modem，一方面在稳定性和兼容性方面表现好；另一方面质量有保证，售后服务也不错。此外，国产 Modem 专门针对国内线路状况进行了优化，使用起来更稳定。ADSL Modem 的知名品牌有华为、华三、阿尔卡特、D-Link 和星网数码等。

5．观察做工用料

购买时要注意查看做工用料，做工用料的好坏是影响 Modem 稳定性和兼容性的关键因素之一。

（1）外置 Modem。做工好的外置 Modem，无论是其电源适配器还是 Modem 本身重量都较重，各种指示灯规范整齐，外壳光洁平整，各种铭记一应俱全，如厂名、产地名、生产编号名、规格名、条形码、认证等。另外，电源适配器一定是随机带的，它的牌号标记与 Modem 一致，以免被伪劣品替换。

（2）内置 Modem 卡。对内置卡式 Modem，第一，看是几层电路板，一般来说，名牌厂家多采用 6 层板；一些小厂商或 OEM 厂商多采用 4 层板，其产品质量一般，但价格较合理；而一些小作坊则采用劣质线路板生产，或假冒品牌产品，质量很差。第二，看焊接质量，焊点应均匀、圆润光滑、无毛刺。第三，查看元器件质量，如电容是否为钽电容或名牌电解电容；元器件布局、屏蔽是否良好等。第四，看卡上是否有少焊或漏焊；金手指厚薄程度，越厚越光洁越好。最后，就是检查包装盒上产品名称和标示与盒内的说明书、产品等是否一致。

5.1.3 调制解调器的安装

Modem 的安装过程分为硬安装与软安装两个步骤。

1. Modem 的硬安装

（1）外置 Modem 的安装。以下结合如图 5.2（a）所示 Modem 的连接示意图，介绍其安装过程。

第 1 步，连接电话线。把电话线的 RJ-11 插头插入 Modem 的 Line 接口，再用电话线连接 Modem 的 Phone 接口与电话机。

因为模拟信号经电话线进行传输，如果电话线路质量不佳，Modem 将会降低速率以保证准确率。所以，在连接时尽量减少连线长度，多余的连线要剪去，切勿绕成一圈堆放。另外，最好不要使用分机，连线也应避免在电视机等干扰源上经过。

第 2 步，关闭计算机电源，将 Modem 所配电缆的一端与 Modem 的 RS232 接口连接，另一端与主机上的 COM 口连接。

第 3 步，将如图 5.2（b）所示的电源适配器与 Modem 的 POWER 或 AC 接口连接。

第 4 步，接通电源，检查 Modem 的 MR 指示灯，该灯应长亮。如果 MR 灯不亮或不停地闪烁，表示未正确安装或 Modem 自身故障。

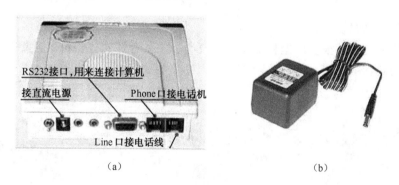

图 5.2　安装外置式 Modem

（2）内置 Modem 卡的安装。

第 1 步，打开机箱，将 Modem 卡插入主板上任一空闲的 PCI 扩展槽。

第 2 步，连接电话线。把电话线的 RJ-11 插头插入 Modem 卡上的 Line 接口，再用电话线把 Modem 卡上的 Phone 接口与电话机连接。此时拿起电话机，应能正常拨打电话。

2. Modem 的软安装

Modem 的软安装是指当硬件安装完成后，为 Modem 安装驱动程序。

第1步，打开计算机电源开关，外置式Modem还应打开Modem的开关。按第4章介绍硬件设备驱动程序的安装方法安装Modem的驱动程序。需要指出，如果在"控制面板"中选择添加硬件设备，应在"控制面板"中双击"调制解调器"图标。

第2步，判断Modem是否安装成功。使用Windows系统"附件"中"通讯簿"的"电话拨号程序"随便拨打一个电话，如果成功，说明Modem已正确安装。

第3步，连接网络。打开"控制面板/网络连接"，选择"创建一个新的连接"，安装拨号网络和协议。也可以在"控制面板/网络安装向导"的指导下，创建网络连接。

5.2 打印机

5.2.1 打印机概述

1. 打印机的功能

打印机是计算机系统中重要的输出设备，其主要功能是将计算机的运行结果或中间信息按规定的版面形式打印在纸上，便于阅读和长期保存。

2. 打印机的分类

（1）按印字原理分类。按印字原理，打印机可分为击打式打印机和非击打式打印机。击打式打印机利用机械作用印字，如针式打印机；非击打式打印机利用光、电或化学方式印字，如喷墨打印机、激光打印机和热敏式打印机等。

（2）接输出颜色分类。按打印输出的颜色，打印机可分为单色打印机和彩色打印机。单色打印机只能在打印纸上打印出黑色图文；彩色打印机通过专门的色彩控制电路和部件能实现彩色图文的输出。

（3）按打印纸张幅面分类。按打印纸的幅面，打印机可分为窄幅打印机和宽幅打印机。可打印A4及A4以下幅面纸张的打印机为窄幅打印机；可以打印A3幅面纸张的打印机为宽幅打印机。

3. 常见的打印机

打印机的种类虽然很多，但目前常见的打印机主要有针式打印机、喷墨打印机和激光打印机，它们的实物图如图5.3至图5.5所示。

图5.3 针式打印机　　　　图5.4 喷墨打印机　　　　图5.5 激光打印机

（1）针式打印机。针式打印机是最早期的打印机形式，它通过打印针对色带的机械撞击，在打印介质上产生小点，最终由小点组成所需打印的对象。针式打印机的耗材是价格便宜的色带。它可以打印穿孔打印纸、多层复写打印纸及蜡纸，因此广泛应用于银行、超市等需要打印票据的场所。由于打印质量较差，而且有噪声大，打印速度较慢等缺点，在普通家庭和办公应用中已逐渐被喷墨打印机和激光打印机所取代。

（2）喷墨打印机。喷墨打印机通过若干个喷头将细微的墨水颗粒按照一定的要求喷射到打印纸上成像输出，按其工作原理又分为固体喷墨打印机和液体喷墨打印机两种。固体喷墨打印机成像色彩鲜艳，附着性好，但价格昂贵，因此，目前的喷墨打印机绝大多数是液体喷墨打印机。根据所用墨水颜色，液体喷墨打印机又分为单色打印机和彩色打印机，耗材为装有墨水的墨盒。喷墨打印机具有体积小、价格低、噪声小、产品种类丰富等优点，但打印质量低于激光打印机，单页打印成本高于激光打印机。

（3）激光打印机。激光打印机是利用电子照相转印技术打印的，它用的是碳粉而不是墨水，通过一系列的信息转化，将碳粉转印到纸张，经过预热和高温热滚定型后，在纸张上凝溶出文字或图像。激光打印机分为黑白激光打印机和彩色激光打印机，耗材为注有碳粉的硒鼓，具有打印速度快，打印品质佳、分辨率高、不褪色等优点，但是打印机的价格较高。

5.2.2 打印机的选购与安装

1. 打印机的选购

选购打印机时要注意下面的事项。

（1）根据用途选购。针式打印机、喷墨打印机、激光打印机的原理各不相同，因此在用途上也略有不同。对于一些需要用打印机进行多联商业票据打印，或要在蜡纸上打印并用蜡纸进行油印的用户来说，必须使用针式打印机；如果需要在多种打印介质上打印，如灯箱布、幻灯胶片等，则应该选择喷墨打印机；如果是企业用户，要实现办公自动化，进行大量的文档打印，则应该选择激光打印机。

（2）考虑耗材与打印成本。通常针式打印机的耗材（色带）和打印纸张是最便宜的，如果只打印文本且对打印质量没有太高的要求，在不介意噪声的情况下，可购买针式打印机。黑白激光打印机的耗材是碳粉和硒鼓，虽然充碳粉或更换硒鼓价格比较高，而且对纸张要求高，要用专门的激光打印纸，但是打印的纸张页数比较多时，相对来说单页的打印成本处于中等水平。相比而言，喷墨打印机的单页打印成本最贵。

（3）考虑分辨率。打印机分辨率是指每英寸打印多少个点，单位是 dpi（dots per inch），它直接关系到打印机输出图像和文字的质量。分辨率越高的打印机其图像精度就越高，打印质量也相对较好。对于喷墨打印机，文本打印选择 300dpi×300dpi 足够；图像打印需要 360dpi×360dpi 以上才能令人满意；打印照片，至少在 720dpi×360dpi 以上。激光打印机的分辨率都已达到 600dpi，少数产品达到 2400dpi，应把 600dpi 作为一个基本标准。

（4）考虑打印速度。打印速度是指打印机每分钟可打印的页数，单位是 ppm（pages per minute）。一般情况下，家庭用打印机一般选 6ppm 左右，小型工作组用的打印机打印速度要到 12ppm。目前办公用普通激光打印机的打印速度一般为 10～35ppm，高速激光打印机的打印速度可以达到 35～80ppm。

（5）考虑打印机的可靠性。打印机的可靠性是指打印机的主机使用寿命和打印负荷（标志为每月打印量）。主机的使用寿命直接关系到打印机的使用成本；而打印负荷则是指每种打印机都有一个在一定时间段中连续打印的数量限制，这个指标以月为衡量单位。如果超过这个限制，会严重影响打印的效果和打印机的寿命，因此，应尽可能选择打印负荷大的打印机。

（6）考虑售后服务。售后服务也是用户需要考虑的环节。一般来说，知名打印机生产厂商都会提供比较周到的售后服务和技术支持。目前市场上比较知名的打印机品牌有惠普

（HP）、爱普生（EPSON）、佳能（Canon）等。

2. 打印机的安装

打印机的安装一般分为物理安装和驱动程序安装两部分。

（1）物理安装。连接计算机主机与打印机的电缆线的接口有两种，分别为25针的并口和USB接口。根据所用打印机数据线的接口形式，在主机上找到对应的接口，将打印机数据线的插头与主机接口相连。安装并口打印机前必须先关掉打印机和计算机主机的电源。

（2）安装打印机驱动程序。将打印机跟计算机连接好之后，先打开打印机电源，再打开计算机电源开关，进入操作系统后，会提示发现新硬件，此时需要安装打印机的驱动程序。Windows 2000以后的Windows系列操作系统带有许多打印机的驱动程序，可以自动安装大部分常见打印机的驱动程序。如果操作系统中没有所选打印机的驱动程序，需要把打印机附带的驱动盘放入光驱，再根据系统提示进行安装。

如果通过"添加打印机"操作添加了多个打印机，其中一个将被设置为默认打印机，打印时系统将选择默认打印机进行打印。

5.3 扫描仪

5.3.1 扫描仪概述

扫描仪（Scanner）是一种高精度的光电一体化高科技产品，是将各种形式的图像信息输入计算机的重要工具，是继键盘和鼠标之后的第三代计算机输入设备。扫描仪已广泛应用于各类图形图像处理、出版、印刷、广告制作、办公自动化、多媒体、图文数据库、图文通信、工程图纸输入等许多领域，极大地促进了这些领域的技术进步，甚至使一些领域的工作方式发生了革命性的变革。随着越来越多厂商的介入和扫描技术的进步，扫描仪已逐渐进入家庭。

扫描仪的原理就跟平时照镜子一样，当扫描图像时，光源照射到被扫描的物体上，然后将光学图像传送到光电转换器中变为模拟电信号，再由模/数转换器将模拟电信号转换成数字电信号，最后通过接口送至计算机中。

扫描仪根据扫描介质和用途不同，可分为平板式扫描仪、名片扫描仪、底片扫描仪、文件扫描仪等；根据工作原理不同，可分为手持式扫描仪、平板式扫描仪、胶片专用扫描仪、滚筒式扫描仪等。平板式扫描仪是目前的主流产品，如图5.6所示。

图5.6 平板式扫描仪

扫描仪有以下主要技术参数。

1. 感光器件

感光器件完成光/电转换，是扫描仪成像的核心部分。目前市场上扫描仪所用感光器件有四种：电荷耦合器件CCD、接触式感光器件CIS、光电倍增管PMT和互补金属氧化物半导体CMOS。其中，PMT生产成本最高（少则几十万元），扫描速度很慢（一张图需要几十分钟），只用在最专业的鼓式扫描仪上。而CCD和CIS扫描仪生产成本相对较低，扫描速度相对较快，扫描效果能满足大部分工作的需要，成为许多家用、办公的选择。作为生产成本最低的CMOS器件，由于其扫描成像质量的限制，容易出现杂点，所以只用在名片扫描仪上。

2. 分辨率

分辨率是判断扫描仪好坏的重要指标，反映了扫描图像的清晰程度。扫描仪的分辨率包括光学分辨率和插值最大分辨率，单位是 dpi，是指每英寸的像素数。

光学分辨率是指扫描仪的光学系统可以采集的实际信息量，是扫描仪原始的分辨率，由属于扫描仪硬件的光学元件所决定。光学分辨率分为水平分辨率和垂直分辨率，一般使用水平分辨率来判定扫描仪的精度。平板式扫描仪的光学分辨率等于 CCD 的像素数除以扫描仪的最大扫描宽度。例如，具有 10 000 像素 CCD 的扫描仪，最大扫描宽度为 8.3 英寸，则光学分辨率为 1200dpi（10 000/8.3）。

在光学分辨率的基础上，通过软件对扫描形成的图像进行像素插入，可以提高图像的分辨率。最大分辨率就是最大限度地插入像素后求得的分辨率，又叫插值分辨率，通常是光学分辨率的 2～4 倍。最大分辨率是经过软件插值计算得到的结果，一般不作为选购扫描仪的重要参考指标。目前中低档扫描仪普遍都能达到 1200dpi 的分辨率。

3. 色彩位数

色彩位数是指用多少位二进制数表示每个像素点的颜色。色彩位数反映了扫描图像与实物在色彩上的接近程度，色彩位数越高，扫描仪所能反映的色彩越丰富，扫描的图像层次越多，动态范围也越大，扫描出的图像也越真实。目前常用扫描仪的色彩位数为 42 位和 48 位。

4. 接口类型

接口类型是指扫描仪与计算机的连接方式。扫描仪的接口标准主要有 EPP、SCSI、USB 和 IEEE 1394 等。EPP 接口的扫描仪已基本被淘汰；SCSI 接口的扫描仪传输速率高、扩展性强，但安装相对复杂，价格较高，适用于专业用户；IEEE 1394 接口的扫描仪目前还不多见；USB 接口的扫描仪使用方便，是目前的主流产品。

5. 扫描幅面

扫描仪的幅面规格一般有 A4、A4 加长、A3、A1 等。扫描幅面越大，扫描仪价格越高。

5.3.2 扫描仪的选购与安装

1. 扫描仪的选购

（1）按需选购。购买扫描仪时应该明确所购扫描仪的用途，是用来扫描文字，还是扫描图像照片，还是为了广告设计制作等。不同分辨率的扫描仪的性能和用途也不同。对于一般的家庭用户而言，选择光学分辨率为 600dpi、色彩 42 位、USB 接口、使用 CCD 技术、A4 幅面的扫描仪就可满足要求；对于政府机关、交通、金融、保险和公安等行业用户而言，对图像、图表和文字都有相当高的质量要求，应选择 1200dpi 以上扫描分辨率和色彩 48 位的扫描仪；对从事平面设计、广告制作、印刷排版、照相、图片出版等专业处理图像工作的用户而言，应根据不同的工作需求选择相应配置的高档扫描仪。

（2）注意外壳。扫描仪的外壳是一个非常重要的部件，因为扫描仪内所有的运动部件都固定在扫描仪的外壳上，壳体的强度和刚度对扫描仪的清晰度影响非常大。设计良好的外壳在打开扫描仪上盖时，可以在扫描仪的内壁上看到一条条明显的加强线，且扫描仪的底板上有很多凹凸。设计较差的外壳只有一层薄薄的塑料壳，其强度很低。如果外壳所用材料不好，扫描仪使用一段时间，就会出现变形，导致扫描精度下降。

（3）驱动程序。主流厂商的扫描仪驱动程序中，都有明显的色彩校正选项，可根据不同输出设备进行不同调整。对于同样一幅图像，使用不同的打印机，打印效果可能完全不同，为适应不同的输出设备，扫描仪的色彩校正选项是必需的。如果没有，至少说明该产品的色彩校正功能比较弱，一般不建议选购。

（4）附带软件。注意扫描仪附带软件的功能。许多扫描仪厂家都开发一些专门针对自己产品的独特的软件，这些软件的功能影响到扫描仪的最终扫描质量，特别是 OCR 软件。由于文档在扫描完毕后其格式为图像格式，对其中的文字并不能够直接编辑，OCR 软件则能通过软件方式对其中的文字进行识别并将其转换为文本格式，从而达到可编辑的目的。选择 OCR 软件时，应该注意它是否能够识别各种印刷体文字、是否能够识别中英文混排、是否能够识别表格和规范的手写体文字等。

（5）售后服务。购买扫描仪最好选择技术支持和售后服务都有保证的品牌和经销商，并注意扫描仪的包装里是否附有中文说明书和产品质保书。

（6）常见的扫描仪品牌。扫描仪的品牌很多，目前比较知名的国外品牌主要有爱普生、惠普、佳能、富士通等，国内品牌主要有中晶、清华紫光、明基、方正、鸿友等。每一种品牌都有各种不同型号和档次的产品，可结合经济情况和实际使用进行选择。

2．扫描仪的安装

以目前常见的 USB 接口扫描仪的安装为例，简要介绍扫描仪的安装过程。

第 1 步，在安装扫描仪驱动程序前，先不要将扫描仪和计算机连接。应先在计算机的系统"属性/硬件/设备管理器"选项里确认"通用串行总线控制器/USB Root Hub"是否安装正常。

第 2 步，利用随机附带驱动程序盘安装好扫描仪的驱动程序，然后重新启动计算机。

第 3 步，用随机附带的 USB 连线连接扫描仪与计算机，此时出现找到新硬件的信息，并自动查找安装程序，屏幕窗口出现相应的扫描仪图标。至此，USB 扫描仪安装完毕。

5.4 移动存储设备

1．移动存储设备的分类

随着多媒体技术的发展，计算机的数据容量越来越大，过去那种依靠软盘传递数据的方法显然已经不能适应大容量数据传递的需求。近年来取而代之的是 U 盘和移动硬盘。U 盘体积小，由于容量受价格限制，目前只适用于十几 GB 以下的数据存储；而移动硬盘能够提供更大的存储空间。

（1）U 盘。U 盘（优盘）又称闪存，如图 5.7 所示，通过 USB 接口与主机连接。U 盘采用半导体存储介质，与其他移动存储器相比，具有体积小、可靠性高、携带方便、外观精美等优点，可方便、快捷地进行数据的移动与存储。由于价格便宜、容量适中、体积小巧等特点，主要用于个人用户。较为知名的 U 盘品牌有爱国者、鲁文、朗科等。

（2）移动硬盘。移动硬盘又称活动硬盘，通过 USB 或 IEEE 1394 接口与计算机连接，如图 5.8 所示。此类硬盘一般内置的是笔记本硬盘，在性能上比普通硬盘稍差，但抗震性较高，具有大容量、便携性、安全性、易用性、高速度等特点，可以进行大型图库、软件、视频数据及各种数据库的传递与共享，使移动办公、学习变得轻松自如。

图 5.7 U 盘

图 5.8 移动硬盘

2. U 盘的安装及使用

Windows 2000 及之后的 Windows 操作系统自带多种品牌 U 盘的驱动程序，所以，将 U 盘第一次连接到计算机上时，计算机会提示"找到新硬件"并"安装新硬件的驱动程序"，"驱动程序安装完成"后提示"可以使用新硬件"，同时在"我的电脑"中出现 U 盘的盘符。

在 Windows XP/7 环境下，如果要断开 U 盘与计算机的连接，可以单击任务栏中的热插拔图标，然后选择"安全删除"/"弹出……"。在 XP 下也可以采用下列方法断开。

第 1 步，双击任务栏中图标，弹出"安全删除硬件"对话框，如图 5.9 所示。

第 2 步，选中 USB Mass Storage Device，单击"停止"按钮，出现如图 5.10 所示"停用硬件设备"对话框，单击"确定"按钮。

图 5.9 "安全删除硬件"对话框

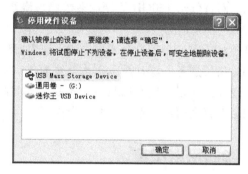
图 5.10 "停用硬件设备"对话框

第 3 步，当屏幕出现提示框"USB Mass Storage Device 设备现在可安全地从系统移除"时，单击"确定"按钮，拔下 U 盘。

3. USB 移动硬盘的安装及使用

USB 移动硬盘的安装与 U 盘的安装过程完全一样，不再赘述。同固定硬盘一样，新买回来的移动硬盘有些需要格式化、分区后，才能正常使用。移动硬盘格式化及分区的步骤如下。

第 1 步，启动 Windows XP/7 操作系统。

第 2 步，将 USB 硬盘连接到计算机的 USB 接口，在窗口任务栏中单击"开始"按钮，选择"设置/控制面板/性能与维护/管理工具/计算机管理"，在出现的窗口中单击窗口左边的"磁盘管理"，所有连接到计算机上的磁盘都出现在右边的列表中，同时显示硬盘的状态，找到 USB 硬盘，在其状态区右击，按照提示操作即可。

从计算机上断开 USB 移动硬盘的连接所采用的方法与拔出 U 盘的方法相似。USB 移动硬盘虽然支持热插拔，但要注意在 Windows XP/7 系统下必须确保执行了"安全删除 USB 设备"并"允许安全移除 USB 设备"的提示框后才能拔下 USB 连线，否则处于高速运转的硬盘突然断电，可能会导致硬盘损坏！

特别提示

1. 不要在移动设备读取或写入数据时直接拔下，以免造成数据丢失或移动设备的损坏。
2. 如果第一次使用 U 盘，未出现提示发现新硬件的窗口，可能有以下几方面的原因。

（1）未启用主板的 USB Controller，解决办法是在 CMOS 设置中启用此功能。

（2）USB Controller 已经启用但运行不正常，可在设备管理器中删除"通用串行控制器"下的相关设备，并重新安装 USB 接口的驱动程序。

3. USB 移动硬盘的连接线既是数据线，又为移动硬盘供电，因此连接线不宜过长，否则会产生供电不足的故障。

4. 使用移动硬盘时要放在平稳的环境下，而且不要在使用时挪动移动硬盘。

4．移动硬盘的选购

移动硬盘是计算机间交换大容量数据的中间存储器，选择移动硬盘时，需要考虑的因素有容量、接口类型、体积、附加功能和价格等。

（1）容量大小。应根据需求选择移动硬盘的容量。目前移动硬盘的容量一般在 250～500GB 范围内，最高到 6TB。从使用性质看，160GB 就足够了，因为移动硬盘只是作为过渡性存储介质，没有必要使用很大的容量。但由于硬盘容量和价格并非成正比，大容量往往有更高的性价比，而且低于 160GB 的硬盘多数已被淘汰，因此建议购买时选择 160GB 以上的。

（2）选择合适的接口。移动硬盘常用的接口主要有 USB、IEEE 1394、SATA，其中 USB 接口目前最为普及。USB3.0 版本可以向下兼容 USB 1.1，因此尽量购买 USB3.0 接口的移动硬盘。

（3）售后服务。移动硬盘因为其良好的"移动性"而经常随身携带，从而导致其损坏的概率比较高，所以一定选择具有一定品牌知名度和良好售后服务的产品。在移动硬盘市场中知名的品牌有爱国者、希捷、西部数据等。

5.5 影像采集设备

5.5.1 数字摄像头

摄像头又称"电脑相机"、"电脑眼"等，它作为一种视频输入设备，过去被广泛应用于视频会议、远程医疗及实时监控等方面。近年来，随着网络技术的发展，网络传输速率的提高，再加上感光成像器件技术的成熟，使得摄像头的价格降到一般用户可以承受的水平。一般用户可以通过摄像头在网络上进行有影像、有声音的交谈和沟通。摄像头已逐渐成为组装多媒体计算机的基本部件之一。

摄像头按工作原理分类，分为数字摄像头和模拟摄像头两大类。目前计算机市场上的摄像头基本以使用 USB 接口的数字摄像头为主，如图 5.11 所示。

图 5.11　数字摄像头

数字摄像头的主要技术参数有像素、色深、调节参数、数据接口和数据传输速率等。无论是摄像头还是数码相机、数码摄像机，像素都是其主要性能指标之一。所谓像素，是指摄像头感光器件上的光敏单元的数量，光敏单元越多，摄像头捕捉到的图像信息就越多，图像分辨率也就越高，相应的屏幕图像就越清晰。目前常见的摄像头像素是 200 万～400 万，甚至有的达到 800 万。摄像头的色深通常为 24 位，色深位数越大，能显示的颜色越多。

摄像头的调节参数主要有亮度、白平衡、色彩补偿和调焦。其中白平衡是指摄像头调节颜色的能力，质量好的摄像头具有较佳的自动白平衡调节功能，也就是在光源颜色并非纯白的情况下，摄像头通过自动调整三原色的比例而达到色彩的平衡，使被拍摄对象不至于因为光源颜色而产生偏色。

输出接口是指摄像头与计算机连接的接口类型,目前主流摄像头都是 USB 接口。数据传输速率是指摄像头在一定分辨率下,单位时间内能够传输的图像数。

数字摄像头的安装与其他 USB 设备的安装步骤完全相同。使用数字摄像头时要注意不要将其摄影头直接面向强烈的光源,保持镜头干净以得到较佳的画面,避免直接用灯光照射以免影像曝光过度,为加快影像传输速率尽量保持简单的背景或影像。

购买数字摄像头时,应根据自己的喜好选择摄像头的外形;要注意分辨率和帧数的匹配,尽量选择灵敏度高的摄像头;要注意观察是否具备手动调焦功能和 USB 接口的版本。比较知名的数字摄像头品牌有罗技、微软、天敏、双飞燕等。

5.5.2 数码相机

数码相机简称 DC(Digital Camera),其原理是通过镜头接收光线,利用 CCD 或 CMOS 将光信号转变为电信号,经过处理器处理,将其记录在内置存储器或存储卡上。它与传统相机相比最显著的特点是即拍即看,不满意可删除重拍。

数码相机根据镜头类型分为三类:专业相机、准专业相机和普通相机。专业相机是单镜头反光相机,简称单反相机,镜头可以更换,因而可获得不同的拍摄效果。准专业相机的镜头不可更换,但却可以通过附加其他镜头或镜片来获得更换镜头的效果。普通相机是指镜头不可更换,也不能附加其他镜头或镜片,绝大多数操作是自动完成的产品;根据用途又可分为单反相机、卡片相机、长焦相机和家用相机。卡片相机没有明确的概念,具有小巧外形、机身相对较轻,以及超薄时尚设计的数码相机都可以看作是卡片相机。长焦相机是指镜头具有较大光学变焦倍数的机型。家用相机一般指对成像没有特别高的要求,主要用来拍摄人物的数码相机。如图 5.12 所示是几种数码相机举例。

(a) 长焦相机　　　　(b) 单反相机　　　　(c) 家用相机　　　　(d) 卡片相机

图 5.12　数码相机实物图

数码相机目前使用的感光器件有两种,CCD 和 CMOS。CMOS 与 CCD 相比最主要的优势是非常省电。在相同分辨率下,CMOS 比 CCD 价格便宜,但图像质量差一些。市面上绝大多数消费级以及高端数码相机都使用 CCD,CMOS 主要用于一些低端产品。

数码相机的主要技术参数有像素、分辨率、光学变焦、数字变焦、显示屏、镜头、快门、ISO 感光度、防抖、白平衡、数据接口、内置存储器容量、存储介质、文件格式、电源等。

数码相机的像素分为最大像素和有效像素。最大像素是经过插值运算得到的;有效像素是真正参与感光成像的像素,其数值是决定图片质量的关键。

最高分辨率是指数码相机能够拍摄最大图片的面积,通常以像素为单位。在相同尺寸的照片下,分辨率越大,图片的面积越大,文件(容量)越大。图像分辨率是数码相机可选择的成像大小及尺寸,单位为像素,常见的像素设置有 640×480 像素、1024×768 像素、

1600×1200 像素、2048×1536 像素。像素数越小，图像的面积也越小。如表 5.1 所示是数码相机像素设置与可冲印最佳照片尺寸对照表。

表 5.1　像素设置与冲印照片尺寸对照表

数码相机像素设置	照片文件分辨率/像素	可冲印最佳照片尺寸
500 万像素	2560×1920	＞12R（12×8 英寸）
400 万像素	2272×1700	8R（8×10 英寸）
300 万像素	2048×1536	5R（5×7 英寸）
200 万像素	1600×1200	5R（5×7 英寸）
150 万像素	1280×1024	4R（4×6 英寸）

光学变焦依靠光学镜头结构实现变焦。变焦倍数越大，能拍摄的景物越远。目前数码相机的光学变焦倍数大多在 12～20 倍，可把 10m 以外的物体拉近至 0.5～0.3m。数字变焦也称数码变焦，是通过数码相机内的处理器，把 CCD 上的像素用插值算法将画面放大到整个画面。

目前数码相机的显示屏都使用 LCD-TFT，最大尺寸基本为 3.5 英寸。显示屏越大，拍照时取景越方便、使用越容易，但相机耗电量也越大。

数码相机内置存储器容量不大，300 万像素的相机一般为 8～16MB，像素较大的容量可到 32MB，通常需要另配存储介质。目前最常见的存储介质有 CF 卡、SD 卡和记忆棒，如图 5.13 所示，其中记忆棒由 SONY 公司生产，只用于 SONY 数码相机。

　　　CF 卡　　　　　　　　　　SD 卡　　　　　　　　　　记忆棒

图 5.13　存储介质实物图

数码相机与计算机的连接有多种方式，常见的是 USB 接口和 IEEE 1394 接口。

数码相机从普通相机到专业相机价格相差非常大，作为普通用户在购买时从以下入手。

第 1 步，价格定位。如果是普通使用，价格不要定得太高，而且要包括存储卡、电池、读卡器、电池包等配件的预算。

第 2 步，考虑以下几个方面。

➢ 像素。普通照相时，大多使用 300 万～400 万像素的尺寸，就可很好地冲印 3R、4R 照片，而且占用存储空间也不大，例如，用 1600×1200 像素，即 200 万像素的尺寸，可以冲印 5R 照片，图片大小约 300KB，以存储卡 128MB 计算，可以拍 300 多张照片；如果用 2304×1708 像素，400 万像素来拍，却要占 1.81MB，128MB 存储卡只能存储 70 多张照片。所以普通使用没有必要过分追求太高的像素。如果是经常拍大的合照，像素可以选得高一些。目前主流普通数码相机都已达到了 1200 万像素以上。

➢ CCD 和镜头。CCD 大小对照片的色彩还原、清晰度等有很重要的影响。用 $1/x$ 表示其大小。在相同像素下，x 越小，CCD 越大，效果越好。镜头尽可能选名牌镜头，如索尼的蔡斯镜头、佳能的镜头、松下的徕卡镜头、柯达的施奈德镜头、尼康的 ED 镜头。用好镜头拍出来的照片与普通镜头拍出来的照片对比,有明显质的区别。所以条件允许,应选择较大的 CCD 和较好的镜头。

> 变焦。选择有光学变焦的数码相机,这对取景非常重要。至于变焦倍数,选择的倍数越大,拍出的照片效果越好,但相机体积也大、重量大,相对来说携带不便,而且价格高。

> 显示屏。目前的主流尺寸是 2.7 英寸、3.0 英寸。大屏取景方便,但要考虑耗电量。

> 存储卡。注意存储卡类型,大部分数码相机都用 SD 卡,价格便宜,而 XD、MS 卡用于指定品牌的机型,价格较贵。除了类型外,还要选择存储卡的品牌,如 Kingston、SanDisk 品牌的 SD 卡质量有保证,而且 5 年包换,售后服务好。

> 电池。数码相机主要使用两类电池:AA 电池和锂电电池。AA 电池在拍摄中更换方便,容易购买,但使用时间短,通常约拍 200 张照片,而且买相机时需要另外购买充电电池和充电器。还有部分用 AA 电池的相机在使用一段时间后出现检测 AA 电池电量不准的情况。锂电池在购买相机时是原装标准配置,使用时间通常比 AA 电池长,但在外使用更换困难,而且原装锂电池另外购买价格比较高,可供选择的其他代用锂电池不多,价格也不低。此外,在功能相同的情况下,使用 AA 电池的相机比用锂电池的相机要重。

> 防抖功能。如果资金允许的话,买有防抖功能的数码相机很实用,特别在拍夜景时,此功能作用突出。

> 场景模式。场景模式越多,使用越方便。

> 其他方面。可以查阅相关资料或咨询爱好摄影的同学或朋友,根据经济预算和实际应用,确定如 ISO 感光度、快门速度、白平衡、聚集等参数范围。

第 3 步,选择品牌。国外主流品牌有索尼、柯达、佳能、尼康、卡西欧、松下等。国内品牌有联想、明基等。国外品牌开发的早,而且有很多项专利技术,用的镜头都比较好,所以相机的功能、效果都好一些,价格也贵一些。

第 4 步,选定了品牌和型号后,可以上网查看该型号相机的使用测评,从中了解其优缺点;到一些大型的论坛上,询问该相机的使用情况、购买时检测相机的注意事项等。

第 5 步,购买。购买时最好找有经验的朋友或专业人士陪伴,要检查相机是否原装,防止买到水货,水货没有保修;检测 CCD 的噪点、LCD 的亮点、坏点;检查配件是否完整、原装等;询问售后的服务、保修时间等。

需注意,如果在购买时觉得相机实物与预想的有出入,不要盲目、轻易地购买其他机型。

5.5.3 数码摄像机

数码摄像机简称 DV(Digital Video Camera),其原理与数码相机基本相同。两者主要区别在于用途不同,数码摄像机用来拍摄动态视频图像,数码相机用来拍摄单张静态照片。由于人们视觉感受的不同,对动态图像精度的要求远比静态图像低得多,标准 PAL 制式或 NTSC 制式的视频信号,如果换算成像素表示,单幅画面的精度不足 30 万像素;即使 HDTV,单幅画面也不过 200 万像素(1920×1080 像素)。而数码相机拍摄的静态图像,像素数高达数百、上千万。虽然动态录像单幅图像的像素数只有几十万,但动态录像每秒钟要记录数十帧,总的数据量非常庞大。数码相机的处理器是专为处理静态图片设计的,如果处理动态的流文件往往有些吃力,所以拍摄短片的效果无法和数码摄像机相比,虽然也可以达到 30 帧每秒,但画面不太连贯,而且在动态对焦方面也比不上数码摄像机,画面时而清楚时而模糊。

如果用于静态拍摄,从成像效果看两者成像质量有一定差距,用数码摄像机拍摄的静态图片颗粒感重、层次感不够突出、紫边现象严重和低照度下表现较差等，其原因主要是由于数码摄像机 CCD 尺寸比较小和图像处理芯片专为处理流文件设计所致。

数码摄像机有多种分类方式。

➢ 按用途分类分为：广播级、专业级、消费级机型，如图 5.14 所示。广播级机型主要用于广播电视领域，图像质量最好，清晰度最高，信噪比最大，性能全面，但体积也大，价格高昂，达几十万元。专业级机型一般用在广播电视以外的专业电视领域，图像质量低于广播用摄像机，但相对消费级机型配置高出许多，如较好品质表现的镜头、较大的 CCD 等，价格一般在数万至十几万元之间。消费级机型主要是适合家用的摄像机，用在图像质量要求不高的场合，这类机型体积小、重量轻、便于携带、操作简单、价格便宜。

此外，家用数码摄像机还可进一步分为：入门级、中端消费级和高端准专业级产品。

广播级　　　　　　专业级　　　　　　消费级

图 5.14　数码摄像机按用途分类

➢ 按存储介质分类主要有：磁带式、光盘式、硬盘式，如图 5.15 所示。磁带式是指以 Mini DV 为记录介质的数码摄像机。光盘式是 DVD 数码摄像机，存储介质是 DVD-R、DVR+R，或是 DVD-RW、DVD+RW，这种机型操作简单、携带方便，拍摄中不用担心重叠拍摄，也不必倒带或回放，尤其是可以直接通过 DVD 播放器即刻播放。硬盘式采用和 CF 卡体积一样的微硬盘作为存储介质，大容量硬盘能够确保长时间的拍摄。

磁带式　　　　　　光盘式　　　　　　硬盘式

图 5.15　数码摄像机按存储介质分类

➢ 按感光器件类型分类，可分为 CMOS 与 CCD 两种机型，绝大多数消费级以及高端数码摄像机都使用 CCD 作为感光器件，少数高端产品采用特制的 CMOS 作为感光器件。

➢ 按感光器件数目分，可有单 CCD 与 3CCD 产品。多数数码摄像机采用单 CCD，一些中高端产品采用 3CCD。单 CCD 摄像机用一片 CCD 同时完成亮度与彩色信号的光电转换，因此拍摄出来的图像在彩色还原上达不到很高的要求。3CCD 的每片 CCD 分别负责 RGB 的一种颜色成像，因此具有更准确的色彩还原能力和细节表现力。

数码摄像机与计算机相连接，最常见的是 IEEE 1394 接口和 USB 接口。

选购数码摄像机时应注意以下几点。

➢ CCD。通常 CCD 面积越大，成像越大，相同条件下能记录更多的图像细节，各像素间的干扰也小，成像质量越好。目前消费级数码摄像机主要有 2/3 英寸、1/4 英寸、1/5 英寸、1/6 英寸 CCD 等。由于大尺寸 CCD 加工制造难度大，成本高，因此数码摄像机的价格也较高。如果经济能力允许，尽量选择尺寸较大的 CCD。CCD 如图 5.16 所示。

　　　　CCD　　　　　　　　　镜头　　　　　　　　　显示屏　　　　　　　　取景器

图 5.16　数码摄像机的部分部件

➢ 镜头。尽量选名牌镜头产品，例如佳能、蔡斯等，其成像效果好于一般的普通镜头。
➢ 液晶显示屏。数码摄像机液晶显示屏的尺寸一般在 2.5～3.5 英寸之间，如图 5.16 所示，显示屏越大，一方面使摄像机更加美观，取景更加直观方便，但另一方面，耗电量增加。
➢ 取景器。取景器即数码摄像机上通过目镜监视图像的部分，有黑白和彩色两种，均采用 LCD-TFT。一般数码摄像机的取景器比较小，只有 0.4 英寸左右，如图 5.16 所示，比液晶显示屏省电，适合在户外电量不足的时候使用，能省大约 1/4 时间的电量。
➢ 防抖系统。由于在拍摄过程中手抖会造成影像模糊，所以数码摄像机都具备防抖功能。防抖分为光学防抖和电子防抖两种。光学防抖是机械式防抖，它是在镜头随手臂一起抖动时，自动调节镜头中的镜片位置来消除抖动的影响，使得数码摄像机拍摄的画面清晰稳定；而电子防抖是采用总像素更大的 CCD 来扩大成像面积，从而抵消因手抖所引起的损失。光学防抖效果要明显好于电子防抖，但采用光学防抖机型的价格也要贵许多。

选购数码摄像机还需要注意的其他方面的一些问题请参考数码相机的选购。

本 章 小 结

本章介绍了调制解调器、打印机、U 盘、移动硬盘、扫描仪及数字摄像头、数码相机、数码摄像机等常用计算机外部设备的性能指标，以及选购和安装方法，从而使读者能根据实际情况，选购合适的外部设备，并对有关外设进行连接、安装和使用。

习 题 5

【基础知识】

1. 填空题

（1）Modem 的含义是_____。

（2）按 Modem 的接入技术分类，主要有_____、_____、_____、_____和_____五种。

（3）按照打印机的工作原理，可将打印机分为_____和_____两类。

（4）按照打印机的打印幅面可将打印机分为_____和_____两类。

（5）扫描仪的主要技术参数有_____、_____、_____、_____和_____。

（6）目前常用的扫描仪是_____式扫描仪。

（7）CCD 图像传感器的作用是把_____。

2．单项选择题

（1）已知 Modem 支持的调制协议向下兼容。如果一方 Modem 是 56kb/s，另一方是 33.6kb/s，则两计算机以（　　）速率进行连接。

　　A．33.6kb/s　　　　B．56kb/s　　　　C．33.6～56kb/s 自适应　　　D．无法连接

（2）通常（　　）打印速度相对较快。

　　A．喷墨打印机　　B．激光打印机　　C．热敏打印机　　D．针式打印机

（3）以下四种打印机中（　　）打印所用纸张比较特殊。

　　A．喷墨打印机　　B．激光打印机　　C．热敏打印机　　D．针式打印机

（4）（　　）可以打印如幻灯胶片、照片纸、灯箱布、照片质量光泽纸等专用打印纸。

　　A．喷墨打印机　　B．激光打印机　　C．热敏打印机　　D．针式打印机

（5）色带是（　　）的耗材。

　　A．喷墨打印机　　B．激光打印机　　C．热敏打印机　　D．针式打印机

（6）单页打印成本最高的是（　　）。

　　A．喷墨打印机　　B．激光打印机　　C．热敏打印机　　D．针式打印机

（7）对支持热插拔的设备，以下不正确的说法是（　　）。

　　A．允许带电插拔　　　　　　　　　　B．必须开机温度升高后才能插拔

　　C．在 Windows XP 环境先安全删除再拔下　　D．可以在断电时插拔

（8）如果在 Windows 操作系统中添加了多个打印机，则在执行打印任务时（　　）。

　　A．系统总是选择默认打印机　　　　B．系统提示手动选择

　　C．系统提示设置默认打印机　　　　D．系统无响应

（9）激光打印机缺少碳粉会造成（　　）。

　　A．打印机不打印　　B．文字混乱　　C．文字不清晰　　D．出现黑斑

3．多项选择题

（1）扫描仪主要由（　　）几部分构成。

　　A．扫描光源　　　　　　　　　　　　B．带动扫描光源的驱动机构

　　C．感光器件　　　　　　　　　　　　D．模/数转换器

（2）配置 Modem 时需要注意（　　）。

　　A．电话线是否通信正常　　　　　　B．电话线信号是否合格

　　C．接入主机的端口是否有冲突资源　　D．拨号设置是否正确

（3）打印机的接口类型有（　　）。

　　A．USB　　　　　　B．SCSI　　　　　C．IDE　　　　　　D．LPT

（4）刘华将要打印的文章页面设置为 A3，但打印时只有约 A4 大小的纸面有内容输出，其他应该打印有内容的部分是空白，原因可能是（　　）。

　　A．打印机是窄幅打印机

　　B．打印机供电不足

C. 打印机硒鼓坏了

D. 驱动程序不对，即宽幅打印机安装了窄幅打印机的驱动程序

（5）正确卸载闪存盘的方法（   ）。

　　A. 开机状态直接从计算机接口拔出　　B. 关闭计算机后再从接口拔出

　　C. 以"添加硬件"方式将闪存盘删除再拔出　　D. 单击"安全删除硬件"删除闪存盘再拔出

（6）以下属于计算机输入设备的有（   ）。

　　A. 扫描仪　　B. 绘图仪　　C. 数码相机　　D. 数字摄像头

（7）以下属于计算机输出设备的有（   ）。

　　A. 鼠标　　B. 键盘　　C. 音箱　　D. 打印机

4. 判断题

（1）喷墨打印机属于击打式打印机。

（2）数字摄像头的像素数越多，屏幕图像就越清晰。

（3）为避免数据丢失或移动设备损坏，在移动设备读/写数据时不要直接拔下。

（4）ADSL Modem 是速率在 640 kb/s～8 Mb/s 之间的非对称数字用户调制解调器。

（5）ADSL 能在铜双绞线（即普通电话线）上提供高达 8 Mb/s 的高速下行速率，远高于 ISDN 的速率。

（6）如果在同一时间上网的人数很多，会造成线路拥挤和阻塞，Modem 的传输速率也会随之下降。因此，需要高的网速，一方面 ISP 是否能够提供足够的带宽非常关键，另一方面，避免在繁忙时段上网也是一个解决方法。

（7）USB 接口的设备可以热插拔，所以随时可以将 USB 设备从计算机上直接拔下。

（8）激光打印机打印速度快、分辨率高、不褪色，因此是打印多联票据的最佳选择。

（9）在 Windows 98 环境下使用 U 盘，必须在 U 盘工作指示灯停止闪烁后并间隔一会儿才能将 U 盘从计算机上拔下。

（10）一个计算机可以添加多个打印机，打印时将所连接的打印机设置为默认打印机即可。

（11）网卡与 Modem 都是上网部件，只是网卡用于局域网连接，而 Modem 用于与因特网的连接。

（12）在相同分辨率下，CMOS 比 CCD 感光器件价格便宜，但图像质量差一些。

5. 简答题

（1）如何选购数字摄像头？

（2）普通用户购买数码相机时需要考虑哪些方面？

（3）普通用户购买数码摄像机时需要考虑哪些方面？

【基本技能】

1. 认识常见的外设接口及各种连接线，如 USB 接口、IEEE 1394 接口、eSATA 接口、PRN 接口、RJ-11 接口、RJ-45 接口、RS-232 接口等，以及转接头，如串口转 USB 接口、PS/2 转 USB 接口等。

2. 安装数字摄像头。

【能力拓展】

1. 如果有条件，练习为激光打印机充碳粉。

2. 到计算机市场了解计算机外设的新产品及价格。

3. 学习计算机与数码相机、计算机与数码摄像机的连接方法。

4. 了解多功能一体机的功能及参数，并与打印机、扫描仪进行对比。

5. 根据数码相机、数码摄像机的介绍，试总结在购买具有内置镜头的手机时要考虑的内容。

第 6 章　计算机系统的日常维护

知识目标

1. 了解计算机系统对日常工作环境的要求；
2. 了解使用计算机时应注意的问题；
3. 掌握计算机主要配件的保养常识。

技能目标

1. 进一步熟悉计算机主机的拆卸步骤；
2. 掌握计算机配件的清洁方法；
3. 了解常用系统工具软件的安装使用方法。

本章主要介绍计算机在日常使用过程中的维护与保养常识。只有经常对计算机硬件系统进行维护，才能保证各种配件的正常运行。同时，为保证信息的安全，要养成对硬盘数据进行备份的好习惯，并注意安装、更新防病毒软件，对计算机病毒进行实时监控，保证系统的安全。

6.1　计算机系统的基本维护常识

计算机是集电子技术、精密机械、光电技术、电磁技术于一体的高精密电子设备，要使其可靠、稳定、高效、长期的工作，除要正确使用外，日常的维护保养也十分重要。大量计算机故障是由于缺乏日常维护或者维护方法不当而造成的，所以维护好一台计算机，尽可能发挥其功能并延长其使用寿命，不只是计算机维护人员的职责，也是每一个计算机用户所面临的问题。

计算机的维护可以分为三个方面。

（1）与使用环境有关的维护：考虑环境对计算机造成的影响，对计算机进行维护。

（2）部件养护：配件的保养和有关配件的维护。

（3）主机养护：对计算机主机内部及时进行保养且方法得当。

6.1.1　与使用环境有关的维护

环境因素对计算机能否正常工作、效率是否正常发挥，及计算机的使用寿命等都有很大的影响。对计算机产生影响的环境因素主要是温度、湿度、灰尘、静电、震动、电磁干扰及电源的稳定性等。

1. 防尘

灰尘可以说是计算机的头号敌人，它能使电子元器件短路或断路，对元器件造成严重的损伤，如杂质落入键位的缝隙中会卡住按键等。除保持工作环境尽量干净外，还应定期用吸尘器或刷子等清除各部件的积尘，机器不用时要用防静电的罩布盖好。

2．控制湿度

空气中含有水分，所含水分的百分比称为空气湿度。空气中所含的水分不是纯净水，可能含有酸、碱、盐等成分，过高或过低的湿度都会对计算机产生不利的影响。一般认为相对湿度在（400~70）%为宜。湿度过高容易造成元器件、线路板生锈、腐蚀，而导致接触不良、断路或短路，磁盘、鼠标也会发霉；湿度过低，则静电干扰明显加剧，可能会损坏集成电路。所以天气比较潮湿时，最好每天开机通电一段时间，或配置专用除湿机；若天气比较干燥、湿度过低时，可采用洒水、拖地等方法增加室内的湿度。

3．控制温度

计算机的存放温度应控制在 5~40℃之间。计算机的理想工作温度为 20~25℃，超出这一范围的温度会影响计算机配件的工作或可靠性。由于集成电路的集成度高，工作时将产生大量的热，若机箱内热量不及时散发，轻则使工作不稳定、数据处理出错，重则烧毁一些元器件；反之，若温度过低，电子器件有可能不能正常工作，会增加出错率。一般当室内温度达到 30℃时，应尽量减少计算机的工作时间，最好不要连续工作 2 小时以上；当室温达到 35℃时，最好不要开机。放置计算机的房间最好安装空调。

4．防止供电电压波动

电网环境会随着负荷的变化而变化，即电压会经常波动。计算机对电源的要求是电压稳定并防止突然停电，所以为避免突然停电造成信息丢失，最好配置 UPS 电源。目前，计算机系统一般允许电网电压波动范围为 170~230V。另外，空调器、电冰箱等在启动和停止时，会造成电网电压的瞬间上、下波动，形成干扰源，因此应使计算机与这些用电器分开供电。为避免漏电造成人体伤害，计算机电源必须做到良好接地。

5．防静电及电磁干扰

静电和电磁干扰都会影响计算机的正常工作，人体产生的静电足以击穿任何类型的集成电路芯片。机房中不要铺设化纤地毯。打开机箱接触配件时，应接触一下自来水管或暖气片，释放掉身体中的静电，有条件的要佩戴防静电指环、护腕等。电磁干扰会影响显示器、硬盘等设备的正常工作，甚至可以直接造成信息丢失，要将计算机放在远离强磁场的地方。装有调制解调器的计算机不要在雷雨天气上网，以防雷击。计算机不用时，应将电源线拔掉，以防通过电网电线传来的高压将电源烧坏。

6.1.2 计算机主要配件的保养

1．硬盘的保养

硬盘是计算机中最为重要的一个硬件设备。虽然现在大多数硬盘的平均无故障工作时间已超过 2 万个小时，但如果使用不当，很容易出现故障，甚至会出现物理性损坏，造成整个系统不能正常工作。在计算机故障中硬盘故障约占 1/3，为保证计算机系统的正常运行，应加强硬盘的日常维护和保养，应特别注意以下几点。

（1）正确移动硬盘，注意防震。计算机开机状态下不要移动机箱或硬盘，最好在关机或将移动硬盘从系统移除 10s 后，等硬盘完全停止转动再移动机箱或硬盘。安装、拆卸、移动硬盘时严禁磕碰，尽量减少震动。

（2）正确关闭主机电源。读、写硬盘时，不要强行关闭主机电源，因为突然断电，可能会导致磁头与盘片猛烈摩擦而损坏硬盘，还有可能使磁头不能正确复位而造成硬盘的划伤。

（3）不能自行拆开硬盘盖。硬盘的装配和维修必须在无尘环境下进行，因此不能自行拆开硬盘盖，否则空气中的灰尘进入硬盘，盘片在高速旋转时就会带起这些灰尘颗粒撞击低飞的磁头，造成磁头或盘片的损坏，使硬盘报废。

（4）正确拆卸硬盘。取放硬盘时，用手抓住硬盘两侧，不要接触硬盘背面的电路板，要轻拿轻放，不要磕碰硬盘。切勿带电插拔 IDE 或 SATA 硬盘的数据线或电源线。

（5）定期整理硬盘。硬盘在存放文件的过程中会产生大量的碎片，如果碎片积累过多，不但访问效率下降，还可能损坏磁道，为提高硬盘的工作速度要定期整理硬盘。

（6）注意预防病毒。硬盘是计算机病毒攻击的重点目标，应注意利用最新的杀毒软件对病毒进行防范。定期对硬盘进行查杀病毒，并注意对重要的数据进行保护和经常性的备份。建议不要运行来历不明的应用程序和打开邮件附件，如果一定要运行程序或打开附件时，必须先查杀病毒。从外部设备复制信息到硬盘时，先要对外部设备进行病毒检查，防止硬盘由此染上病毒。

（7）出现坏道及时更换硬盘。硬盘中如出现坏道，即使是一个簇，其破坏性都可能扩散，在保修期内应尽快找商家和厂家更换或维修，已过保修期的要尽可能减少格式化硬盘的次数，减少坏簇的扩散。

对于移动硬盘，除以上方面外，还要注意不能在其正在读、写时强行从主机上拔下。尽量远离如音箱、喇叭、电机、手机等磁场，避免受干扰。

📖 知识拓展——SSD 之垃圾回收、Trim 指令和 4K 对齐

（1）垃圾回收和 Trim 指令。当一个文件被删除后，操作系统其实并没有删除数据，它只是在硬盘前的索引区里标记这个文件占用的区域为可覆盖的，所以当有数据要写入时，可以覆盖写入这块被标记的区域。

在机械硬盘上以上操作非常完美，因为新的数据可以直接覆写旧的区域，但在 SSD 上就行不通，当全部闪存被写满一遍后，没有空余（从未写过）的块可以被使用的情况下，速度就会慢下来。

SSD 读写的最小单位是"页"，常见尺寸为 4KB，视实际的闪存颗粒数而定。闪存不允许覆盖写入，在有数据的地方写入新数据时需先擦除，擦除的最小单位是"块"，每个块由 128 或 256 个页组成。如图 6.1 所示是覆写一个 4KB 页的过程。

① 当所有空块都被使用后，再写入数据只能覆写到之前被操作系统标记为数据无效的页。

② 把整个块复制到缓存。

③ 在缓存里擦除无效页上旧数据，写入新数据，然后擦除闪存内的块。

④ 把块数据从缓存写回到闪存。可见，如果需要同时覆写很多的块，例如，是一系列小文件随机写入或只是简单地写入一个大文件，缓存就会快速过载，然后写入速度就会变得非常慢。为此，SSD 厂商增加越来越大的缓存，虽然在一定程度上解决了随机写入卡的问题，但却不能解决覆写速度下降的问题。

为了提高 SSD 覆写速度，目前采用了两种技术：一是垃圾回收 GC（Garbage Collector），二是 Trim。

对于 SSD 来说，垃圾回收就是全盘扫描，找到包含无效数据页的块，然后把有效数据页复制到一个空块中，并将原包含无效页的块整块擦除。如图 6.2 示意了这一过程。图 6.2（a）中，数据 A～D 被写入块 X。再对数据进行修改，变化了的数据 A'～D'写入 X，因此 A～D 现被标记成无效，与此同时，新数据 E～H 被写入其他空白页中，如图 6.2（b）所示。现在 X 已写满，但包含无效数据 A～D。要删除 A～D，首先要把 E～H 和 A'～D'复制到一个空块 Y 中，如图 6.2（c）所示，然后把 X 数据整块删除，从而获得一个新的空块 X。垃圾回收是 SSD 为实现加快写入速度的一种内部解决方案。这也意味着闪存的写入次数要比系统主控实际写入的次数多。由于闪存的擦写次数有限，这样的操作应越少越好。但是基于 SSD 速度的考虑，这项技术

仍然是 SSD 工作的一部分。为了能进行垃圾回收，闪存要有一定数量的预留空块，也就是预留空间 OP（Over Provisioning）。预留空间一般不包含在 SSD 标示容量内，最好为总容量的 7%以上。

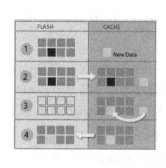

图 6.1　将数据写入闪存颗粒

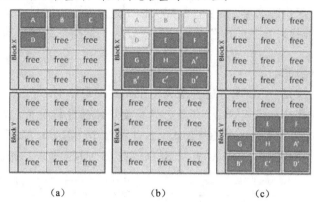

图 6.2　运行垃圾回收程序

　　Trim 是操作系统在硬盘索引区标记已删除文件占用的区域为可覆盖的同时，通知 SSD 某些数据已经无用了，SSD 在进行垃圾回收时就可以不再移动这些无用数据，从而达到节省时间的目的。SSD 不需要立即删除或者"垃圾回收"这些 TRIM 指令告知的位置，它只是先标记这些位置的数据为"无用"即可。

　　支持 Trim 需要三方面：一是操作系统，Windows 7/8、Windows Server 2008R2、Linux 2.6.33、FreeBSD 8.2、Open Solaris、Mac OS X Lion 均支持；二是 SSD 固件中有 Trim 算法；三是芯片组支持 AHCI 驱动。

　　（2）4K 对齐。机械硬盘的读写操作以扇区为单位，早期每个扇区的尺寸是 512B，近年来，大容量盘的扇区尺寸提高至 4096B 即 4KB。SSD 页的常见尺寸也为 4KB。而 PC 的文件系统 FAT、NTFS 等，一直都习惯以 512B 的扇区单位来操作硬盘。

　　传统的分区不是从 0，而是从 LBA63 即 63 扇区开始存储数据的。512B×63 个扇区=31.5KB，也就是说第一个用户数据的前 4KB 肯定都是存放在系统逻辑扇区的 31.5～35.5KB 之间。在机械硬盘中这不是个大问题，但在 SSD 上问题就凸显出来了，这会使所有数据都跨在 2 个页之间，从前述 SSD 覆写特性可知，这必将导致其性能受到严重影响。解决此问题的方法是，分区时起始存储位置对齐到 4KB 的整数倍，即所谓的 4K 对齐。

2．固盘的保养

　　SSD 的优势是寻道时间几乎为 0，小文件和随机读写速度快，持续读写速度也超过机械硬盘。但使用一段时间后覆写性能下降，另外需要 4K 对齐，还有使用次数的限制。因此只有正确使用，才能延长其使用寿命，发挥其优异性能。

　　（1）用于系统盘。SSD 目前都作为系统盘用，最好安装 Windows 7/8 操作系统，因为它们都专门针对 SSD 进行了优化，可以使其保持优异性能。另外，将常用的应用程序安装在 SSD 上。有些应用程序在安装过程中需要指定默认下载文件的位置，将其指定到非 SSD 的盘符下。

　　（2）要 4K 对齐，以提高 SSD 性能。在安装 Windows 7/8 时，使用安装程序对 SSD 进行分区可自动实现 4K 对齐。如果是安装 Windows XP，则无自动对齐功能，之后只能使用第三方软件来实现，如后续内容将介绍的硬盘维护工具 DG。

　　（3）将 SSD 接 SATA 3.0 接口。目前，主流 SSD 读取速度基本都超过 500MB/s，接口多为 SATA 3.0。只有将它接主板的 SATA 3.0 接口，才能发挥其性能优势。

　　（4）在 BIOS 中设置 SSD 运行在 AHCI 模式，并开启系统 Trim 指令。Trim 指令是 Windows 7/8 自带技术，系统默认开启，而 XP 或以下版本的系统不支持 Trim 指令，不建议使用 SSD。

（5）由于 SSD 与机械硬盘机构完全相异，Disk Defragmenter（磁盘碎片整理）对 SSD 变得多余，甚至有害。针对机械硬盘的 Superfetch（预读取）和 Windows Search（内容索引）对 SSD 分区也没必要。因此，最好关闭上述三项。方法是，在"控制面板/管理工具"下打开"服务"，查找以上三项，在"属性"中设为"禁用"或"手动"。

特别提示

1. 判断 SSD 是否运行在 AHCI 模式、是否 4K 对齐，可以使用软件 AS SSD Benchmark。启动该软件如图 6.3（a）所示，选择要检测的目标硬盘，在硬盘信息第 3 行显示：-BAD，表明 SSD 没有运行在 AHCI 模式。第 4 行显示：-BAD，表明没有 4K 对齐。而在图 6.3（b）中，以上两项均显示：-OK，表明 SSD 运行在 AHCI 模式，并已 4K 对齐。

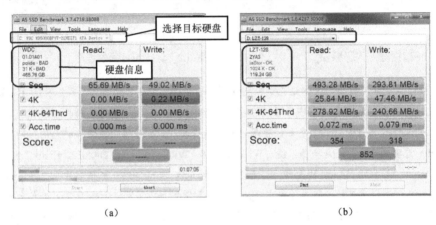

图 6.3　查看是否运行在 AHCI 模式、是否 4K 对齐

2. 判断系统是否开启 Trim，可以在命令提示符界面查询。步骤是，单击"开始"按钮，在"搜索程序和文件"栏中输入"cmd"，在搜索结果中右键单击"cmd"，弹出菜单中选择"以管理员身份运行"，如图 6.4（a）所示，打开命令提示符窗口，如图 6.4（b）所示，输入"fsutil behavior QUERY DisableDeleteNotify"，如图 6.4（c）所示，按 Enter 键获得 Trim 状态："DisableDeleteNotify＝0"表明 Trim 指令已启用，如图 6.4（d）所示；若"DisableDeleteNotify＝1"则 Trim 指令未启用。若要启用，输入"fsutil behavior set disabledeletenotify 0"后按 Enter 键即可。

图 6.4　查询系统 Trim 是否开启

(c)   (d)

图 6.4 查询系统 Trim 是否开启（续）

3．光盘的保养

光盘存储信息量大，保存时间长，但保存、使用不当容易损坏。日常使用过程中应注意以下几点。

（1）不要用手或其他硬物接触光盘的正面以免弄污或划伤光盘。同时也要注意保护光盘背面，防止划伤或脱落造成漏光，使激光得不到反射造成光盘不能正常使用，甚至损坏光盘。

（2）正确取、放光盘。取、放光盘时，应用手指捏住光盘的内外两边进行操作。

（3）光盘不用时，要将它们从光驱中取出，并且最好存放到光盘盒中。

（4）保存光盘时，要注意远离热源，不要让其受到阳光的直射，且要避免受到挤压。

（5）若光盘表面有污物，应使用镜头纸或软绒布沿半径方向由内向外轻轻擦拭，还可用清水冲洗。千万不要用有机溶液清洁光盘，或用利器刮擦光盘。

（6）不要在光盘上粘贴标签，以防光盘在光驱内的高速旋转中由于负荷不平衡而变形。

4．光驱的保养

在计算机的所有配件中，光驱相对来说比较容易发生故障。为尽量延长光驱的使用寿命，在日常使用中应注意以下几点。

（1）保证所用光盘的质量。不要使用表面划伤严重、盘片变形或制造工艺差的光盘。表面脏污、黏满灰尘的光盘要将其清洁干净后再放入光驱。

（2）一定要使用光驱面板上的进出按钮进行弹盘和进盘操作，以防造成光驱的机械性损坏。

（3）不要连续长时间看 DVD 或听 CD，以减缓激光头的老化速度，延长光驱的使用寿命。

（4）光盘使用完毕后，要及时取出光盘，以减少光盘不必要的转动摩擦。

（5）光驱的托盘不宜长时间停留在弹出状态，因为这样可能会由于一些意外事件造成光驱的损坏，并且容易进入灰尘。

（6）光驱的托盘要定期擦拭，以防托盘上的灰尘颗粒在光盘高速旋转的带动下，划伤光盘或附着在激光头上，影响读盘的正确率。

5．键盘和鼠标的保养

键盘和鼠标是计算机中使用比较频繁的外部设备，在所有设备中其更换的频率也最高。要延长其使用寿命除操作要用力适度、动作轻柔外，还要注意清洁。清洁时一定要在断电状态下进行。

键盘的清洁可采用如下方法。将键盘翻置，轻轻拍打键盘背面，将按键下的碎屑倒出，最好重复几次。再用吹风机冷风对准按键缝隙吹，可吹掉附着在其中的杂物，然后再次将键盘翻置并摇晃拍打。接下来用柔软干净的湿布擦拭，湿布不宜过湿，以免键盘内部进水产生短路。按键缝隙间的污渍可用棉签蘸计算机专用清洁剂或无水酒精擦除，不要用医用消毒酒精，以免对塑料部件产生不良影响。

光电和激光鼠标多采用密封设计，灰尘和污垢不容易进入内部。为防止鼠标脚垫磨损影响鼠标灵敏度，最好使用鼠标垫且保持其清洁。鼠标线缆容易断裂，使用时一定要注意保护线缆。

6. 显示器的保养

显示器是人机交互的主要工具，也是计算机配件中使用寿命较长的部件。对显示器的日常保养要注意以下几点。

（1）注意防尘，可以用软布经常擦拭。计算机关闭后要及时把显示器盖好。

（2）显示器摆放位置要远离热源，不要被阳光直射，以免损伤显示器中的电子元器件。

（3）显示器的亮度和对比度不要调得过亮，以防加速老化，减短使用寿命。

6.1.3 计算机主机的清洁

清洁主机前，一定要关闭电源，把主机电源插头拔下，释放静电或戴上防静电手套后才可进行操作。按照第3章介绍的计算机拆机步骤拆卸主机配件后，即可对其清洁。清洁步骤如下。

第1步，清洁主板。用软毛刷将主板表面灰尘清理干净，然后用软毛笔清洁各种插槽、驱动器接口，再用吹风机吹尽灰尘。如果插槽内金属接脚有油污，可用脱脂棉球蘸计算机专用清洁剂或无水酒精擦除，也可用橡皮轻擦。

第2步，清洁内存条和板卡。先用软刷轻轻清扫各种板卡和内存条表面的积尘，然后用吹风机吹干净，再用橡皮擦拭各种插卡的金手指，清除上面的灰尘、油污或氧化层。

第3步，清洁CPU散热风扇。用小十字螺丝刀拧开风扇上面的固定螺丝，拿下散热风扇。用较小的毛刷轻拭风扇的叶片及边缘，用吹风机将灰尘吹干净，最后用刷子或湿布擦拭散热片上的积尘。这个过程一定要小心，否则一旦使扇叶有变形，风扇工作时就会出现较大噪声。

第4步，清洁电源。若电源在保质期内，不要随意拆开电源，只将电源外表与风扇的叶片上的灰尘清除干净即可。若电源已过保质期，可拧开电源外壳上的螺丝取下电源外壳，再将电路板从电源外壳底板上拆下，使电路板和电源外壳分离，然后进行清洁即可。最后将电源背后的四个螺丝拧下，把风扇从电源外壳上拆卸下来，将其刷干净。

第5步，清洁光驱。将回形针展开插入光驱前面板的应急弹出孔，稍稍用力将光驱托盘打开，用镜头纸擦拭干净。如果光驱的读盘能力下降，可将光驱拆开，用脱脂棉或镜头纸轻轻擦拭激光头，除去透镜表面的灰尘，最后装好光驱。

第6步，清除机箱内表面的积尘。用拧干的湿布擦拭机箱内表面，并立即吹干。

完成所有的清洁工作后，按照第3章介绍的硬件装机步骤重新组装好计算机。

📝 特别提示

计算机日常维护中容易出现三个误区。

1. 用清洗盘清洁光驱。清洗光盘的盘面上有两排小刷子，当其高速旋转清洗激光头时，刷子不仅会划伤激光头，而且有可能撞歪激光头使之彻底无法读盘。

2. 用有机溶剂清洁计算机显示屏与激光头。显示屏表面涂有特殊的涂层，而有机溶剂会溶解特殊涂层，使之效能降低或消失。光驱激光头使用的材料是类似有机玻璃的物质，而且有的还涂有增强折射功能的涂层，若用有机溶剂擦洗会溶解这些物质和涂层，导致激光头受到无法修复的损坏。

3. 遮挡机箱通风口。此方法虽然挡住了灰尘，但也大大降低了机箱通风散热的效果。如果机箱内持续高温，轻则造成经常死机，重则会烧毁CPU等易积热的零部件。

6.1.4 养成良好的使用习惯

除了对计算机硬件进行清洁外，良好的使用习惯也是保证计算机系统正常运行、延长其使用寿命的必要条件。

（1）正常开关机。开机的顺序是先打开外设，如先打开显示器、打印机、扫描仪。关机顺序则相反，先关闭主机电源，再关闭外设电源。

（2）不要频繁开关机。每次关开机之间的时间间隔应不小于 30s。

（3）定期清洁计算机。

（4）计算机在通电之后不应随意移动和震动计算机，以免造成硬盘盘面划伤，以及其他意外情况发生，造成不应有的损失。

6.2 常用系统工具软件的使用

在计算机的日常维护中，有时要对硬盘进行重新分区及硬盘数据备份，完成此类工作一般要借助工具软件。这类软件很多，以下主要介绍比较常用的硬盘维护工具 DiskGenius（DG）、硬盘分区魔术师 Partition Magic（PM），及硬盘克隆工具 Ghost 的使用。

6.2.1 硬盘维护工具 DiskGenius

1. DiskGenius 简介

DG 是一硬盘分区及数据恢复软件。具有建立分区、删除分区、格式化分区等基本的硬盘管理功能，以及已丢失分区恢复、误删除文件恢复等数据恢复功能。基于磁盘扇区的文件读写功能。支持 VMWare 虚拟硬盘文件格式。支持 IDE、SCSI、SATA 等各种类型的硬盘，以及 U 盘、USB 移动硬盘、存储卡。支持 FAT12、FAT16、FAT32、NTFS、EXT3 文件系统。

DG 有免费版、标准版和专业版三个版本。作为硬盘分区工具，三个版本差别不大，即使是免费版，也提供了非常全面的硬盘分区管理功能，足以满足一般用户的需求；作为数据恢复软件，三个版本差别较大，免费版只提供最基本的功能，标准版功能强大，专业版则更全面、高效。普通用户可选标准版，专业版适于从事数据恢复的专业用户。自 DG 4.6.0 版起，三个版本共用一个发行包，在官方网站 www.diskgenius.cn 下载安装后，即可使用免费版。购买后，注册升级为标准版或专业版。

2. DiskGenius 界面

DG 主界面如图 6.5 所示。下面重点介绍三个区：硬盘分区结构图区、目录区、参数区。

（1）硬盘分区结构图区。硬盘分区结构图用不同颜色的色块表示硬盘的各个分区，其中，逻辑分区使用加点背景进行标志，如分区 D、E 和 F；绿色框或蓝色框圈出被选中的分区，即"当前分区"，如图中当前分区 O，用鼠标单击其他分区可切换当前分区，如在分区 E 中单击，即可将当前分区由 O 切换为 E，则 E 区就会被彩色框圈出；文字标示各个分区的卷标、盘符、文件类型、状态和容量，如分区 I：卷标"本地磁盘"（默认设置）、盘符"I:"、文件类型"FAT32"、状态"活动"（如果不指明，则为非活动分区）、容量"12.7GB"。

结构图下方列出"当前硬盘"的参数：接口、型号、序列号等。本例有两个硬盘：HD0 和 HD1，图中当前硬盘为 HD1 即硬盘 1。单击结构图左侧图标"<"或">"，可切换当前硬盘。

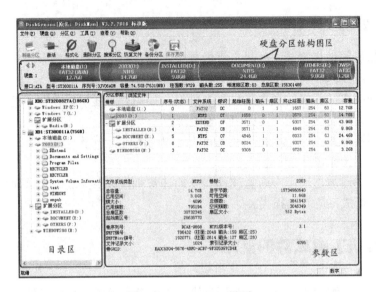

图 6.5 DiskGenius 界面

（2）目录区。此区显示分区的层次及分区内文件夹的树状结构。通过点击硬盘名或盘符可切换当前硬盘、当前分区。也可点击文件夹，被点击中的文件夹即为"当前文件夹"。

（3）参数区。该区有两个可选标签页。分区参数页显示"当前硬盘"或"当前分区"的详细参数。浏览文件页显示"当前分区"下文件夹详细列表，还可将文件夹进一步逐级打开，查看详细信息。

以上三个区之间具有联动关系，当在任意一个区中进行操作更改当前硬盘或当前分区时，另外两个区立即切换到相同的当前硬盘或当前分区。例如，当在目录区双击打开某个文件夹后，参数区将立刻切换为显示该文件夹下的文件信息，硬盘分区结构图区显示对应的当前硬盘与当前分区，如图 6.6 所示。

图 6.6 三区联动操作

为方便区分，不同类型的分区在结构图中用不同的颜色显示，而且使用的颜色是固定的。如 FAT32 分区用蓝色显示、NTFS 分区用棕色显示等。目录区和参数区中的分区名称也用相应类型的颜色区分。各个区中的分区颜色是一致的。

此外，主界面的各个部分都支持右键菜单操作。

3. DiskGenius 管理硬盘

（1）建立分区。在主界面硬盘分区结构图上选择要建立主分区或扩展分区的空闲区域（以灰色显示）。如果要建立逻辑分区，要先选择扩展分区中的空闲区域（以绿色显示）。选择好当前空闲区域后，单击工具栏中按钮"新建分区"；或依次选择"分区/建立新分区"菜单项；或在当前空闲区域上单击鼠标右键，在弹出的菜单中选择"建立新分区"。接下来弹出"建立新分区"对话框，如图 6.7 所示。选择分区类型、文件系统类型，输入分区大小，单击"确定"按钮即可建立分区。如果要设置新分区的详细参数，单击"详细参数"按钮，在展开的对话框中可以进行详细设置，如图 6.8 所示。

图 6.7 "建立新分区"对话框

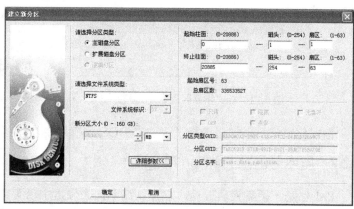

图 6.8 设置新分区的详细参数

新分区建立后并不立即保存到硬盘，仅在系统内存中建立。执行"保存更改"命令项后，才能在"资源管理器"中看到新分区。这样做的目的是为了防止因误操作造成数据破坏。

（2）激活分区。选择要设置为活动分区的分区为当前分区。执行"分区/激活当前分区"菜单项。如果该硬盘上有其他分区处于活动状态，将显示如图 6.9 所示的警告信息。单击"是"按钮即可将当前分区设置为活动分区，同时清除原活动分区的激活标志。

（3）删除分区。选择要删除的分区，单击工具栏中"删除分区"按钮，这时会显示如图 6.10 所示的警告信息，单击"是"按钮即可删除当前选择的分区。

图 6.9 激活分区警告信息

图 6.10 删除分区警告信息

（4）格式化分区。

DG 目前支持 NTFS、FAT32、FAT16、FAT12 等文件系统的格式化。

选择要格式化的分区，在该分区上单击鼠标右键，弹出菜单，选择"格式化当前分区"命令，弹出"格式化分区"对话框，如图 6.11 所示。选择文件系统类型、簇大小，设置卷标，单击"格式化"按钮准备格式化操作。

图 6.11 "格式化分区"对话框

还可以选择在格式化时扫描坏扇区,但这一工作很耗时,多数硬盘尤其是新硬盘不必扫描。如果在扫描中发现坏扇区,格式化程序会做出标记,建立文件时将不会使用这些扇区。

对于 NTFS 文件系统,可以勾选"启用压缩"复选框,以启用 NTFS 的磁盘压缩特性。

如果是主分区,并且选择了 FAT32/FAT16/FAT12 文件系统,"建立 DOS 系统"复选框会成为可用状态。勾选它,格式化完成后程序会在分区中建立 DOS 系统,可用于启动计算机。

为防止出错,在开始执行格式化操作前程序还会要求确认,如图 6.12 所示。单击"是"按钮,立即开始格式化操作,格式化进度情况如图 6.13 所示。

图 6.12 格式化分区确认对话框   图 6.13 格式化进度

格式化完成后,如果选择了"建立 DOS 系统",程序还会向分区复制 DOS 系统文件。

6.2.2 魔术分区师 Partition Magic

PM 也是一硬盘管理工具,它可以在不损失硬盘中已有数据的前提下在 Windows 环境中对硬盘进行重新分区。从网上下载 PM 8.0 软件,安装后运行该程序,其主界面如图 6.14 所示。

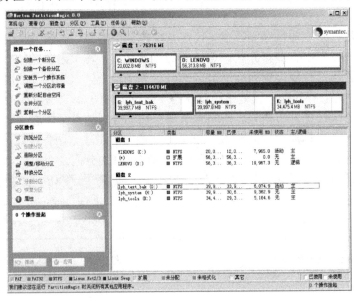

图 6.14 Partition Magic 8.0 的主界面

1. 创建新分区

使用 PM 可以在新硬盘或当前盘上创建一个新的分区。在主界面窗口单击菜单命令"任务/创建新的分区",弹出"创建新的分区"向导对话框,如图 6.15 所示,单击"下一步"按钮。在如图 6.16 所示界面中确定新建分区的位置,单击"下一步"按钮。根据当前硬盘的具体情况在如图 6.17 所示界面中选择可以为新建分区提供空间的分区,单击"下一步"按钮。

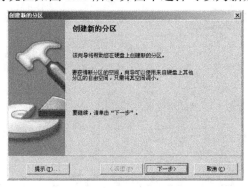
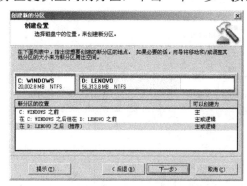

图 6.15 "创建新的分区"向导对话框　　　　图 6.16 指定新建分区的位置

在图 6.18 所示界面中设定新建分区的属性,输入新建分区的卷标,单击"下一步"按钮。在如图 6.19 所示界面中单击"完成"按钮即可生成一个新的分区。若对新建分区的参数设置不满意,可单击"后退"按钮进行修改。

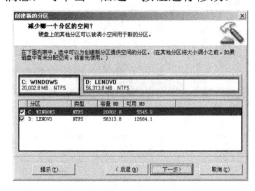
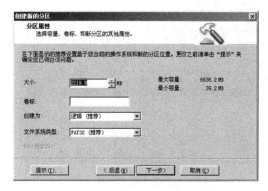

图 6.17 指定为新建分区提供空间的分区　　　　图 6.18 设定新建分区的属性

2. 调整现有分区容量

在使用硬盘时,有些分区使用比较多;有些分区使用比较少,但其可利用空间比较大,这时可使用 PM 调整分区的空间大小。在 PM 主界面窗口,单击菜单命令"任务/调整分区的容量",弹出"调整分区的容量"向导对话框,如图 6.20 所示,单击"下一步"按钮。

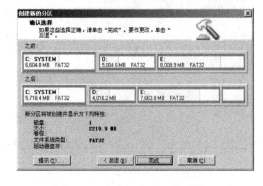

图 6.19 确认新建分区的属性　　　　图 6.20 "调整分区的容量"向导对话框

• 207 •

在如图 6.21 所示界面中选择要调整容量的分区。在如图 6.22 所示输入框中输入该分区的新容量。需要说明的是，输入的容量可以低于当前的分区容量，也可以高于当前的分区容量，但不能超过此窗口中给出的最小容量和最大容量。单击"下一步"按钮。

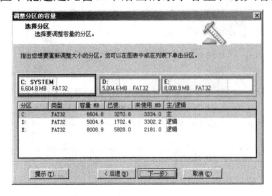

图 6.21　选择需要调整容量的分区　　　　图 6.22　指定新调整的分区容量

如果是增加选定分区的容量，在如图 6.23 所示界面中设定为该分区提供空间的分区；如果是减少选定分区的容量，在如图 6.24 所示界面中设定接收该分区空间的分区。

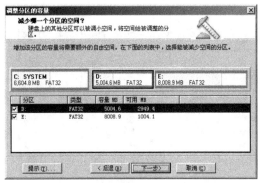 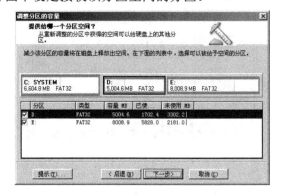

图 6.23　选择提供空间的分区　　　　　　图 6.24　选择接收空间的分区

在如图 6.25 所示界面中单击"完成"按钮，即可完成分区容量的调整。

3．合并分区

在 PM 主界面窗口，单击菜单命令"任务/合并分区"，弹出"合并分区"向导对话框，如图 6.26 所示，单击"下一步"按钮。

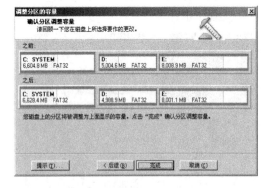 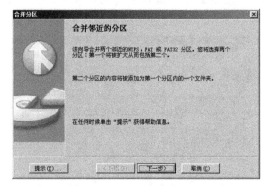

图 6.25　确认分区容量的调整　　　　　　图 6.26　"合并分区"向导对话框

在如图 6.27 所示界面中选择要合并的第一个分区，该分区将被扩大而包含另一个分区，单击"下一步"按钮。在如图 6.28 所示界面中选择要合并的第二个分区，该分区的内容将被放到第一个分区指定的文件夹下面。

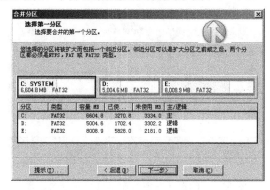 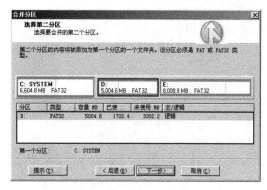

图 6.27　选择要合并的第一个分区　　　　图 6.28　选择要合并的第二个分区

在如图 6.29 所示"文件夹名称"输入框中输入用于保留第二个分区内容的文件夹名称，单击"下一步"按钮。在如图 6.30 所示界面中单击"完成"按钮，确认分区合并。

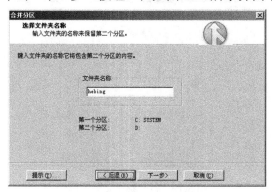 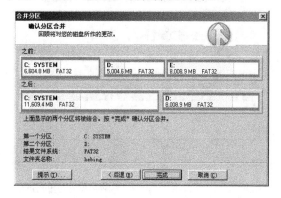

图 6.29　输入文件夹名称　　　　　　　　图 6.30　确认分区合并

4．创建其他操作系统主分区

在 PM 主界面窗口中单击菜单命令"任务/安装另一个操作系统"，弹出"安装另一个操作系统"向导对话框，如图 6.31 所示，单击"下一步"按钮。

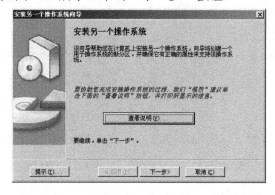

图 6.31　"安装另一个操作系统"向导对话框

在如图 6.32 所示列表中选择要安装的另一个操作系统的类型,再单击"下一步"按钮。在如图 6.33 所示界面中选择要安装的操作系统的分区位置。

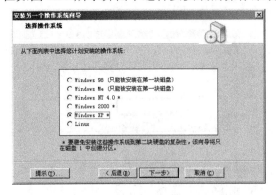 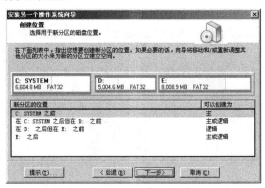

图 6.32　输入新安装的操作系统的类型　　　图 6.33　确定要安装的操作系统的分区位置

在如图 6.34 所示界面中指定为创建新分区提供空间的分区名称,单击"下一步"按钮。在如图 6.35 所示界面中设定新建分区的容量、文件系统类型、卷标等属性。

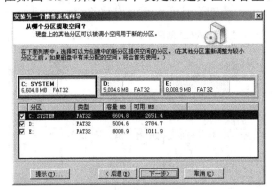 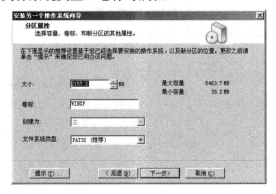

图 6.34　选择为要新建分区提供存储空间的分区　　　图 6.35　确定新建分区的属性

在如图 6.36 所示界面中将新建分区设置为活动分区,再单击"下一步"按钮。在如图 6.37 所示界面中单击"完成"按钮确认创建另一个操作系统分区的操作。

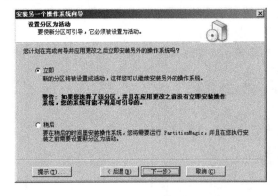 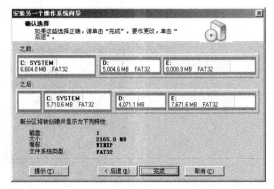

图 6.36　设置分区为活动分区　　　图 6.37　完成创建另一个操作系统的分区

除以上操作外,PM 还可以执行复制分区、转换分区文件系统(如 FAT 与 FAT32 转换)、调整移动分区、删除分区、隐藏/重现硬盘分区、从任意分区引导系统等操作。

6.2.3 硬盘克隆工具 Norton Ghost

对计算机系统进行经常性的备份，提高系统的安全性，是使用计算机必不可少的常规性工作。Norton Ghost 软件俗称"克隆"软件，是目前最常用的硬盘备份还原工具。Ghost 基本属于免费软件，很多主板厂商都随产品附送，只要从随机光盘中将有关文件复制到硬盘（注意不要复制到 C 盘，复制到 D 盘或 E 盘）中就可以了，其文件不多且比较小，主文件 Ghost.exe 仅 597KB。现在使用的版本一般是 8.0，最新版本是 9.0。

1．Ghost 软件的主要功能

Ghost 工作的基本方法不同于其他备份软件，它是将硬盘的一个分区或整个硬盘作为一个对象来操作，将复制对象的信息（包括对象的硬盘分区信息、操作系统的引导区信息等）打包压缩成一个映像文件（Image）存放。在需要的时候，又可以把该映像文件恢复到对应的分区或对应的硬盘中。

它的功能包括两个硬盘之间的复制、两个硬盘的分区复制、两台计算机之间的硬盘复制、制作硬盘的映像文件等，其中用得比较多的是分区备份功能，即将硬盘的一个分区压缩备份成映像文件，然后存储到另一个硬盘分区或大容量的移动硬盘中，万一原分区发生问题，就可以利用备份的映像文件进行复原，使分区恢复正常。

2．Ghost 软件的使用

安装并启动 Ghost 8.0，启动界面如图 6.38 所示，单击"OK"按钮，启动 Ghost。

特别提示

1．在备份或克隆硬盘前最好清理一下硬盘：删除不用的文件、清空回收站等。

2．就一般计算机来说，大都只有一块硬盘，要使用 Ghost 的功能，至少要将硬盘分为两个分区以上，而且准备存储映像文件的分区最好比系统分区稍大一些。

（1）分区备份。使用 Ghost 进行系统备份，分为整块硬盘（Disk）备份和分区硬盘（Partition）备份两种方式。整块硬盘备份是指将整块硬盘的内容复制到另一块硬盘上；分区硬盘备份是指将硬盘的一个分区的内容复制到其他分区或另一块硬盘。硬盘分区的备份过程如下：

第 1 步，启动 Ghost 并进入 Ghost 初始界面，在主菜单中单击"Local"（本地）项，选择"Local/Partition/To Image"操作，如图 6.39 所示。

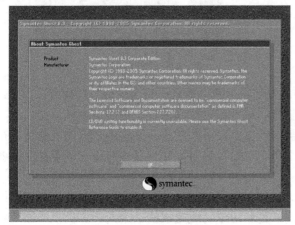

图 6.38 Ghost 启动画面

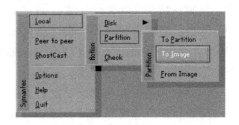

图 6.39 Ghost 的分区备份菜单

第 2 步，在弹出的硬盘选择窗口中选择物理硬盘，如图 6.40 所示。可以看到当前计算机中只有一块物理硬盘，同时还显示了该硬盘的有关信息。单击需要备份的分区所在的硬盘，单击"OK"按钮，进入"分区选择"对话框，如图 6.41 所示。

第 3 步，在图 6.41 中选择需要备份的硬盘分区。一般情况下选择"1 Primary"，也就是系统 C 盘。需要注意，在默认状态时未选中任何分区，图 6.41 中所看到的是高亮度待选条。将鼠标移动到要备份的分区上单击，或按 Enter 键以选中需要备份的硬盘分区，单击"OK"按钮，进入下一步操作。

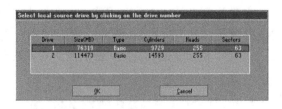
图 6.40 硬盘选择对话框

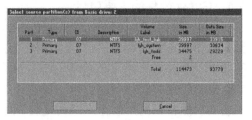
图 6.41 硬盘"分区选择"对话框

第 4 步，指定映像文件的保存位置和名称。在如图 6.42 所示窗口中选择备份文件的存储路径并输入备份文件名称，一般情况下映像文件的扩展名可以不输入，如果需要输入，则其扩展名必须为.GHO。

第 5 步，选择压缩方式。在如图 6.43 所示界面中给出了 3 种压缩备份数据方式供选择：No 表示不压缩，映像文件和备份文件大小一样；Fast 表示快速压缩，映像文件比备份义件略小些，执行备份速度较快；High 表示高压缩率，一般映像文件和备份文件能达到 1∶2 的高压缩比例，但执行备份速度相当慢。单击 High 按钮，开始对硬盘分区进行备份，备份进度到 100%时，即完成备份操作。

图 6.42 输入保存路径及文件名对话框

图 6.43 选择压缩方式对话框

（2）整块硬盘备份。Ghost 能将目标硬盘复制得与源硬盘几乎完全一样，实现分区、格式化、复制系统和文件一步完成。通常是批量相同机型安装操作系统时使用该功能，如机房、单位的办公室配置计算机。要注意目标硬盘不能太小，必须能将源硬盘的数据内容装下。在 Ghost 主菜单中执行"Local/Disk/To Image"命令，如图 6.44 所示，其余操作与硬盘分区的备份非常相似，在此不再赘述。

（3）分区备份的还原。学校机房的计算机使用一段时间后，系统会比较混乱，可以使用该功能还原。有些品牌机的一键还原功能同样是利用该功能完成的。个人计算机使用该功能同样会大大地方便计算机的维护，如，硬盘中数据受到损坏，用一般数据修复方法不能修复，以及系统被破坏后不能启动等，都可以用备份的数据进行完全的复原而无须重新安装程序或系统。具体步骤如下：

第 1 步，在 Ghost 主菜单中选择"Local/Partition/From Image"命令。

第 2 步，选择需恢复的映像文件。进入选择备份映像文件的界面，如图 6.45 所示，首先指定存储映像文件的路径，然后选择需要恢复的备份文件的 GHO 映像文件。

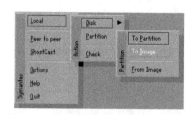
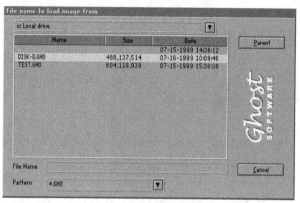

图 6.44　Ghost 的磁盘备份菜单　　　　　　　图 6.45　选择映像文件

第 3 步，选择目的硬盘或分区，即确定需要将映像文件恢复到哪个硬盘或分区，如图 6.46 所示。确定以上操作无误后单击"OK"按钮，开始恢复备份。

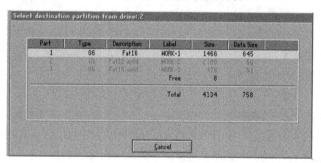

图 6.46　选择目的硬盘或分区

本 章 小 结

本章主要介绍了日常使用中，计算机对使用环境的要求、主要配件的保养方法，以及如何安装和使用硬盘维护工具 DG、魔术分区师 PM、硬盘克隆工具 Ghost。利用以上方法，加强对计算机系统的日常维护，可以提高计算机工作的稳定性，延长其使用寿命，还能避免一些不必要的损失。

习　题　6

【基础知识】

1．单项选择题

（1）计算机能够稳定工作的温度范围一般是（　　）。

A. 20～30℃　　　B. 20～35℃　　　C. 15～25℃　　　D. 15～30℃

（2）如果存放计算机的环境很潮湿，间隔（　　）通电一次比较好。

A. 5小时　　　B. 一天　　　C. 一周　　　D. 一个月

（3）每次关、开机之间的时间间隔应不小于（　　）秒。

A. 10　　　B. 15　　　C. 20　　　D. 30

（4）正确的开机顺序是（　　）。

A. 插座开关→显示器→主机电源　　　B. 显示器→插座开关→主机电源

C. 主机开关→显示器→插座开关　　　D. 显示器→主机电源→插座开关

（5）已知在传统分区中，硬盘的前31.5KB是用户不能使用的。如果硬盘的扇区尺寸是512B，在4K对齐时，对齐扇区的最小倍数是（　　）。

A. 8　　　B. 16　　　C. 1024　　　D. 2048

（6）已知在传统分区中，硬盘的前31.5KB是用户不能使用的。如果硬盘的扇区尺寸是4KB，在4K对齐时，对齐扇区的最小倍数是（　　）。

A. 8　　　B. 16　　　C. 1024　　　D. 2048

（7）NAND容量128GB的SSD标称120GB，8GB被设置成预留空间。如果注重SSD性能，也可在此基础上继续增加预留空间，在分区时只分100GB或者更少。预留空间供运行（　　）程序时使用。

A. 格式化　　　B. 垃圾回收　　　C. 全盘安全擦除　　　D. 杀毒软件

2. 多项选择题

（1）硬盘日常使用中应注意（　　）。

A. 正确开、关主机电源　　　B. 开机或关机10s内不要移动机箱

C. 定期格式化磁盘　　　D. 定期清理磁盘

（2）要使Trim指令生效，需要（　　）。

A. 操作系统开启Trim　　　B. SSD固件支持

C. 芯片组安装了AHCI驱动　　　D. 主板BIOS中硬盘配置为AHCI模式

（3）静电造成的危害可分为两类：一是由静电引力引起的浮游尘埃的吸附；二是由静电放电引起的介质击穿。由于人体的轻微动作或与绝缘物的摩擦会感应一般2～4kV以上的静电电压，直接触摸电子器件很可能将其击穿。因此，在组装或维修计算机时应（　　）。

A. 真空环境操作　　　B. 采取防静电措施

C. 尽量避免人体直接接触电子器件　　　D. 没有必要加任何限制

（4）备份工具Ghost用来实现硬盘克隆的功能有（　　）。

A. 分区备份　　　B. 分区备份的还原

C. 单机硬盘信息复制　　　D. 网络多机数据硬盘复制

（5）DG主要用于硬盘的维护，如硬盘（　　）。

A. 分区　　　B. 格式化　　　C. 分区恢复　　　D. 数据恢复

（6）PM主要用于硬盘分区，主要功能有（　　）。

A. 创建多个主分区　　　B. 创建多个逻辑分区

C. 无损调整分区　　　D. 无损合并分区

3. 判断题

（1）若光盘表面有污物时，使用镜头纸轻轻擦拭或用清水冲洗，但千万不要用有机溶液清洁光盘。

（2）张华考虑他的计算机经常上网，为防止感染病毒，就在计算机上安装了江民杀毒软件和瑞星防火墙。

（3）使用表面有污垢或划伤严重、盘片变形的光盘，对纠错能力强的光驱不会造成影响。

（4）用手将弹出的光驱托盘轻轻一推，托盘就可以复位，十分方便。
（5）计算机的工作环境越干燥越好。
（6）当硬盘处于读、写状态时，一旦发生较大的震动，就可能造成磁头与盘片的撞击，导致损坏。
（7）关闭系统的 Trim 指令，可以管理员身份运行 cmd 程序，打开命令提示符窗口，输入"fsutil behavior set disabledeletenotify 1"后按 Enter 键即可。
（8）硬盘分区和格式化磁盘都将破坏磁盘上的数据。
（9）Windows 7 安装程序对硬盘分区时，默认将分区对齐到 2048 个扇区的整数倍，512B×2048=1024KB 即 1M 对齐。这样也能满足 4K 对齐。
（10）利用 Ghost 软件可以把整块硬盘或者某个硬盘分区作映像保存；又可以将映像文件还原到硬盘，使硬盘恢复到映像前的状态；还可以将硬盘内容克隆到其他硬盘，免去安装软件的过程，从而节省时间。

4．简述题
（1）简述光驱的正确使用与维护方法。
（2）简述显示器的日常保养方法。
（3）简述鼠标与键盘的保养方法。

【基本技能】
1．下载、安装 DiskGenius 并练习使用。
2．下载、安装 Partition Magic 并练习使用。
3．下载、安装硬盘克隆软件并对所使用的计算机硬盘进行备份。
4．为计算机安装防病毒软件，并查杀病毒。

【能力拓展】
1．按照本章介绍的方法，对计算机进行清洁。
2．SSD 垃圾回收有定期和实时运行两种机制。请对这两种机制做出评价。每个 SSD 两种机制都采用吗？
3．如果需要在计算机机房配备灭火器，应配备哪类灭火器，如何使用所配备的灭火器？

第 7 章　计算机故障案例分析

知识目标

1. 掌握计算机故障产生的原因与分类；
2. 掌握多媒体计算机故障处理的一般步骤和方法；
3. 熟悉常见的死机、黑屏和不启动故障的处理方法。

技能目标

1. 能运用故障处理的一般步骤和方法处理简单的故障；
2. 根据计算机的启动过程能够初步断定硬件故障的位置。

近年来，随着集成电路集成度的迅速提高，制造工艺水平的不断进步，生产成本的稳步下降，生产规模的不断扩大，个人计算机走入了千家万户。计算机由娇贵的实验室设备，演变成为了普通家庭的家用电器。

然而计算机毕竟与一般家电不同，它虽然不再是过去那种以小时计算无故障使用时间、无论使用和维护都需要专业人员的精密仪器。但是，作为一种高精度的数字运算和信息处理的数字电子设备，加上内部各组件采用不同厂商生产的标准化模块，其故障还是比较容易发生的。而正因为制作工艺的大幅提升，计算机故障往往不如它表面上看起来的那样严重，只要具备一些简单的计算机使用和组装知识，即使是普通用户也完全能够应付自如。由于某些硬件故障或软件故障出现死机或运行不稳定，只要冷静地分析原因、找出故障点和解决的方法，就可以排除许多故障。本章就常见的一些故障进行分析，并给出一些解决的方法。

7.1　故障处理的一般方法

常见的计算机故障可分为硬件故障和软件故障两大类。

7.1.1　硬件故障

硬件故障是指计算机系统的硬件，如板卡、驱动器、芯片等发生的故障。大体可分为接触不良、CMOS 设置不当、硬件不兼容和硬件本身的故障等。很多计算机故障往往都是由插件间的接触不良引起的。而这些故障现象与机箱、主板、板卡的设计尺寸有关。很多机箱背部插槽的开孔，设计尺寸总是有些小的偏差，板卡插入后常发生形变，很容易造成接触不良。甚至常常造成板卡插不进去、插进去后又拔不出来、插好后无法固定顶部的螺丝钉等问题，很容易损坏插槽簧片。更甚者是很多免工具的塑料卡子卡住板卡、硬盘、光驱。塑料卡子往往卡不住板卡，机箱搬动几次就松动了，开机就黑屏。主板的固定孔设计也不规范，四个边角总有一个边角下方无支撑螺栓，拔插板卡或内存条，全凭主板的韧性和弹力。

1. 接触不良造成的故障

接触不良的故障一般反映在各种功能板卡、内存条、CPU 等与主板接触不良，或电源线、数据线、音频线等接触不良，通过重新连接或更换插槽位置，以及清洁接触面可以解决以上问题。

2. CMOS 设置不当造成的故障

CMOS 参数的设置主要包括硬盘、固盘、光驱、内存、显示器及显卡、芯片组、电源、CPU、计算机启动顺序和开机密码等。如果某些参数没有正确设置，系统会提示出错，甚至出现死机现象。只要将错误的设置更改过来或者把 CMOS 复位即可解决问题。

3. 硬件不兼容的故障

由于 PC 组装的方便性和易扩充性，所以 PC（特别是兼容机）的部件大多是由不同厂商生产的产品组合在一起的，它们相互之间会出现不兼容现象，主要表现在某个部件在某台计算机上不能工作或工作不稳定，但在别的计算机上工作正常；或安装某个部件以后，系统提示硬件资源冲突等。前一种情况可通过更换新的兼容部件解决；后一种情况可通过调整硬件资源，如端口地址、中断号等，使之不再冲突。

4. 硬件本身的故障

硬件出现故障，除了本身的质量问题外，也可能是负荷太大或其他原因引起的，如电源功率不足或 CPU 超频使用等。此类故障的现象、产生原因及确定故障点的方法较为复杂，后续内容将进行介绍。至于解决方法，将出现故障点的部件送修或换个新的部件即可。

7.1.2 软件故障

软件故障是指计算机运行的软件出错或由于操作人员操作不当造成计算机工作的不正常。这类故障主要分为驱动程序安装不当、病毒、人为操作不当等几种故障。

1. 驱动程序安装不当的故障

许多部件安装到计算机上后，必须先安装驱动程序才能正常使用。如果驱动程序安装不当，则该设备就不能使用。此类故障通过重新正确安装驱动程序即可解决。

2. 病毒引起的故障

病毒造成的计算机故障已相当普遍。计算机病毒是一种程序，通常由磁盘访问或定时器特定时间激活，进行自我复制或对其他程序进行破坏。如果正常使用的系统出现莫名其妙的故障，或是产生一些不可理解的问题，如系统运行变得非常慢；经常弹出一些乱七八糟的窗口；硬盘不能格式化；某些文件的访问遭到拒绝；硬盘上还有很大的空间，但安装程序时却总是提示"磁盘空间不够"；或是系统在使用过程中频繁启动，突然崩溃或瘫痪，这就有可能是计算机感染了病毒，此时应立即进行杀毒处理。

3. 操作不当的故障

人为操作不当是指操作者对计算机进行了一些错误的软件操作，从而造成计算机运行不正常。如误删除某些系统文件导致计算机工作不正常；或者未正确地安装程序，从而导致该程序无法使用或使用时死机；或错误地修改某些系统程序如修改注册表而导致故障等。前两种情况只要重新正确安装程序即可，后面这种情况可通过将错误的改动纠正过来即可。

7.1.3 排查故障的一般步骤

排查计算机故障的一般步骤是，首先了解计算机正常工作时的状况，只有这样才能判断所要维修的计算机是否真的有故障；其次要充分了解计算机发生故障的过程及故障现象，仔细考察故障发生前的系统变动，故障有 90%的可能性是由最后一次的软件或硬件变化而引起的；最后再进行仔细检查。检查时要掌握以下几点一般性原则和方法。

1．先静后动

针对故障现象，先冷静分析问题可能出在哪里，制定一个初步检查方案，然后再动手操作。在进行检查时，不要急于通电检查。

2．先软后硬

先从软件判断入手，排除软件故障的可能，然后再从硬件着手分析原因。

3．先外后内

先检查机箱外部设备的好坏以及连接是否正确，如故障依然存在，再打开机箱检查内部配件。从最简单、最容易的地方开始查找故障，逐步深入，直到找到故障原因及部位。

4．分清主次

计算机系统产生的故障各种各样，有时可能会有几个故障同时存在。此时，应分清哪个故障是主要的，哪个故障是次要的。

5．先电源后负载

电源是计算机所有部件的能量之源，如果电源部分出现故障，计算机就无法正常工作。检查故障时就从供电系统开始，排除电源故障后，再检查其他部件是否工作正常。

6．远程帮助

回忆以前处理计算机类似故障的经验，或通过维修资料、网上信息以及请教专家寻求帮助，找到解决的方法。

7．注意安全

首先要保证维修人员自身的安全，还要注意计算机设备的安全。在维修过程中，要严格按照前面所介绍过的计算机维护方法与操作要求来进行维修。

7.1.4 处理故障的一般方法

处理计算机故障，先判断是软件故障还是硬件故障，然后再具体确定故障点以便排除故障。当加电启动时能进行自检，能显示自检后的系统配置情况，则说明故障的原因由软件引起的可能性较大，否则硬件故障的可能性较大。如果是软件故障，可再具体确定是系统软件还是应用软件的故障。如果系统启动不正常，可能是系统软件故障，如果运行某个软件时出现故障，则极可能是应用软件故障。不过具体问题还需具体分析，有时也可能二者均有问题，此时就需要一一排除。本书重点讲述硬件故障的检测方法。

1．清洁法

有些计算机故障是由于机器内灰尘较多引起的，这就要求在维修过程中，注意观察故障机内、外部是否有较多的灰尘。通常情况下先进行除尘，再进行后续的判断与维修。

2．直观法

直观法是通过感觉、视觉、触觉、听觉等器官，用手摸、眼看、鼻嗅、耳听等方法查找故障元器件。对于中小规模的集成电路，一般表面温度都不会超过 40~50℃，如果发现电路芯片烫手，则该芯片一定有故障。运用视觉就是用眼睛或放大镜仔细察看电路板有无断线、霉变、焊锡和杂物等；观察元器件的表面颜色，如发生焦黄或开裂，则元器件可能损坏。运用嗅觉就是当机器在加电运行过程中，如果部件烧坏，会发出一种异味，此时应立即关机检查。耳听就是听有无异常声音，特别是驱动器的主轴电机转速是否异常、磁头寻道的声音是否异常等。这一方法对一些直观性故障非常有效。

3. 最小系统法

先拔除外围设备，即把连接到计算机外围的所有设备统统拔掉，只留下计算机的基本部件：显卡、内存、CPU，看计算机能否启动，再逐一接插其他设备并逐一观察计算机的工作现象。

4. 插拔法

使用插拔法确定故障点是计算机维修中常用的方法。使用该方法之前一定要关闭所有电源，确定完全断电后，轮流将板卡拔出。每拔出一块板卡后开机测试系统能否正常运行，一旦拔出某块板卡后故障消失，则该板卡或相应的扩展槽及负载电路发生故障的可能性较大。如果拔出所有的板卡后故障依然存在，则很可能是主板或电源发生故障。

5. 替换法

替换法是用型号相同无故障的部件替换怀疑有故障的部件，观察故障的变化，从而找到故障的根源。如果换下部件后故障消除，说明该部件有问题；反之，说明其他地方有故障。替换可以是设备级的，如两台显示器的替换，两台打印机的替换，两个键盘的替换等；也可以是板卡级的，如两块显卡的替换，两块网卡的替换等；还可以是芯片级的替换，任何两个可插拔的相同芯片都可以替换，如 BIOS 芯片间的替换，CPU 的更换等。替换法是解决故障的最直接的方法之一，且简单易行，使用的前提是具备两台以上的计算机或两件以上的相同的兼容部件、相同的电缆等。

6. 升温法

该方法很少使用，主要是对环境条件要求比较苛刻。如果计算机工作较长时间或温度升高以后才出现故障，而关机检测时却是正常的，再开机工作一段时间后又出现故障，那么可人为地将环境温度升高，加速一些温度参数比较差的元器件的"死亡"来帮助寻找故障原因。

7. 软件法

由于计算机是一种智能设备，在机器没有完全死机的情况下，可以利用故障测试类软件对计算机硬件进行测试，通过测试的数据判断故障点。比如编制一些小程序，用来检查接口卡芯片故障。运行一些专用的诊断程序，完成对计算机各功能模块的检测，根据检查结果通过比对确定故障部位，然后找出故障点。

8. 敲打法

该方法需要经验比较丰富的技术人员操作，普通人员不宜采用，有时效果可能适得其反，使得计算机的故障扩大。一般用在怀疑计算机中的某部件有接触不良的故障时，通过振动、适当的扭曲，甚至用橡胶锤敲打部件而使故障复现，从而判断故障点。

9. 隔离法

隔离法是将可能妨碍故障判断的硬件或软件屏蔽起来的一种判断方法。它也可用来将怀疑相互冲突的硬件、软件隔离开，以判断故障是否发生变化的一种方法。所谓软、硬件屏蔽，对于软件来说，即是停止其运行，或者是卸载；对于硬件来说，在设备管理器中，禁用、卸载其驱动程序，或干脆将硬件从系统中删除，然后再判定故障点。

10. Debug 诊断卡

利用 Debug 诊断卡诊断故障是计算机维修人员常用的方法。

在实际应用中，以上方法应结合实际灵活使用。因为往往有些故障不是单用一种方法就可以解决的，而是综合运用多种方法才能确定其故障点。

最后作为故障处理步骤和方法的小结给出检查计算机故障的一般流程，如图 7-1 所示。

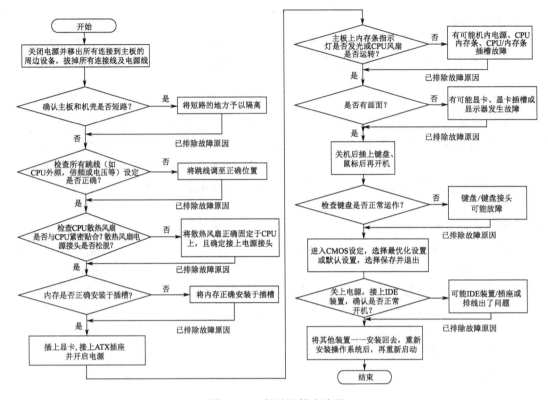

图 7-1 一般故障检查流程

7.2 计算机组装过程中常见的故障与处理

1. 故障一

➤ 故障现象。刚组装完毕的计算机加电后喇叭连续响，似报警声，且显示器无显示。

➤ 故障处理。该主板采用 AWARD BIOS 芯片，根据第 4 章 BIOS 自检声响编码对应故障初步判断，开机后喇叭连续响可能是主板电源的问题。主板连接的部件较多，如连接部件的电源线有问题也会影响到主板的电源。首先检查开关电源，排除了开关电源本身的原因；然后采用插拔法先将各功能板卡取下，现象依然存在；再依次将驱动器电源线、数据电缆拆下，现象仍然存在；接下来拆下内存条，但还是不行，说明问题出在主板，可能是主板电源短路。将主板拆下并重新安装主板，故障消失。

故障原因是固定主板时主板与机箱搭接在一起造成电源短路。

2. 故障二

➤ 故障现象。刚组装的计算机安装 Windows XP 操作系统时可以复制文件，重新启动时提示硬盘重写错误。

➤ 故障处理。因硬盘能格式化且能复制文件，故认为在安装过程中操作有误，重新安装操作系统，依然提示硬盘回写错误，经分析认为硬盘可能有坏扇区，对硬盘重新格式化并重新安装 Windows XP 操作系统，现象还是存在。接下来检查硬盘的连接数据线，硬盘为 IDE 接口，发现数据线的第 1 线（红线）在插头连接处断裂，更换数据线后机器工作恢复正常。

IDE 接口的第 1 脚为 Reset 复位信号，重新启动计算机时，硬盘的复位信号未起作用导致硬盘复位失败，起始状态混乱而提示重写错误。

3. 故障三
➢ 故障现象。刚组装完毕的计算机加电后喇叭连续响几声长声，且显示器无显示。
➢ 故障处理。不同的主板 BIOS 芯片，自检出现故障时的响声编码也不相同。查看得知是 AWARD BIOS 芯片，由此根据声音初步判定是内存条未插好，重新插装内存条，故障依旧；更换内存插槽还是不行；更换内存条重试仍不解决问题，故排除内存的故障。因显示器无显示，重插和更换显卡后，现象依然存在，排除显卡的故障。根据计算机的启动过程分析，计算机加电先检测显卡，既然显卡正常，显示器就应该有显示，因此判定 CPU 可能没有正常工作，察看 CPU 供电插头，发现没有插到底。安装好 CPU 后故障消除。

4. 故障四
➢ 故障现象。一台新组装的计算机，所有硬件装完毕后，安装 Windows XP 操作系统，当系统文件复制完成后重新启动计算机，进入系统配置阶段突然发生蓝屏死机。
➢ 故障处理。根据故障现象首先分析硬件系统，采用排除法，当排除到内存条时，故障现象解除。对比内存条后发现原安装内存条是假冒某品牌的内存条，该假冒内存条极其逼真，如果不是与真品比较很难识别。

5. 故障五
➢ 故障现象。刚组装完毕的计算机加电后箱喇叭长时间报警，提示内存无法通过自检。
➢ 故障处理。机箱喇叭提示表现，故障的根源就在内存条。将内存条从机器中取出，用橡皮泥仔细地擦拭内存条的金手指，并仔细检查内存条上的小元器件，发现没有太大的问题，重新插入机器后故障并没有得到解决，问题依旧。再仔细检查内存插槽，发现槽中的第 5、第 6 脚碰在了一起，短路了。用小镊子轻轻将碰在一起的第 5、第 6 脚分开，故障排除。

7.3 常见的死机故障与处理

死机是众多用户经常遇到的现象。死机时的表现多为"蓝屏"，无法启动系统，画面"定格"无反应，鼠标、键盘无法输入，软件运行非正常中断等。尽管造成死机的原因很多，但导致其发生的根源大多是软件或硬件故障。

7.3.1 由硬件原因引起的死机

1. CPU 原因

CPU 超频、过热、核心电压设得过低、CPU 工作正常但过热保护的温度值设得太低等都是引起死机的原因。超频能提高计算机的处理速度，但同时也可能导致 CPU 的工作变得不稳定。如果 CPU 超频了，先返回默认频率试一试。

打开机箱检查 CPU 风扇是否正常转动，散热器的温度是否过高，散热片有无松脱。正常情况下，手摸 CPU 散热片应感觉暖而不烫手。在保证 CPU 工作温度正常的前提下，查看 CMOS 中 CPU 过热保护的温度值是否设得太低。当 CPU 温度控制系统检测到 CPU 温度高于保护设定值时，温度控制系统会自动关机或重启。如果设得过高会失去保护作用，但过低又会导致系统误以为 CPU 过热而"罢工"。

2. 内存原因

计算机的大多数故障都是内存引起的。主要有内存条松动、接触不良、兼容性问题或内存条本身的质量问题，还有就是电压和频率没有被正确设置（电压不足或工作频率过高）。

如果刚搬动过计算机，很可能是搬运过程中弄松了内存，打开机箱把其按紧，或者干脆拔出重插一遍。如果计算机用久了，可能是灰尘导致的接触不良，可用橡皮擦拭内存条的金手指，清除内存条上的灰尘，同时把内存插槽里的灰尘吹掉。如果是新组装的机器，可能是内存的电压和频率设置不正确，启动 BIOS 设置程序重新设置。

3．硬盘原因

硬盘故障主要是硬盘数据线损坏，硬盘老化或由于使用不当造成坏道、坏扇区等原因。一般可先更换硬盘数据线，若故障依然存在，就是硬盘本身的问题。硬盘运行时一旦读取到坏道、坏扇区，就有可能死机。另外就是硬盘机械故障，这种故障常常有前兆，例如，硬盘发出较大的噪声，开机自检到硬盘时死机或者平时死机时伴随着较大的"咯咯"声，出现上述情况时，最好马上将有用的数据备份后，把硬盘送去维修。

4．显卡原因

如果死机多发生在运行 3D 游戏时，则显卡的嫌疑也很大。先检查显卡是否插好，同时也要注意显卡的温度，若显卡的某一部分特别热，可先尝试自行换装风扇加强散热，若还不解决问题，说明显卡有问题。

5．主板原因

由主板引起的死机原因检查比较困难，可在最小系统后采用替换法。把显卡、CPU、内存安装到一台正常的计算机上进行检查，排除显卡、CPU、内存的原因后，确定主板是否有问题，仔细检查主板上各种接口、焊点、板载元器件。如无其他维护条件可以考虑更换主板。

6．电源原因

如果是新组装或硬件刚升级的计算机，应考虑电源功率是否不足。主要表现为读任何光盘时均易死机，开机有时会因找不到硬盘而导致系统挂起（排除硬盘或光驱故障的可能性）。有多个硬盘的可先尝试拔掉"多余"的硬盘开机测试。

目前许多家用电器特别是变频空调、洗衣机、微波炉等，启动瞬间会产生一个较大的脉冲，如果电源抗干扰能力不好就会引起输出电压有波动，甚至其变化范围超出硬件可承受的范围而导致死机。

7．机箱原因

劣质的机箱会使各个硬件安装无法到位，从而导致接触不良。若不想更换机箱，可用手试着掰一下，看能否安装到位。另外，对于这种机箱，显卡等扩展卡的固定螺丝最好垫上绝缘垫圈。机箱里的数据线和电源线最好捆扎起来。

7.3.2 由软件原因引起的死机

1．驱动程序有 Bug 错误

有的 3D 软件和一些特殊软件，可能在某台计算机上不能正常安装或者启动（排除配置过低的问题）。排除硬件故障可能性，则可能是软、硬件不兼容，或者硬件驱动程序本身或这个软件本身有问题。解决的办法是，到一些软件下载网站（如华军软件园）搜索是否有这个软件的相关补丁文件下载，或尝试更新主板、显卡等硬件的驱动程序，但注意一般不要追求最新的版本，最新的不一定是适用的。

2．劣质盗版软件的问题

盗版软件在进行破解、修改时做得不好，导致错漏百出，很不稳定。如果有这种情况，应更换正版软件重新安装。

3．病毒原因

经常更新杀毒软件的病毒库，定时杀毒，不要轻易打开和运行来历不明、作用不明的程序、文档以及邮件附件。

4．虚拟内存不足

由于一些应用程序运行时需占用大量的内存，这就需要虚拟内存的帮助。虚拟内存是系统在硬盘上划出的一些空间，并将它看作是物理内存，用来存储一些暂时没用到，但很可能马上就要用到的数据。这个空间在默认情况下是从系统盘划分的，如果系统盘（一般是C盘）的剩余空间太少，就可能在运行大型程序时出现问题，轻则无故自动退出报错，重则死机。因此，要保证系统盘有足够的空间以满足虚拟内存的需要。同时，要养成使用硬盘的好习惯，不要把什么东西都塞到C盘里，尤其是固盘作C盘的情况更要注意。最好定期清理磁盘，清除其中的垃圾文件。最简单的办法是使用"附件"中的"磁盘清理程序"，虽说不太彻底，但绝对安全。

5．操作系统故障

这是最常见的故障。最彻底的解决办法是备份重要信息，格式化系统盘，重装系统。

最后给初接触计算机的读者提个醒，用计算机时不能太心急。打开一些大软件或连续打开几个程序，系统肯定忙不过来，要稍等一会。有的读者见计算机没反应，就再打开一次，结果同一个软件就打开了两个，甚至三四个窗口。对于一般的小软件还好，如果是大软件同时打开几个窗口或多个程序，一般的计算机都会因内存不足而停止响应，此时如果认为又"死机"了并按Reset按钮重启系统，这样的恶性循环发生几次，系统就会受到致命的损坏。

7.4 常见的黑屏故障与处理

显示器黑屏故障是使用计算机时常见故障，由于它的成因较为复杂，许多人对其故障出现后如何解决束手无策。显示器黑屏故障按其故障的成因，可大致划分为由计算机硬件故障引起的黑屏和软件引起的黑屏两类，其中硬件故障引起的黑屏故障较为常见。

7.4.1 计算机硬件故障引起的黑屏故障

1．主机电源引起的黑屏

主机电源损坏或主机电源质量不佳引起的黑屏故障很常见。例如，当添加了一些新设备之后，显示器便出现了黑屏故障，排除了部件质量及兼容性问题后，电源质量不好、动力不足是故障的主要起因，这时也许还可听到机内喇叭连续报警，最好的解决办法是更换大功率的优质电源。

2．配件质量引起的黑屏

计算机配件质量不佳或损坏，是引起显示器黑屏的主要原因。例如，主板及主板BIOS、内存、显卡等出现问题肯定会引起黑屏。这时用替换法更换显卡、内存、甚至主板、CPU是最快捷的解决办法。

3．配件间连接不当引起的黑屏

内存、显卡等与主板的插接松动造成接触不良是引发黑屏的另一主要原因。显卡与显示器连接不当也可能引发这类故障，更有甚者如果硬盘或光驱数据线接反也有可能引起黑屏。

4. 超频引起的黑屏

过度超频或给不适合于超频的部件进行超频，不仅会造成黑屏故障的产生，严重时还会引起配件的损坏。另外，过度超频或给不适合于超频的部件超频后引起的散热不良或平常使用中散热风扇损坏等，都会造成系统自我保护死机黑屏。

5. 显示器自身故障引起的黑屏

显示器自身故障也是造成黑屏的原因之一，检测的方法很简单，换一台正常的显示器试一试便可以知道。另外，不要忘记排除电源线和信号线引起的故障。

6. 显示器设置不当引起的黑屏

显示器分辨率如果设置低于其指标值太多，在 Windows 环境下就可能给启动带来画面分层现象，影响视频正常输出而导致黑屏；如果设置过高，显卡有可能不支持而出现画面严重抖动，导致黑屏。

7.4.2 计算机软件故障引起的黑屏故障

1. 病毒发作引起的黑屏

流行病毒一旦发作，轻则引起操作系统瘫痪，重则造成启动故障，通常导致显示器黑屏。对于一般性病毒攻击系统引起瘫痪导致的黑屏，只需在 DOS 下杀毒后就能恢复正常。对于病毒引起的无法启动的黑屏故障，通过杀毒软件所提供的备份和恢复硬盘主引导记录和 C 盘引导扇区功能来恢复系统，解决黑屏问题。

2. 由系统设置引起的黑屏

一种情况是，将显示器电源节能管理方式设置在一定时间内（如 15 分钟）自动关闭监视器；另一种情况是，将计算机系统转为"睡眠状态"之后，又因为系统内文件碎片过多、文件过于混乱，而无法重新唤醒系统引发"黑屏"。

对于第一种情况的解决方法是：右击鼠标，选择"属性/屏幕保护程序/设置/关闭监视器"，将其设置为"从不"即可。对于第二种情况的解决方法是：如果是机械硬盘，单击"开始/程序/附件/系统工具/磁盘碎片整理程序"对硬盘中文件碎片进行整理。如果硬盘有错误，需先修复错误后才能进行碎片整理；如果是固盘，禁止计算机转为"睡眠状态"。

3. 硬件驱动程序不合适引起的黑屏

在应用程序、游戏软件等运行过程中频频死机而导致黑屏，主要是由于硬件的驱动程序与系统应用程序冲突，导致在机器运行中出现突然黑屏或重新启动，可以通过安装更新版本的硬件驱动程序来解决此类问题。

4. 硬件加速设置过高引起的黑屏

硬件加速可以使得要处理大量图形的软件运行得更加流畅，但如果计算机硬件加速设置得过高，可能导致黑屏现象。为解决黑屏故障，先尝试降低硬件加速。在 Windows 桌面空白处右击，选择"属性/设置/高级"，单击"疑难解答"选项卡，在"硬件加速"下，将滑块从"全"逐渐拖动到接近"无"的位置，然后单击"确定"按钮。

7.5 常见的花屏故障与处理

显示器花屏故障是使用计算机时常见的故障，引起故障的原因一般分为硬件故障和软件故障。

7.5.1 由硬件故障引起的花屏

1．显示器部件老化引起花屏

显示器使用多年后，内部的元器件、背光灯会出现老化，导致屏幕灰暗、字体模糊不清、颜色不正的现象。这时先换背光灯试试，不行再换老化的元器件，故障一般都能够排除。

2．显示器与显卡连线松动引起的花屏

显示器屏幕出现杂点、杂波等花屏现象，检查显示器与显卡的连线是否松动，重新连接后故障排除。

3．显示器与显卡插头插针有问题引起的花屏

显示器屏幕出现时好时坏的偏色花屏现象，检查显示器与显卡的连线插头是否有插针要断，如果是持续偏色，有可能是已有断针，或有针出现了弯曲，排除此类故障需要更换插头。

4．显卡与主板接触不良引起花屏

显示器屏幕出现各种颜色的横条纹，清洁显卡的金手指，重新安装显卡，故障排除。

5．显卡主控芯片散热不良引起花屏

计算机工作一段时间后，突然出现黑屏或花屏，特别是环境温度较高时出现此现象，要重点检查显卡的散热器，看一下散热风扇有没有停转，散热片是否烫手，如果有这两种情况，则要重点改善显卡的散热系统，清除散热风扇和散热片的积尘，理顺凌乱的线，这些情况都解决后现象仍不能排除，则考虑更换显卡。

6．显存损坏引起花屏

显存损坏，系统启动时就会出现花屏现象，表现为字符混乱，无法辨清。如果显存出现问题，或更换显存或更换显卡。更换显存要几片同时更换。

7.5.2 由软件故障引起的花屏

1．病毒发作引起花屏

某些病毒发作时也会出现花屏，这时的花屏并不是硬件导致，因此如果重新启动机器，也可以将故障排除，但治本的处理方法是用杀毒软件将病毒彻底查杀。

2．显卡与某些应用程序有冲突引起花屏

在计算机使用过程中，退出某些应用程序时就会出现花屏，随意击键均无反应，类似于死机，一般重新启动计算机后，故障即可排除。这可能是该应用程序与显卡驱动程序冲突，可以重新安装显卡驱动来解决。

7.6 案例分析

在诸多计算机故障中，计算机无法正常启动是最令用户头痛的事了。本节主要以 Windows XP 操作系统为基础，介绍计算机无法正常启动故障的诊治。

1．故障一

➢ 故障现象。系统完全不能启动，电源指示灯不亮，也听不到冷却风扇的转动声音。

➢ 故障处理。此类故障基本可以认定是电源部分故障。首先检查电源插座是否有电，电源线插头是否插好，主板电源插头是否连好，UPS 电源是否正常供电，最后确认电源是否有故障。确认电源故障最简单的方法就是替换法，即拿一个好的电源换上，观察计算机启动是否正常。

2．故障二

➢ 故障现象。电源指示灯亮，风扇转，但没有明显的系统工作迹象。

➢ 故障处理。这种情况如果出现在新组装的计算机上，应该首先检查 CPU 是否插牢或直接更换 CPU；而正在使用的计算机，其 CPU 损坏的情况比较少见（人为损坏除外），损坏时一般多带有焦糊味；如果刚刚升级了 BIOS，就要考虑 BIOS 损坏问题（BIOS 莫名其妙地损坏也是有的）。

确认 CPU 和 BIOS 没问题后，就要考虑 CMOS 设置问题，如果 CPU 主频设置不正确也会出现这种故障，解决方法就是将 CMOS 信息清除，即将 CMOS 放电。一般主板上都有一个 CMOS 放电的跳线（一般标示为 Clear），如果找不到这个跳线可以将 CMOS 电池取下来，放电时间不要低于 5 分钟，然后将跳线恢复原状或重新安装好电池即可。

如果 CPU、BIOS 和 CMOS 都没问题，则还要考虑电源问题。计算机启动时，如果 P.G.信号的低电平持续时间不够或没有低电平时间，机器将无法启动；如果 P.G.信号一直为低电平，则计算机系统始终处于复位状态，这时也出现黑屏、无声响等死机现象。但这需要专业的维修工具，以及一些维修经验，因此建议采用替换法。电源没有问题就要检查是否有短路，确保主板表面不和金属接触，特别注意机箱的安装固定点。把主板和电源拿出机箱，放在绝缘体表面，如果能启动，则说明主板有短路现象；如果还是不能启动，则要考虑主板问题，主板故障较为复杂，可以使用替换法确认，然后更换主板。

3．故障三

➢ 故障现象。系统能启动，有视频，但出现故障提示。

➢ 故障处理。可以根据提示来判断故障部位。下面就是一些常见的故障提示的判断。

（1）提示"CMOS Battery State Low"。CMOS 电池电压低，它可导致 CMOS 参数丢失，或有时可以启动，使用一段时间后死机，更换 CMOS 电池即可。如果更换电池后时间不久又出现同样的现象，很可能是主板漏电，可检查主板上的二极管或电容是否损坏，也可以跳线使用外接电池，不过这些都需要有一定的硬件维修基础才能完成。

（2）提示"Keyboard Interface Error"后死机。键盘接口错。多数情况是因为 PS/2 接口键盘未插好，可拔下键盘，重新插入即可。如重新插入后能正常启动系统，使用一段时间后键盘又无反应，这种现象主要是多次拔插键盘引起主板键盘接口松动，拆下主板用电烙铁重新焊接即可。也可能是带电拔插键盘，引起主板上一个保险电阻断了（在主板上标记为 Fn 的物体），换上一个 1Ω/0.5W 的电阻即可。

（3）提示"Keyboard is Lock...Unlock it"。键盘被锁住。打开键盘锁后重新引导系统。

（4）提示"Detecting Primary Master... None"等信息。在 IDE 接口没有找到设备。如果该 IDE 口确实接有硬盘或光驱的话，则说明电缆（数据、电源）没接好或驱动器有故障，可以从以下几方面检查。首先检查电源线和数据线是否接触不良，或换一根电源线、数据线接线；若故障没有排除，再检查 CMOS 设置有无错误，进入 CMOS 将"Primary Master"、"Primary Slave"、"Secondary Master"三项的"Type"都设置成"Auto"，重启机器后若故障依然存在，用替换法确认设备本身是否有故障。

由于 CMOS 设置不当还会出现"CMOS Checksum Failure（检验和错误）"、"CMOS System Option Not Set（系统未设置）"、"CMOS Display Type Mismatch（显示类型的设置与实测不一致）"、"CMOS Memory Size Mismatch（内存容量设置与实测不一致）"、"CMOS Time & Date Not Set（没有设置时间和日期）"等提示信息，进入 BIOS 对有关参数重新设置即可。

4. 故障四

➢ 故障现象。系统不能引导。

➢ 故障处理。这种故障一般都不是严重问题，通常是由于系统在用于引导的驱动器中找不到引导文件，如 BIOS 中设置的引导顺序为先光驱后硬盘，但光驱中放有非引导系统盘，就会出现此类故障。只要将光盘取出就可以解决问题，实际应用中遇到"Disk Boot Failure, Insert System Disk And Press Enter"的提示，多数都是这个原因。如果采取上面的措施后还是不能引导系统，则说明硬盘有问题。如果硬盘数据线没插好，多会出现硬盘容量检测不正确和引导时出现死机的现象，只需重新连接好数据线即可；另外一种情况是硬盘数据损坏，需要用启动光盘启动或 USB 启动。具体的的处理方法根据实际情况而定。

• 提示"Invalid partition table"（无效的分区表），或"NON SYSTEM DISK OR DISK ERROR"（MBR 被破坏，或分区结束标志遭破坏），或"Not Found any [active partition] in HDD Disk, Boot Failure, Insert System Disk And Press Enter"（在硬盘中没发现活动分区，启动失败），这需要对硬盘重新分区或指定活动分区。

• 提示"Primary master hard disk fail"，可能是硬盘数据线、电源线两者至少有一个没插好，BIOS 中硬盘参数设置有误或者硬盘存在物理损坏。

• 提示"SMART Failure Predicted on Primary Master"，是 S.M.A.R.T 技术诊测到硬盘可能出现了硬件故障或不稳定情况，警告需要立即备份数据并更换硬盘。

• 提示"Miss operation system"，这种情况是未找到操作系统，需要重装操作系统。

• 提示"Invalid system disk, Replace the disk, and then press any key"时出现死机，说明硬盘上的系统文件丢失或损坏。用 Windows XP 安装光盘启动，启动后按下 Shift+F10 组合键调出命令提示符，使用"sys C:"命令传递系统文件给 C 盘，再将 Command.com 复制到 C 盘。

5. 故障五

➢ 故障现象。一台品牌机，安装的是 Windows XP 操作系统。在控制面板的系统选项中修改主板 IDE 控制接口为启用双 IDE 通道。重新启动机器，在显示 Windows XP 启动界面后黑屏。

➢ 故障处理。因故障的发生是由操作系统对主板 IDE 控制接口属性的修改直接引起，加上计算机能完成启动的前半部分——开机自检、引导操作系统直至 Windows 运行至对系统硬件初始化时方死机。该故障显然是硬盘与芯片组不兼容，使用 IDE 通道默认值倒没什么问题，一旦启用双 IDE 通道，不兼容性就立即凸显。首先考虑进入 Windows XP 安全模式，将选项修改回来，然而该方法不奏效。再次进入安全模式，将主板驱动程序、硬盘驱动程序全部删除后重启计算机。重启后，重新找到主板、硬盘驱动程序并安装。再次重启后，Windows XP 竟然仍旧记住了原先的设置，又一次以同样的现象死机。只好将 Windows XP 直接在原来的目录进行覆盖性重装。硬件驱动程序安装好后，Windows XP 还是以同样的现象死机。现在只有删掉 Windows 主目录，再一次重装操作系统，故障排除。

Windows XP 的系统配置是以用户配置文件存在的，这些文件只有删除目录才能改变。通过以上对具体故障实例排除过程的介绍，不难看出一般性故障的解决并不是那样困难，即使是现象比较复杂，细心再加上一些实际经验，问题往往都会容易得到解决。

6. 故障六

➢ 故障现象。开机黑屏，显示器工作指示灯由绿变黄，硬盘由于寻道发出高速的旋转声变为低速的旋转声，硬盘灯灭，无开机报警声。

➢ 故障处理。开机黑屏是一类原因较多，情况比较复杂的故障类型，提示信息少，计算机完全无法正常启动，经验较少者往往感到难以入手。因一开机就无法运行，很容易就可判断这类故障属于硬件故障（病毒破坏 BIOS 数据或 BIOS 升级失败，往往也会造成开机黑屏，不过这也应属于硬件故障）。首先回忆故障发生前曾经装卸过第二硬盘，很可能是因为硬盘数据线未插紧（因数据线有防反向插入的小凸起，故数据线插反不可能）。仔细将硬盘数据线与主板、硬盘牢固连接后，再次开机，故障依旧。因故障发生在拆装计算机部件之后，极有可能是安装过程中触动某插接件造成接触不良，而能够造成这种故障现象的插件可能是内存或显卡。拔去内存条，再次开机，计算机发出长响不断，表明无法检测到内存。因故障现象发生改变，可以判断出故障应出在内存处。仔细将内存插入插槽，再次开机，故障排除。

7．故障七

➢ 故障现象。插入 USB 设备，系统提示"无法识别的 USB 设备"，如图 7.2 所示。

➢ 故障处理。导致 USB 设备无法识别，主要由以下几方面的原因造成。

（1）USB 驱动没有正常安装。这是最为主要的一种故障了，当插入 USB 设备后，系统通常会提示"发现新硬件"，并安装驱动程序，如果认为有风险或者感觉麻烦而单击了"取消"按钮，就会造成 USB 驱动无法正常加载，从而使 USB 设备无法识别。处理办法是，在桌面"我的电脑"上右击鼠标，打开"设备管理器"，双击"通用串行总线控制器"，找到有问号的 USB 设备并卸载，重新插入 USB 设备，重新加载 USB 驱动。

（2）所用操作系统过度精简，通用 USB 驱动被精简掉，或被病毒破坏。Windows XP/7/8 自带的驱动包已经包含了很多被微软认可的驱动程序，可以识别很多设备驱动，当然也包含 USB 设备驱动。各种精简版 Windows 系统，驱动程序也是被精简的一个方面。个别时候也有可能是遭到病毒的破坏。处理办法是，遇到这种情况可以找官方驱动程序如附带的光盘，或者使用驱动精灵升级驱动。

（3）新安装 USB 设备的制造商使用非常规芯片和技术。这主要分为两种情况：一是大厂商为了保护自己的芯片技术，没有使用标准的芯片，或者加密了数据的读写机制，或没有公开芯片参数，使通用 USB 驱动程序无法为其加载对应的 USB 驱动；二是山寨 USB 设备厂商，使用了不符合行业规范的次品，同样不能从常规的 USB 驱动包中找到对应的驱动。处理办法是，到这些 USB 设备制造商的官方网站下载最新的驱动程序包，或者找到原配光盘驱动程序。

（4）USB 硬件故障。这时要先分辨是计算机 USB 接口问题还是 USB 设备的问题：用不同的 USB 设备接同一 USB 接口看能否识别，如能识别则是 USB 设备的问题；用同一 USB 设备在其他计算机上正常，而在本机上无法识别则有可能是本机 USB 接口故障。

如果是U盘等USB存储设备故障，可以考虑使用官方的量产工具初始化一次以排除故障。大型存储设备，如移动硬盘可以考虑使用带供电接口的 USB 连线尝试是否能排除故障。

如果是计算机 USB 接口故障，可以拔掉其他 USB 设备，以获得足够的 USB 电压等方法尝试是否能排除故障。

（5）CMOS 中禁用了 USB 设备。进入系统 BIOS，在主板设定相关项目里找到 USB Device，如果该项被设置为"Disable"，则将其更改为"Enable"。

8．故障八

➢ 故障现象。将 USB 移动硬盘连接到计算机上，系统没有反应，而移动硬盘上的指示灯一直闪烁。可能同时伴随移动硬盘发出有节奏的"咔咔"声，好像硬盘有故障似的。

➢ 故障处理。这种情况多数是由于 USB 设备电力供应不足导致的。先尝试换一个接口，前置接口不行再试试后置接口。如果不行，检查所用 USB 连线是否是原配，有些 USB 连线较细，电阻大，降压多，会使设备供电不足，在没有原配线的情况下，如果手头连线上有两个 USB 接口，就把两个接口都连接到计算机上。如果还是不行，就必须找到原配线或比原配线更粗的连线进行连接。以上措施如果都未解决问题，就要参考前述故障七，判断是否为 USB 硬件故障。

另外，如果是 USB3.0 接口的移动硬盘连接到 USB2.0 接口上，由于 USB2.0 接口最大电流供应能力仅有 500mA，在无外接电源时，一些耗电较高的移动硬盘就不能工作，即使勉强能工作，损坏硬盘的情况也不少见。

9. 故障九

➢ 故障现象。计算机工作在 Windows 7 系统，经常出现方格状花屏并死机；或花屏后又变黑屏，大概过 1~2s 后屏幕恢复显示，并出现"显示器驱动已停止响应，并且已恢复"的提示，如图 7.3 所示。

➢ 故障处理。此类现象算不上真正的故障，一般尝试从以下方面进行解决：升级显卡的驱动程序，改善显卡的散热条件，更换一个功率更大些的优质电源。

图 7-2　提示无法识别的 USB 设备

图 7-3　提示显示器驱动已停止响应并且已恢复

10. 故障十

➢ 故障现象。开机后，显示器出现各种颜色的横条纹。

➢ 故障处理。首先用杀毒软件查杀病毒，没有病毒，软件故障排除。检查显示器与主机之间的连线，故障依旧。断电打开机箱，发现显卡有点松动，原来此机器是夏天买的，到了冬天，又是北方地区，天气寒冷，由于热胀冷缩的原因显卡松动了。重新固定显卡后，故障排除。

特别提示

冬季，特别是北方，当室内温度降至大约 14℃以下时，经常出现第一天晚上正常关机的机器，第二天启动不起来了，按下开关后，除了电源指示灯亮外，机器没有任何反应。这种情况多出现在组装机上。原因是各部件因冷缩程度不同，导致出现了接触不良。这时可以拔下显卡与显示器连线并重新连接，拔下鼠标、键盘重新连接，看是否能启动。如果仍然不能启动，就要打开机箱，拔下内存条重新安装，有时还需要拔下显卡重新安装，通常就能够正常启动了。

本 章 小 结

本章主要讲述了计算机故障处理的一般步骤和方法，并就计算机组装过程中常见的故障与处理方法进行了较详细的讲解，另外还分析了常见的死机、黑屏及不启动故障的原因及其处理方法，以期对读者在故障处理方面有一定的帮助。计算机故障现象是多种多样的，且同样的故障现象其原因也不尽相同，同样的故障原因也会导致不同的故障现象，所以具体问题还需具体分析。要想做到手到"病"除，还需要在实践中多见多练，不断积累经验，提高维修水平。

习 题 7

【基础知识】

1．单项选择题

（1）计算机硬件安装完成后，加电发现面板工作指示灯不亮而其他一切正常，这时可能没有接好插针（　　）。

    A．HDD LED　　　B．POWER LED　　　C．RESET SW　　　D．ATX SW

（2）检查计算机故障的步骤是（　　）。

    A．先静后动、先软后硬、先外后内、先电源后负载

    B．先静后动、先外后内、先软后硬、先电源后负载

    C．先静后动、先硬后软、先外后内、先电源后负载

    D．先静后动、先软后硬、先内后外、先电源后负载

（3）以下方法中（　　）不是处理计算机故障的常用方法。

    A．插拔法　　　B．替换法　　　C．直观法　　　D．升温法

（4）如果计算机开机后既无报警声也无显示，电源指示灯不亮，应先从（　　）入手检查。

    A．显卡　　　B．CPU　　　C．内存条　　　D．电源

（5）某台式计算机安装了一块硬盘和一个光驱，设备共用一条 IDE 数据线安装在主板 IDE 1 接口上。开机启动，正常进入 BIOS SETUP，但选择 IDE HDD AUTODETECTION 项时检测不到硬盘，经测试硬盘和光驱无问题，试判断故障原因（　　）。

    A．硬盘未装入操作系统　　　　　　B．光驱中未放入光盘

    C．硬盘与光驱主从设备冲突　　　　D．硬盘与光驱不能连在一条电缆上

（6）某兼容机，使用一段时间后突然发生故障，启动后运行数分钟自行热启动，关机后再启动故障依旧。经检测该机所装软件均无问题，试判断可能发生故障的部位是（　　）。

    A．主板上的内存条　　B．CPU 散热不良　　C．主机电源　　D．硬盘驱动器

（7）某计算机开机后既无报警声也无显示，电源指示灯不亮，应先从（　　）入手检查计算机。

    A．主板　　　B．电源　　　C．显卡　　　D．内存

（8）目前计算机病毒扩散最快的途径是（　　）。

    A．通过软件复制　　B．通过网络传播　　C．通过磁盘复制　　D．运行游戏软件

2．多项选择题

（1）解决插槽引脚氧化而引起的接触不良的办法是（　　）。

    A．硬纸擦拭　　　B．用水清洁　　　C．来回插拔板卡　　　D．用专用清洁剂清洁

（2）和主板电池有关的故障现象有（　　）。

    A．机器开机时不能正确找到硬盘　　B．机器加电无显示

    C．开机后系统时间不正确　　　　　D．CMOS 设置不能保存

（3）由软件故障造成的启动异常现象有（　　）。

A．丢失文件 B．系统不稳定
C．不能进入操作界面 D．不能输入汉字

（4）如果在安装操作系统时鼠标不能使用，这时应检查（　　）。

A．鼠标是否连好 B．CMOS 设置
C．键盘是否能用 D．安装光盘是否在光驱内

（5）硬件不兼容主要表现在某个配件在某台计算机上（　　）。

A．不能工作 B．工作不稳定
C．系统提示硬件资源冲突 D．不能开机

（6）一台计算机如果没有（　　）部件，该计算机根本无法启动。

A．主板 B．内存 C．电源 D．CPU

（7）计算机加电后机内电源部分工作正常，风扇转动，但机器无声响无显示，系统死机，可能的原因是（　　）。

A．主板接口电路故障 B．CPU 故障
C．硬盘故障 D．COMS 电池故障

（8）为防止电网电压波动对计算机工作造成影响，应该（　　）。

A．与空调器分开供电 B．与电冰箱分开供电
C．与 UPS 分开供电 D．与洗衣机分开供电

3．判断题

（1）声卡不能输出声音的原因是驱动程序默认输出为"静音"。
（2）AWARD BIOS 自检中发出"1 长 2 短"的声音表示"显示错误"。
（3）计算机病毒不可能破坏硬件。
（4）当电源风扇声音异常或风扇不转时，一定要立即关机，否则会导致机箱内部的热量散发不出去而烧毁器件。
（5）开机出现"CMOS Battery Failed"时，表示 CMOS 电池失效或 CMOS 电池的电力不足，可以更换 CMOS 电池解决。
（6）"HDD Controller Failure "表示硬盘控制器失效。
（7）应养成每次维修之后进行总结的习惯。

4．简答题

（1）故障处理的一般方法是什么？
（2）故障处理的一般步骤是什么？
（3）排除硬件故障的常见方法有哪些？
（4）简述常见花屏的几种现象？

【基本技能】

1．试分析开机无显、无声的故障原因及其排除方法（假设电源工作正常）。

2．计算机为 Windows XP 操作系统。当把硬盘模式设置为 AHCI 后重新启动计算机，开机蓝屏。请分析出现蓝屏的原因，如何解决？

3．如果计算机的并口坏了，现在又要连接并口打印机，这时该如何解决？

4．如果放在电脑桌上的音箱在播放音乐时发生震动，检查音箱底部是否有海绵垫，如果没有，在每只音箱下垫 3 枚陶瓷围棋子（前面两角分别垫一枚，后面中间垫一枚），或在四角分别垫一枚一元硬币（桌面不平用三枚），试试效果。将音箱放在比较厚的橡胶板、新杂志、海绵垫片上，音箱上放一些书籍等试试效果。

【能力拓展】

1. 计算机中很容易出现相互干扰的情况，例如，网卡和显卡由于插得太近会产生干扰，干扰不严重时，网卡能勉强工作，数据通信量不大时用户往往感觉不到，但在进行大数据量通信时，系统就会出现"网络资源不足"的提示，造成计算机死机现象。针对计算机中存在的干扰，提出减小干扰的方案。

2. 探讨 Windows 的安全模式。如果设置显卡的分辨率高于显示器的分辨率，导致显示器不能显示，如何利用安全模式恢复。

第 8 章　计算机整机组装实训

 知识目标

1. 进一步熟悉多媒体计算机组装的全部步骤；
2. 了解优化计算机性能的有关方法；
3. 了解多媒体计算机的有关测试软件。

 技能目标

1. 能根据应用需要设计装机方案，组装不同用途的计算机；
2. 能对计算机的整机性能进行优化；
3. 能使用常用的测试软件对计算机性能进行测试。

组装多媒体计算机是计算机或相近专业技术人员及广大计算机爱好者必须掌握的一门实用技能，进行装机实训是掌握这一技能的最佳途径。本章将综合前面所述内容，按照组装计算机的实际过程，进行计算机组装的训练。

8.1　设计和讲评装机方案

计算机的更新速度越来越快，新技术、新产品层出不穷，其应用也涉及人们生活与工作的方方面面。不同的应用，所需要的软、硬件配置也各有差异。只有结合实际确定配置方案，才能获得最优性能价格比。因此，在购机以前，首先明确买计算机究竟做些什么，需要什么样的计算机，经济实力如何，通过查阅书籍、上网查询，以及到当地的计算机配件市场进行市场调研，了解最新的计算机行情，权衡性能价格比，确定装机方案。

8.1.1　专业图形设计型

专业图形设计领域，品牌机苹果机应该是首选，但价格昂贵，对于经济实力较差的公司或个人来说不是最佳选择。如果合理选择配件，完全可以组装出可用于图形设计的计算机。

组装图形设计硬件平台的重点是显卡，若经济条件允许应首选图形设计专用显卡。由于专用图形显卡价格太高，某些普通显卡也可以达到专业图形显卡的性能和效果，如 Inno（映众）公司的 Inno3D GTX660 冰龙版，经济实力不允许购买专业图形卡的用户可选购此类显卡。内存条应首先选择知名品牌，再选择单条容量大的内存条（节约内存插槽，提供更大的总的内存容量），宇瞻、金士顿、威刚都是不错的选择。图形设计对硬盘的速度要求较高，相对于 IDE 硬盘，SATA 硬盘的读写速度快，多块硬盘使用时免除了主、从盘设置的不便，因此，可以选一块容量较大的 SATA 硬盘作为数据盘，另外再配一块固盘作系统盘。显示器色彩一定要纯正均匀，尺寸足够大，分辨率足够高，最好定位于设计制图类。Eizo（艺卓）、NEC 价格高达数万；华硕、优派、戴尔、三星等性能佳，价格较高；性价比高的是飞利浦；国产品牌中惠科是不错的选择。此外还应选用定位精确、反应速度较快且外形感觉舒适的鼠标。考虑需要交付作品，可配置外置式 DVD 刻录光驱。选购主板时要注意与 CPU、内存、硬盘、显卡的搭配及其扩展性。专业图形设计型计算机的推荐配置如表 8.1 所示。

表 8.1 专业图形设计型计算机的配置方案

名称	品牌和型号	实例参数	价格
CPU	Intel 酷睿 i5 4570（散）	频率：主频 3.2GHz，最大睿频 3.6GHz，外频 350MHz；插槽类型：LGA1150；CPU 内核：核心代号 haswell，四核心，四线程，制作工艺 22nm；TDP 84W；三级缓存：6MB；内存控制器：双通道 DDR3 1333/1600；64 位处理器，支持 Turbo Boost 技术	1100
主板	微星 Z97 GAMING 3	芯片组：Intel Z97；处理器接口：LGA1150；不集成显卡，集成声卡、网卡；内存规格：插槽 4×DDR3 DIMM，最大容量 32GB；显卡插槽：PCI-E 3.0 标准，2×PCI-E X16，2×PCI-E X1；3×PCI；6×SATA III，1×M.2（10Gb/s）；6×USB2.0（4 内置+2 背板）；6×USB3.0（2 内置+4 背板）；1×HDMI，1×VGA/1×DVI/1×Display Port；PS/2 鼠标，PS/2 键盘；1×RJ45；ATX 板型；支持 AMD CrossFireX 混合交火技术；音频特效不支持 HIFI；支持 RAID 0，1，5，10	999
内存	金士顿 8GB DDR3 1600	类型：DDR3；单条容量：8GB；主频：1600MHz；CL 延迟：11-11-11-35；工作电压：1.5V；配置 2 条，单条价格：455	910
硬盘	希捷 Barracuda 2TB 7200 转 64MB SATA3（ST2000DM001）	容量：2000GB；盘片数量：2；单碟容量：1000GB；磁头数量：4；缓存：64MB；转速：7200r/min；接口类型：SATA3.0；接口速率：6Gb/s；平均寻道时间：读取<8.5ms，写入<9.5ms；功率：运行 8W，闲置 5.4W，待机 0.75W；重量：626g	500
固态硬盘	闪迪至尊高速系列 128G SATA3 固态硬盘	容量：128GB；接口类型：SATA3.0；尺寸：2.5 英寸；闪存架构：MLC；读取速度：530MB/s；写入速度：290MB/s；平均寻道时间：0.5ms；支持 Trim	560
显卡	丽台 Quadro 600	类型：专业级；芯片厂商：NVIDIA；芯片：Quadro 600；显存：类型 GDDR3，容量 1024MB；位宽 128bit；最大分辨率 2560×1600 像素；散热方式：风扇；I/O 接口：DisplayPort/DVI；物理特性：3D API，DirectX 11；最大功耗：40W	1690
机箱	游戏悍将核武器 5	机箱类型：游戏机箱；机箱样式：立式；适用主板板型：ATX，MATX	109
电源	游戏悍将红警 RPO600 模组版	电源版本：ATX 12V 2.31；额定功率：600W；风扇：14cm，液压；接口：主板（20+4pin）1 个，CPU（4+4pin）1 个，显卡（6+2Pin）2 个，硬盘（SATA）5 个，供电（大 4pin）3 个；PFC 类型：主动式；转换效率 80%；安规认证 3C	289
CPU 散热器	酷冷至尊暴雪 T4（RR-T4-UCP-SBC1）	散热方式：风冷，热管，散热片；适用范围：Intel LGA 2011/115X/775，AMD FM1/AM3+/AM3/AM2+/AM2；尺寸 131.6mm×72.5 mm×152.3mm；重量：550g；支持智能温控；风扇：尺寸 120 mm×120 mm×25mm，合金轴承，转数（600～1800）±10% r/min，噪音 15.1～31.6dB；热管数量：4，材质：铜；散热片材质：铝；电源参数：12V	120
显示器	HKC T7000Pro（钛空银）	产品定位：设计制图；屏幕：27 英寸，比例 16∶9，最佳分辨率 2560×1440 像素，面板类型 AH-IPS/AHVA；背光类型：LED；动态对比度 5000 万∶1，静态对比度 1000∶1；灰阶响应时间 3ms；显示参数：点距 0.3mm，亮度 250cd/m²，可视角度 178°（水平）/178°（垂直），颜色数 10.7 亿；接口：D-Sub（VGA），DVI-I，HDMI；机身颜色：银灰；消耗功率：≤30W	1999

续表

名称	品牌和型号	实例参数	价格
键盘鼠标	精灵雷神 G7 游戏键鼠套装	系统：Windows 7，Windows Vista，Windows XP，Mac；连接方式：有线；颜色：黑；供电模式：USB 供电；接口：USB 键盘参数：按键数 112，按键技术火山口架构，多媒体功能键 8 个；支持人体工学，手托一体，支持防水功能，支持背光功能（红/蓝双色背光效果） 鼠标参数：工作方式光电，分辨率三挡可调：800/1800/2000 dpi；大鼠；人体工学右手设计；按键数 6 个；双向滚轮；线长 1.5m；七彩呼吸灯；加配重设计	139
光驱	华硕 EXT DVD 刻录机	安装方式：外置；光盘加载方式：托盘式；接口类型：USB 2.0；缓存容量：2MB；颜色：黑；读取速度：DVD-R8X/RW6X/R DL8X/RAM5X/+R8X/+RW8X/+R DL8X，写入速度：DVD-R8X/RW6X/R DL6X/RAM5X/+R8X/+RW8X/+R DL6X；尺寸：134mm×141 mm×20mm；重量：336g	240
音箱	惠威 D1010-4	有源音箱；音箱系统：2.0 声道；调节方式：旋钮；供电电源：220V/50Hz；额定功率：34W；扬声器单元：2×4 英寸；音箱材质：木质	460
合计			9115

注：本书中所有价格均以 2014 年 6 月中关村产品报价为参考，单位为元。购买时应以各地市场实际价格为准。

8.1.2 游戏玩家型

对于游戏来说，CPU 的处理速度并不是影响性能的绝对因素。只要选择够用且恰当的产品，完全能够胜任普通游戏。但对玩大型游戏的玩家来说，选择高端 CPU 是必要的。主板方面，要求能提供性能强大内存通道和高速数据总线。硬盘具有足够的空间和较高的读、写速度很重要。大型游戏很"耗占"内存，所以内存容量大些为好。显卡方面，最新的游戏显卡都是针对最新的技术和游戏开发的，足够的显存和中端以上的显示芯片是流畅游戏的保证。显示器响应要快，可选响应时间短的 TN 面板显示器。键盘、鼠标应选择反应速度快、定位准确的产品。光驱使用不多，可考虑低价格内置光驱。游戏玩家型计算机的推荐配置如表 8.2 所示。

表 8.2 游戏玩家型计算机的配置方案

名称	品牌和型号	实例参数	价格
CPU	Intel 酷睿 i7 4770K	频率：主频 3.5GHz，最大睿频 3.9GHz，外频 100MHz，倍频 39 倍；插槽类型：LGA1150；CPU 内核：核心代号 haswell，四核心，八线程，制作工艺 22nm；TDP 84W；一级缓存 2×64KB，二级缓存 4×256KB，三级缓存 8MB；显卡参数：Intel HD Graphics 4600，基本频率 350MHz，最大动态频率 1.25GHz	2100
主板	微星 Z87-G45 GAMING	芯片组：Intel Z87；处理器接口：LGA1150；不集成显卡，集成声卡、网卡；内存规格：插槽 4×DDR3 DIMM，最大容量 32GB；显卡插槽：PCI-E 3.0 标准，3×PCI-E X16；4×PCI-E X1；6×SATA III；1×mSATA；8×USB2.0（6 内置+2 背板）；6×USB3.0（2 内置+4 背板）；1×HDMI，1×DVI，1×VGA；1×PS/2 键鼠通用；1×RJ45；1×同轴输出接口；1×光纤接口；1×清除 CMOS 数据按钮；音频接口；ATX 板型；支持 NVIDIA SLI 双路交火技术，AMD CrossFireX 混合交火技术；音频特效支持 HIFI	1499
硬盘	西部数据 1TB 7200 转 64MB SATA3 蓝盘（WD10EZEX）	容量：1TB；接口类型：SATA3.0；转速：7200r/min；缓存：64MB；接口速率：6Gb/s；硬盘尺寸：3.5 英寸；单碟容量：1TB；盘片数量：1；功率：读/写 6.8W，闲置 6.1W	380

续表

名称	品牌和型号	实 例 参 数	价格
固态硬盘	浦科特 PX-M5Pro（128GB）	容量：128GB；接口类型：SATA3.0（6Gbps）；尺寸：2.5 英寸；闪存架构：MLC；缓存：256MB；速度：读取 540MB/s，写入 330MB/s；IOPS：读取 92 000IOPS，写入 82 000IOPS；平均寻道时间：1ms；平均无故障时间：240 万小时；支持 S.M.A.R.T.；闪存工艺：19nm；支持 NCQ 指令集，支持 TRIM 指令集	715
内存	金士顿骇客神条 8GB（KHX16C10B1B/8）	类型：DDR3；单条容量：8GB；主频：1600MHz；CL 延迟：10-10-10；工作电压：1.5V；插槽类型：DIMM；质保时间：终身质保	519
显卡	七彩虹 iGame780Ti-3GD5	芯片厂商：NVIDIA，芯片：GeForce GTX 780 Ti；制作工艺：28nm；核心频率：876/1006MHz；显存频率：7000MHz；RAMDAC 频率：400MHz；显存规格：类型 GDDR5，容量 3072MB，位宽 384bit；最大分辨率：2560×1600 像素；散热方式：风扇+热管；接口类型：PCI Express 3.0 16X；I/O 接口：HDMI/双 DVI/DisplayPort；电源接口：8pin+8pin；物理特性：3D API，DirectX 11.1；流处理单元：2880 个；支持 NVIDIA SLI 技术，支持 PhysX 物理加速技术，支持节能技术	5499
机箱	酷冷至尊克斯摩 SE	机箱类型：游戏机箱；机箱样式：立式；适用主板板型：ATX, MATX, Mini-ITX；显卡限长 395mm，CPU 散热器限高 175mm；仓位：5.25 英寸 3 个，3.5 英寸 8 个；扩展插槽 7 个；前置接口：USB3.0×2，USB2.0×2，耳机接口×1，麦克风接口×1；散热风扇：前 2×120mmLED 风扇，顶 2×120/140mm（标配 1 个 140mm 风扇，后 1×120mm 风扇（标配），侧 1×120/140mm 风扇（选配），硬盘位 2×120mm 风扇（选配）；机箱颜色：黑，机箱材质：铝	499
电源	振华冰山金蝶 750W（SF-750P14XE(GX)）	额定功率：750W；最大功率：800W；风扇类型：14cm 智能温控风扇；主板接口（20+4pin）1 个，CPU 接口（4+4pin）1 个，显卡接口（6+2Pin）4 个，硬盘接口（SATA）6 个，供电接口（大 4pin）5 个；交流输入：115～240V（宽幅）/10A/50～60Hz；输出电流：3.3V 24A，5V 24A，5Vsb 3A，12V 62A，-12V 0.5A；PFC 类型：主动式	899
CPU 散热器	ID-COOLING SE-802	散热方式：风冷，热管，散热片；适用范围：Intel LGA 775/115X/1150，AMD AM3+/AM3/AM2+/AM2/FM1/FM2；风扇：尺寸 80mm×80 mm×25mm，液压轴承，转数 2200±10% r/min，噪声 23.4dB；热管数量：2，材质：铜	49
键盘	Cherry MX board2.0 机械键盘（茶轴）	连接方式：有线；接口：USB；按键数：104；键盘布局：全尺寸式；按键技术：机械轴（茶轴）；按键寿命：2000 万次；颜色：黑；尺寸：445 mm×150 mm×25mm；供电模式：USB 供电；每个按键都带有黄金十字触点	449
鼠标	Razer 炼狱蝰蛇 2013	适用类型：竞技游戏；最高分辨率：6400dpi；大小：大鼠；工作方式：4G；连接方式：有线；接口：USB；线长：2.1m；按键数：5 个；滚轮方向：双向；按键寿命：1000 万次；人体工学右手设计；颜色：黑	319
显示器	飞利浦 272G5DJEB	屏幕：尺寸 27 英寸，比例 16：9（宽屏）；最佳分辨率：1920×1080 像素；面板类型：TN；背光类型：LED；动态对比度 8000 万：1；静态对比度 1000：1；灰阶响应时间 1ms；点距 0.248mm；亮度 300cd/m^2；可视面积 597.36mm×336.15mm；可视角度 170/160°；颜色数 16.7M；扫描频率：水平 30～160kHz，垂直 50～146Hz；刷新率 144Hz；接口：D-Sub（VGA）/DVI-D/HDMI/HDMI(MHL)/Displayport，USB3.0×4；机身颜色：黑；底座转动功能：侧转 65°，倾斜-5°～20°，旋转 90°，升降 150mm；电源性能：100～240V/50～60Hz；消耗功率：典型 24.6W，待机 0.5W	2899
耳麦	飞利浦 SHM7110	产品类型：动圈耳机，耳麦；佩戴方式：头戴；功能用途：游戏影音，iPod 耳机；单元直径：40mm；频响范围：18～22 000Hz；阻抗：32Ω；灵敏度：110dB；额定功率：100mW；耳机插头：双 3.5mm 插头；耳机线：2m；产品重量：113g；麦克风参数：动圈麦克风，频响范围：20～10 000Hz	119
合计			15945

8.1.3 商务办公型

商务办公计算机要长时间使用,如果在性能方面出现瓶颈,或者是硬件质量不过关,可能带来重大损失,因此商务办公计算机首先要考虑的是高稳定性;其次是装机数量一般比较多,故在保证"能用"的前提下,能省则省;再者是硬件的使用寿命要长。

办公计算机不玩 3D 游戏,不做图形设计,因此显卡价位可适当降低。使用商务机的用户要长时间对着显示屏,色彩过亮、过于艳丽容易导致眼睛疲劳,所以最好选雾面屏,如不太计较价格成本的话,尽量选节能、安规认证多的产品。关于 CPU,办公用机每天的使用时间都比较长,出现故障的几率也较其他计算机要高一些,在这种情况下,计算机的稳定性就显得比实际性能更重要,所以选稳定性较好的 CPU 比较合适。因为商务机的硬盘数据需要频繁更新、备份,商务机硬盘要承受数倍于普通家用机硬盘的读写次数,因此,在价格相差不大的情况下,保修就更显得尤为重要。使用环境的多样性导致商务办公机用起来要比较泼辣、耐用,所以选用质保时间长的配件很有必要。商务办公型计算机的推荐配置如表 8.3 所示。

表 8.3 商务办公型计算机的配置方案

名称	品牌和型号	实例参数	价格
CPU	Intel 赛扬 G1630	主频:2.8GHz;总线类型:QPI,总线频率 5.0GT/s;插槽类型:LGA 1155;核心数量:双核心;线程数:双线程;制作工艺:22nm;TDP:55W;三级缓存:2MB;内存控制器:DDR3 1333,支持最大内存 32GB;64 位处理器;显卡:Intel HD Graphics,基本频率 650MHz,最大动态频率 1.05GHz	222
主板	华擎 H61M-VS4	芯片组:Intel H61;支持 CPU 内置显示芯片;集成声卡、网卡;支持 CPU 类型 Core i7/i5/ i3,插槽 LGA 1155;内存规格:双通道 DDR3 1600/1333/1066MHz,插槽 2×DDR3 DIMM,最大容量 16GB;显卡插槽:PCI-E 3.0 标准,1×PCI-E X16,1×PCI-E X1;4×SATA2.0;I/O 接口:8×USB2.0(4 内置+4 背板),1×PS/2 鼠标,1×PS/2 键盘,1×RJ45 网络接口;主板板型:Micro ATX;电源插口:1 个 4 针,1 个 24 针电源接口	309
内存	威刚 4GB DDR3 1600(万紫千红)	容量:4GB;类型 DDR3;主频:1600MHz;插槽类型:DIMM;颗粒配置:双面 16 颗;CL 延迟:11-11-11-28;工作电压:1.5V±0.075V	235
硬盘	希捷 Barracuda 2TB 7200 转 64MB SATA3(ST2000DM001)	转速:7200r/min;缓存:64MB;接口:SATA3.0;单碟容量:1TB;总容量:2TB;硬盘尺寸:3.5 英寸;平均寻道时间:读取<8.5ms,写入<9.5ms;功率:运行 8W,闲置 5.4W,待机 0.75W;重量:626g	500
机箱	先马统治者	类型:台式机箱(中塔);样式:立式;结构:ATX;适用主板:ATX,MATX;电源设计:下置;显卡限长:420mm;仓位:5.25 英寸 2 个,3.5 英寸 4 个,2.5 英寸 2 个;扩展插槽 7 个;前置接口:1×USB3.0,2×USB2.0,1×耳机接口,1×麦克风接口;散热风扇:前 1×120mm(选配),后 1×120mm(选配),侧 1×120~140mm 风扇(选配);背部理线;支持免工具拆装;机箱颜色:黑;机箱材质:钢板;机箱尺寸:475 mm×203mm×437mm	129
电源	先马超影 500 主动版	额定功率:400W;电源版本:ATX 12V 2.31;出线类型:非模组电源;风扇类型:12cm 静音风扇;电源接口:主板接口 20+4pin,CPU 接口(4+4pin)1 个;显卡接口(6+2Pin)1 个,硬盘接口(SATA)4 个,供电接口(大 4pin)2 个;PFC 类型:主动式;转换效率:80%;安规认证 3C、CE、FCC	179
键盘鼠标	罗技 MK260 键鼠套装	连线方式:无线;传输频率:2.4GHz;接收器:nano;接收范围:10m;套装颜色:黑;系统支持:Windows 7/Vista/XP;键盘参数:按键数 112;按键技术:火山口架构;多媒体功能键:8 个;支持人体工学;手托一体;支持防水功能;键盘性能:有 8 个热键	120

续表

名称	品牌和型号	实例参数	价格
键盘鼠标	罗技 MK260 键鼠套装	鼠标参数：工作方式光电；分辨率：1000dpi；鼠标大小：普通鼠；人体工学对称设计；按键数：3 个；滚轮方向：双向 包装清单：键盘×1，鼠标×1，保修卡×1，说明书×1，接收器×1，电池×3	120
显示器	优派 VX2370S-LED	产品定位：大众实用；屏幕尺寸 23 英寸，比例 16∶9（宽屏）；最佳分辨率：1920×1080 像素；面板类型：IPS；背光类型：LED；动态对比度 3000 万∶1，静态对比度 1000∶1；黑白响应时间：4ms（最快），7ms（平均）；显示参数：点距 0.265mm，亮度 250cd/m²，可视面积 509.184mm×286.416mm，可视角度 178/178°；显示颜色 16.7M，色域 72%；扫描频率：水平 24～83kHz，垂直 50～76Hz；视频接口：D-Sub（VGA），DVI-D；机身颜色：黑；产品尺寸：532.58mm×409.0mm×179.50mm（包含底座）；产品重量：3.9kg；底座功能：倾斜-5°～20°；电源性能：100～240V/50～60Hz；消耗功率：最大 27W，典型 20W；节能标准：能源之星 5.0；安规认证：CE，CB，BSMI，SASO，C-tick，UL/cUL，FCC-B（including ICES003），TUV-S，UL NOM，Mexico Energy，GOSTR/Hygienic，UkrSEPRO，TCO 5.2，Erp，CCC，China Energy，Energy Star 5.2，EPEAT Silver，WEEE，RoHS，SVHC list；其他性能：sRGB 色彩校正技术，Color Adjust 色彩调节功能，优派独创 Eco-mode 省电模式	1080
合计			2774

8.1.4 校园学生型

学生使用计算机主要是学习学科知识，利用常用办公软件完成作业，课余网上聊天、娱乐等。对于一般学生用户来讲，以满足日常软件使用为度，来选择合适的计算机。不建议购买配置太高的计算机，一方面浪费不必要的资金，另一方面浪费计算机性能资源。显示器方面，从健康节能的角度出发，建议选用以低功耗，且具有健康环保功能获得良好口碑的产品。校园学生型计算机的推荐配置如表 8.4 所示。

表 8.4 校园学生型计算机的配置方案

名称	品牌和型号	实例参数	价格
CPU	AMD A8-5600K	CPU 系列：APU A8；包装形式：盒装；CPU 频率：主频 3.6GHz，动态超频最高频率 3.9GHz；插槽类型：FM2；CPU 内核：核心代号 Trinity，四核心，制作工艺 32nm；TDP：100W；二级缓存：4MB；64 位处理器；集成显卡：基本频率 760MHz，显示核心型号 AMD Radeon HD 7560D	475
主板	微星 A55M-E33	芯片厂商：AMD，芯片组：AMD A55；显示芯片：CPU 内置（需要 CPU 支持）；集成声卡、网卡；处理器规格：AMD A10/A8/A6/A4/Athlon，插槽 Socket FM2/FM2+；内存规格：插槽 2×DDR3 DIMM，最大内存容量 32GB（超频），双通道 DDR3 2133（超频）/1866/1600/1333MHz 内存；显卡插槽：PCI-E 3.0 标准（限 FM2+），1×PCI-E X16；插槽：1×PCI-E X1，1×PCI；4×SATA II 接口；I/O 接口：8×USB2.0（4 内置+4 背板），1×HDMI，1×VGA，PS/2 鼠标，PS/2 键盘，1×RJ45；板型：Micro ATX；尺寸：22.5cm×17.2cm；支持 AMD Dual Graphics 双卡智能加速技术；音频特效不支持 HIFI；电源插口：1 个 4 针，1 个 24 针；RAID 功能：支持 RAID 0，1，10	399
内存	金士顿 4GB DDR3 1600	容量：4GB；类型：DDR3；主频：1600MHz；颗粒配置：单面 8 颗；CL 延迟：11；制作工艺：30nm	240

续表

名称	品牌和型号	实例参数	价格
硬盘	希捷 Barracuda 500GB 7200 转 16MB SATA3（ST500DM002）	尺寸：3.5英寸；容量：500GB；盘片数量：1片；缓存：16MB；转速：7200r/min；接口：类型 SATA3.0，速率 6Gb/s；平均寻道时间：读取<11ms，写入<12ms；功率：运行 6.19W，闲置 4.6W，待机 0.79W	300
电源	航嘉冷静王钻石 2.31 版	电源版本：ATX 12V 2.31；出线类型：非模组；额定功率：300W；风扇类型：12cm温控风扇；接口：主板接口 20+4pin，CPU 接口（4+4pin）1个，显卡接口（6pin）1个，硬盘接口（SATA）3个，软驱接口（小4pin）1个，供电接口（大 4pin）3个；交流输入：220V（非宽幅）/6.3A/50Hz；输出电流：3.3V 16A，5V 13A，5Vsb 2A，12V1 18A，12V2 18A，-12V 0.3A；PFC类型：被动式；转换效率：80%；安规认证：3C	210
机箱	先马奇迹 3	类型：台式机箱（中塔）；样式：立式；适用主板板型：ATX，MATX；显卡限长：360mm；仓位：5.25英寸 4个，3.5英寸 4个，2.5英寸 1个；扩展插槽：7个；前置接口：1×USB3.0，2×USB2.0，1×耳机接口，1×麦克风接口；散热风扇：前 1×120mm，后 1×120mm，侧 1×120~140mm；机箱颜色：黑；产品尺寸：410mm×180mm×418mm	99
音箱	麦博 M100（10）	有源音箱；音箱系统：2.1声道；调节方式：旋钮；供电电源：220V/50Hz；额定功率：10W；扬声器单元：4英寸+2×2.5英寸；音频接口：RCA 3.5mm 音频接口；音箱尺寸：低音炮 145mm×227mm×180mm，卫星箱 90mm×168mm×85mm；音箱重量：2.4kg	99
摄像头	罗技 C110（内置麦克风）	适用类型：笔记本，液晶显示器；感光元件：CMOS；像素：130万；最大帧频：30f/s；接口：USB2.0；驱动类型：无驱版；系统支持：Windows 7/Vista/XP；镜头描述：卡尔蔡司镜头；对焦方式：自动；产品颜色：黑	75
键盘	DELL KB212	产品定位：经济实用；连接方式：有线；接口：USB；按键数：104；键盘布局：全尺寸式；按键技术：火山口架构；按键行程：短；支持人体工学；支持防水；颜色：黑；线长：1.5m；尺寸：453.9mm×142mm×28.8mm；重量：700g；供电模式：USB；系统支持：Windows 7/Vista/XP	49
鼠标	戴尔 MS111	适用类型：经济实用；鼠标大小：普通鼠；工作方式：光电；连接方式：有线；接口：USB；按键数：3个；滚轮方向：双向；最高分辨率：1000dpi；刷新率：3000fps；按键寿命：500万次；人体工学对称设计；颜色：黑；线长：1.8m；重量：95g；系统支持：Windows 7/Vista/XP	35
显示器	戴尔 E2414H	产品定位：大众实用；屏幕：尺寸 24英寸；比例 16：9，面板类型 TN；最佳分辨率：1920×1080 像素；背光类型：LED；可视角度：170°（水平）/160°（垂直）；视频接口：D-Sub（VGA），DVI-D；底座功能：倾斜；点距：0.27mm	1079
合计			3060

8.1.5 家庭多媒体型

家庭使用计算机一般主要用于学习、玩游戏、普通图形工作和多媒体娱乐等，在配置中对性价比要求较高，配件要求实用和耐用。

CPU方面，要同时兼顾性能和成本。主板方面要求最重要的是稳定，主板如果出现问题一般都很麻烦，所以选择质量好的主板非常重要。硬盘可选择 1T 或更大的硬盘。显卡方面，考虑到家庭有时要玩游戏及普通图形工作，因此可选择一款中低档的性价比高的产品。考虑到占用面积、美观要求，并考虑到现代人使用计算机越来越频繁，显示器建议选用飞利浦、三星、AOC、优派等口碑与性能俱佳的品牌。家庭多媒体型计算机的推荐配置如表 8.5 所示。

表 8.5 家庭多媒体型计算机的配置方案

名称	品牌和型号	实例参数	价格
CPU	AMD FX-8320	系列：FX 系列；包装形式：盒装；频率：主频 3.5GHz，动态超频最高 4GHz，外频 200MHz，倍频 17.5 倍；插槽类型：AM3+；内核：核心代号 Trinity，架构 X86-64，核心数量八核心，制作工艺 32nm；TDP：125W；二级缓存：8MB；内存控制器：双通道 DDR3 1866	970
主板	华擎 980DE3/U3S3	芯片厂商：AMD；芯片组：AMD RX881（RX881/760G 北桥+SB710 南桥）；无显示芯片；集成声卡、网卡；处理器规格：CPU 平台 AMD，插槽 Socket AM3/AM3+，支持 CPU 数量 1 颗；主板总线：HT3.0 最大支持 5.2GT/s；内存规格：插槽 4×DDR3 DIMM，最大内存容量 32GB，支持双通道 DDR3 1866（超频）/1600（超频）/1333/1066/800MHz 内存；显卡插槽：PCI-E 2.0 标准，1×PCI-E X16；扩展插槽：3×PCI-E X1，2×PCI，SATA 接口：6×SATA II，2×SATA III；I/O 接口：10×USB2.0（6 内置+4 背板）；4×USB3.0（2 内置+2 背板）；PS/2 鼠标，PS/2 键盘；1×RJ45；1 个串口；主板板型：ATX；BIOS 性能：16Mb AMI Legal BIOS；支持即插即用；符合 ACPI 1.1；支持唤醒与自动开机；支持免跳线；支持 SM BIOS 2.3.1；音频特效不支持 HIFI；电源插口：1 个 8 针，1 个 24 针；硬件监控：CPU 温度检测，机箱温度检测	489
内存	金士顿 4GB DDR3 1600	容量：4GB；类型：DDR3；主频：1600MHz；颗粒配置：单面 8 颗；CL 延迟：11；制作工艺：30nm	240
硬盘	希捷 Barracuda 1TB 7200 转 64MB 单碟（ST1000DM003）	容量：1TB；接口类型：SATA3.0（6Gb/s）；转速：7200r/min；缓存：64MB；硬盘尺寸：3.5 英寸；单碟容量：1TB；功率：读/写 5.9W，闲置 3.36W，待机 0.63W；平均寻道时间：读取<8.5ms，写入<9.5ms	355
显卡	蓝宝石 HD7770 2GB GDDR5 白金版	芯片：厂商 AMD，芯片 Radeon HD 7770，系列 7700，制作工艺 28nm，核心代号 Cape Verde XT；频率：核心频率 1000MHz，显存频率 4500MHz，RAMDAC 频率 400MHz；显存规格：类型 GDDR5，容量 2048MB，位宽 128bit；最大分辨率：2560×1600 像素；散热方式：风扇+热管；接口：PCI Express 3.0 16X；I/O 接口：HDMI/双 DVI/DisplayPort；电源接口：6pin；物理特性：3D API, DirectX 11.1；流处理单元 640 个；供电模式 4+1+1 相；支持 CrossFire 技术，支持节能技术	899
机箱	游戏悍将刀锋 1 标准版	类型：游戏机箱；样式：立式；适用主板：ATX, MATX；仓位：5.25 英寸 3 个，3.5 英寸 3 个，2.5 英寸 3 个；扩展插槽：7 个；前置接口：USB3.0×1，USB2.0×2，耳机接口×1，麦克风接口×1；散热风扇：前 2×120mmLED 风扇（选配），顶 2×120mm 风扇（选配），后 1×120mm 风扇（选配）；机箱颜色：黑，机箱材质：钢板全黑化，板材厚度 0.6mm；产品尺寸：481mm×206mm×512mm；产品重量：5.4kg	199
电源	游戏悍将红警 RPO300 半桥版	额定功率：300W；风扇：12cm 风扇；电源接口：主板接口 20+4pin，CPU 接口（4+4pin）1 个，显卡接口（6+2Pin）1 个，硬盘接口（SATA）4 个，供电接口（大 4pin）2 个；交流输入：170～264V（宽幅）/8A/47～60Hz；输出电流：3.3V 18A，5V 16A，5Vsb 2.5A，12V 18A，-12V 0.3A；PFC 类型：被动式；安规认证 3C, CE, TUV, FCC, UL, CUL, CB	139
键盘和鼠标	罗技 G100S 键鼠套装	适用类型：竞技游戏；连接方式：有线；接口：USB；套装颜色：黑 键盘参数：按键数 104；按键技术火山口架构；按键行程中；支持人体工学；手托可拆卸；支持防水；键盘尺寸：460mm×190mm×20mm 鼠标参数：工作方式光电；分辨率 2500dpi 且可调三挡；大小为普通鼠标；人体工学对称设计；按键数 4 个；双向滚轮；线长 2m；重量 80g	189

续表

名称	品牌和型号	实 例 参 数	价格
散热器	超频三红海 Mini 静音版	类型：CPU 散热器；散热方式：风冷，热管，散热片；适用范围：Intel LGA775/115X，AMD AM3/AM2+/AM2；产品尺寸：113mm×80mm×113mm；产品重量：304g；风冷参数：扇叶数 7 个，液压轴承，转数 2200±10% r/min，最大风量 35CFM，噪声 20±10%dB；热管数量：2 个；散热片：尺寸 113mm×113mm×80mm，材质铝塞铜	45
显示器	三星 S24D360HL	产品定位：大众实用；屏幕 尺寸 23.6 英寸，比例 16：9（宽屏）；最佳分辨率：1920×1080 像素；面板类型：PLS；背光类型：LED；动态对比度 100 万：1，静态对比度 1000：1；灰阶响应时间 5ms；可视角度：178°（水平）/178°（垂直）；显示颜色：16.7M；控制方式：触摸；视频接口：D-Sub（VGA），HDMI；机身颜色：白；底座功能：倾斜−1°～20°；电源性能：100～240V/50～60Hz；节能标准：能源之星 6.0；安规认证：Windows 8 认证	1159
音箱	漫步者 R301T（08 版）	有源音箱；音箱系统：2.1 声道；调节方式：旋钮；额定功率：28W；信噪比：85dB；失真度≤0.5% 1W 1kHz；阻抗：10kΩ；扬声器单元：5 英寸+2×3 英寸；音箱尺寸：低音炮 155mm×235mm×330mm，卫星箱 108mm×187mm×75mm；音箱重量：5.7kg；音箱材质：木质	339
光驱	先锋 DVD-232D	光驱类型：DVD-ROM；安装方式：内置；接口类型：SATA；缓存容量：198KB；读取速度：DVD-R22X/RW16X/DL12X/RAM12X/+R22X/+RDL12X，CD-ROM40X/R52X/RW40X；产品颜色：黑；产品尺寸：148mm×42.3mm×172.7mm	89
合计			5112

✎ **特别提示**

组装计算机的安全配置小窍门：在条件许可的情况下最好安装两块硬盘，而在两硬盘上安装两个操作系统，两个操作系统中安装不同的杀毒软件，重要数据放到第二个硬盘的分区中，即使出现问题也不会造成太大的损失，当其中一个操作系统有问题时，可以启动另一个操作系统解决问题。再安装一台刻录机，重要资料刻录到光盘上，以备紧急情况恢复数据用。

8.2 计算机配件的采购与检测

计算机配件数量众多，而每个配件的生产厂商更是数不胜数，选购合适的计算机配件是组装一台称心如意的计算机的前提。本节简要介绍配件采购需要注意的问题。

8.2.1 配件间的搭配问题

1．CPU 与主板的搭配

作为一台计算机的心脏，可以说 CPU 决定了一台计算机的大致性能，但是这并不是说有一个好的 CPU 就有了一台性能强劲的计算机，如果配合不好可能因先天不足而导致性能不佳。而一些刚接触计算机的用户因为各种广告的误导只注意 CPU，忽略其他相关配件的选择，导致很多情况下是花了很多钱买回来的计算机性能却不高。

目前，市场上台式机的 CPU 品牌有两种，一种是 Intel，主要有赛扬系列、奔腾系列、酷睿系列；另一种是 AMD，主要有闪龙系列、速龙系列、羿龙系列。两种 CPU 所使用的主板一定不同，不能相互通用，即使是同一品牌的同一系列的 CPU，还要注意其接口是否一致。"看 U 选主板"，CPU 与主板的搭配主要考虑以下两点。

（1）CPU 接口。简言之，CPU 与主板搭配的最基本要求就是接口要对应。Intel 方面，如高端平台 LGA2011 的主板，只能搭配酷睿 i7 系列中的高端 CPU。主流 LGA1150 搭配第四代酷睿系列和奔腾 G3420 CPU，主流 LGA1155 搭配第二代、第三代酷睿系列 CPU，以及奔腾 Gxxx 系列 CPU。AMD 方面，目前的接口主要有：FM1/FM2、AM2/AM2+/AM3/AM3+，且都向下兼容，但这是指 CPU 去兼容主板。例如，AM3 处理器可以用在 AM2 主板上，AM3 主板却不支持 AM2 CPU，这是因为 AM2 有 940 个针脚，AM3 只有 938 个，两者的接口定义不同；另外，AM3 主板使用 DDR3 内存，AM2 CPU 整合的是 DDR2 内存控制器，也不能兼容。AM3 处理器能用在 AM2/AM2+主板，是因为它整合了 DDR2/DDR3 两套内存控制器。具体来看，FM1 主板支持 APU A4、A6、A8 系列和 CPU 速龙 II 系列；FM2 主板兼容 FM1 主板支持的 CPU，还支持 APU A10；AM3+主板支持 FX 系列 CPU，AM3 主板支持速龙 II 系列、羿龙 II 系列的 AM3 CPU。

（2）CPU 功能支持。一般来说，主板为 CPU 提供的支持有超线程、内存双通道、超频（K 系列 CPU）、核显等，还要与 CPU 所能支持的内存频率相匹配。

2．内存与 CPU、主板的搭配

目前市场上的内存条主要是 DDR3。内存与 CPU 的搭配主要考虑 CPU 内存控制器支持的内存频率，是否为双通道。与主板搭配主要考虑主板能够支持的内存频率，主板提供的内存插槽数量，支持的最大容量。内存条尽量选择单条大容量的，双通道内存要成对购买，频率要与 CPU 和主板支持的频率相匹配，也可以高些，会使系统性能有提升，但也同样会存在浪费现象，至于容量取决于操作系统及预算。

现有的 AMD CPU 都可以支持到频率 1866MHz 的内存。Inter CPU 要看实际情况，第 3 代、第 4 代酷睿都能支持 DDR3 1600，要支持更高频率，基本上还需要主板支持。

3．显卡与主板的搭配

一般不推荐使用 APU、核芯显卡，以及主板集成显卡。因为一个显示芯片性能的发挥不只是其芯片本身就能决定的，显存也是一个非常重要的因素，共享系统内存无论如何都达不到现在显示芯片对它的要求，这就导致了显示性能大幅下降，最终导致整机性能的下降。显卡与主板的搭配一般依据以下原则。

（1）显卡总线接口是 PCI-E 3.0，还是 PCI-E 2.0。

（2）主板能容纳显卡的长度。

（3）如果多卡显示，显卡要与主板能支持的多卡显示技术相匹配。另外，主板还要提供足够数量的显卡插槽，最低个数不低于多卡的路数。

（4）尽量使用带有独立供电的显卡。

虽然显卡和 CPU 搭配没有特殊要求，但两者档次也要相当，否则出现 CPU 性能差显卡性能高，或反过来的情况，都会对整机性能造成影响。如前一种情况，在进行图像处理时，由于 CPU 处理速度跟不上显卡，就会出现拖拽现象，造成显卡性能不能充分发挥。

4．硬盘与主板的搭配

硬盘与主板的配合主要是在接口方面。目前硬盘基本上都是 SATA3.0 接口，应选与硬盘接口相匹配的主板，这样才能使硬盘接口的高速性能得到发挥，而不至于造成性能上的损失。

此外，选择主板要考虑的其他方面有：是否支持 RAID；是否支持原生 SATA 与 USB 等。

总的来讲，一台配置成功的计算机应该是相互平衡的，各个部件也应该是均衡的。

计算机配置方案确定后,接下来要参考有关媒体对计算机配件的各项评测、价格,及是否有现货等,从中选出用户心仪的产品,然后到口碑较好的销售商处购买。购买产品时一定要有发票或正规收据及质保期说明。产品上面的保修标签千万不要撕掉,以免造成保修方面的麻烦。

8.2.2 配件的检测

购买计算机配件后,为了确保其货物真实、质量可靠,可利用一些检测软件进行检测,常用的测试软件如下。

1. AIDA32（64）

这是一个综合性的系统检测分析工具,功能强大。它可以详细地显示出 PC 每一个方面的信息,支持上千种主板、上百种显卡,支持对并口/串口/USB 接口 PnP 设备的检测,支持对各种处理器的侦测。目前 AIDA32（64）已经有多国语言版,并且加入了病毒检测功能。

2. SiSoftware Sandra

这是一套功能强大的系统分析评测工具,拥有超过 30 种以上的分析与测试项目,主要包括 CPU、Drives、CD-ROM/DVD、Memory、SCSI、APM/ACPI、鼠标、键盘、网络、主板、打印机等部件的详细参数测试与分析。除了可以提供详细的硬件信息外,还可以做产品性能对比,提供性能改进建议。

3. HWiNFO32（64）

计算机硬件检测软件,可以显示处理器、主板及芯片组、PCMCIA 接口、BIOS 版本、内存等信息。另外 HWiNFO 还提供了对处理器、内存、硬盘及 CD-ROM 的性能测试功能。

4. CPU-Z

CPU-Z 是 CPU 检测软件,能够检测处理器名称、核心代号、插槽类型、核心电压等,也可以检测主板、内存、SPD、显卡等信息。还可以按下"工具"按钮选择输出检测报告。CPU-Z 界面如图 8.1 所示。

5. 鲁大师

鲁大师是一国产软件,能够进行硬件检测、温度检测、驱动管理等,硬件检测界面如图 8.2 所示。还可以生成各类报告,如图 8.3 所示。

图 8.1　CPU-Z 界面　　　　　图 8.2　鲁大师界面　　　　　图 8.3　生成各类报告

8.3　整机组装及安装软件

计算机配件检测完毕,接下来就要将它们组装成整机并进行硬盘分区、格式化,再安装操作系统和各种板卡的驱动程序。

1. 整机组装

计算机的整机组装从理论上来说是没有先后顺序的，但从机箱的结构和配件安装的方便性来说，又确实存在着一定的顺序，如，三种外部存储器（硬盘、光驱和固盘）与主板的安装顺序。如果先安装了主板，因为主板上的内存条和 CPU 的散热器的高度较高，那么再安装驱动器时，就可能碰着它们或干脆无法正常安装，所以为避免此类情况，通常是先安装驱动器，再安装主板。各部件的具体安装方法可参见第 3 章。

通常的安装顺序为：安装开关电源（如购买的机箱带电源，此步骤可省去），安装光驱、硬盘和固盘，安装 CPU 及散热器，固定主板，连接主板和 CPU 风扇的电源线，安装显卡、声卡等各种板卡，安装内存条，连接外部驱动器的数据电缆和电源线以及光驱的音频线，连接前面板指示灯、开关和喇叭线。然后将机箱外的设备——键盘、鼠标、显示器等连接到主机上，最后连接机箱电源线。此时虽然没有打开主机电源开关，但主板上的上电指示灯已亮，表示此时主板已带电，不可拔插机箱内的部件和电缆。

接下来，开机通电检查。通电后应密切观察机箱内的气味、CPU、显卡风扇的转动情况，还有喇叭的鸣叫声，以及显示器的显示信息等，一旦有异常现象立即断电，以免造成硬件损坏。如果开机无显示、无声，可先检查各电源线的连接，CPU、主板、内存条的安装情况。如果是有声、无显，可根据喇叭响声结合 BIOS 的说明来断定问题所在，如 AWARD BIOS 的 1 长 2 短，表示内存条的问题。如果有显示且有错误提示信息，则可根据提示信息检查相关部件的插接情况。如果开机自动进入 BIOS 设置，则很可能是 BIOS 设置有误。如果是新组装的计算机，则通常是接触不良或连接错误。

当然具体问题还要具体分析，为缩小检测范围，可先检测最小系统（主板、CPU、内存条和显卡）是否正常，如果正常可再逐渐增加其他部件，如出现问题，则刚增加的部件很可能有问题。另外也可采用第 7 章的硬件检测方法来判断故障所在。如果通电检测正常，下面就可以进行软件安装了。

2. 安装软件

要使组装好的计算机能够正常工作，还需要进行 BIOS 设置，硬盘分区、格式化，安装 Windows 操作系统，安装显卡、声卡、网卡等设备的驱动程序，以及相关的应用软件等。如果想进一步提高计算机的整机性能，还需要对其进行性能优化。

8.4 整机性能的优化与测试

整机性能的优化可以使硬件资源得到更加充分地利用，提高系统的运行速度，它包括操作系统的优化和硬盘的优化。

8.4.1 操作系统优化

下面简要介绍 Windows XP 系统本身的优化功能。

1. 使用朴素界面

Windows XP 安装后默认的界面包括任务栏、开始菜单、桌面背景、窗口、按钮等，都采用豪华、炫目的风格，在美观漂亮的同时将消耗掉不少系统资源，可采用下面的方法将其设置为朴素界面。

右击桌面空白处,在弹出的菜单中单击"属性"进入"显示属性"对话框,将"主题"、"外观"都设置为"Windows 经典",如图 8.4 所示,将桌面背景设置为"无",单击"确定"按钮保存设置并退出。

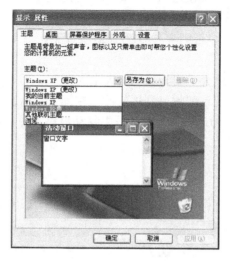

图 8.4 "显示属性"对话框

2. 减少启动时加载项目

许多应用程序安装时都会自动添加至系统启动组,每次启动系统都会自动运行,这不仅延长了启动时间,而且占用了系统资源。可采用下面的方法减少系统启动时的加载项目。

选择"开始/运行"命令,输入"msconfig"命令,启动"系统配置实用程序"对话框,选择"启动"标签,如图 8.5 所示。在此窗口列出了系统启动时加载的项目及来源,仔细查看并选择需要自动加载的项目,单击"确定"按钮重新启动计算机使设置生效。

3. 优化视觉效果

选择"系统属性"中的"高级"标签,进入"性能选项"对话框,如图 8.6 所示,其中"视觉效果"中可供选择的单选项包括:自动设置为最佳、最佳外观、最佳性能、自定义。对应每一选项,在列表中选中的效果越多,占用的系统资源越多。选定"调整为最佳性能"项将关闭列表中诸如淡入淡出、平滑滚动、滑动打开等所有视觉效果。

图 8.5 "系统配置实用程序"对话框

图 8.6 "性能选项"对话框的"视觉效果"标签

4．增加虚拟内存

在"性能选项"的"高级"标签中，将"处理器计划"及"内存使用"都调整为"程序"优化模式。单击"更改"按钮进入"虚拟内存"对话框，如图 8.7 所示，目前物理内存都大于 256MB，建议禁用分页文件。默认的分页文件为物理内存的 1.5 倍。如果内存低于 256MB，请勿禁用分页文件，否则会导致系统崩溃或无法启动。

5．减小回收站空间

操作系统默认的回收站最大空间为驱动器大小的 10%，对于大容量硬盘来说，这个空间相当可观，可减小回收站空间以回收可利用的硬盘空间。右击回收站后选择"属性"命令，在如图 8.8 所示的"回收站 properties"对话框中移动滑块，使回收站最大空间的百分比降到 2%～3%即可。

8.4.2 硬盘优化

对硬盘进行优化的方法有：更改临时文件存储路径、清理硬盘垃圾及整理磁盘碎片等。

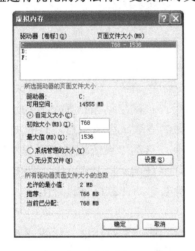

图 8.7　"虚拟内存"对话框

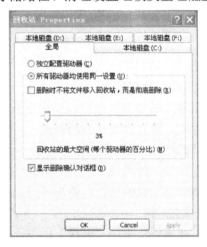

图 8.8　"回收站 properties"对话框

1．移动临时文件存储路径

许多应用软件运行时都会产生临时文件，而且这些临时文件都默认保存在启动分区 C 盘，长时间频繁读、写 C 盘极易产生大量文件碎片，从而影响 C 盘性能，而 C 盘又是存储系统启动核心文件的分区，C 盘的性能直接影响系统的稳定性与运行效率。应尽量将应用软件安装于启动盘以外的分区并定期对硬盘进行整理，以最大限度地避免产生磁盘碎片，将启动或读写速度保持在最佳状态。

图 8.9　更改 IE 临时文件保存路径

➢ 移动 Internet Explorer 临时文件夹。在 IE 主窗口中，依次进入"工具→Internet 选项→常规"标签，打开"Internet 临时文件"设置界面，单击"移动文件夹"按钮将原来保存于 C 盘的临时目录移动至 C 盘以外的驱动器中。如果使用宽带上网，可将"临时文件夹"使用空间设置为最小值 1MB，如图 8.9 所示。

➢ 移动"我的文档"临时文件夹。右击"我的文档"，在属性设置项中将"我的文档"默认的保存路径修改至其他盘符。

➢ 移动刻录时产生的临时文件。文件在刻录之前都会保存于 C 盘的刻录临时文件夹中。进入资源管理器,选择刻录机盘符并右击,选择"属性"项,在"录制"标签下可将此临时文件夹安置于其他驱动器。

可采用类似的方法更改其他应用软件运行时存放临时文件的位置。

2. 清理硬盘垃圾和整理磁盘碎片

随着安装的软件越来越多,硬盘中的"垃圾文件"与磁盘碎片也越积越多,使得系统整体性能有所下降,因此,要养成经常清理和整理硬盘的好习惯。所谓的硬盘"垃圾文件",是指在安装、删除、运行程序中产生的各种临时的、重复的、无用的文件,比如系统默认的临时目录"Temp"中的文件、上网时产生的临时文件、后缀为.tmp 等文件,以及注册表中无用的动态链接 DLL 文件等。除了手工清除这些"垃圾"外,还可借助 Norton CleanSweep、SafeClean Utilities(环保卫士)、超级兔子等专门的工具软件进行清除。

磁盘碎片也称文件碎片,是因为文件被分散保存到硬盘的不同地方(即不连贯的簇)而产生的。过多的文件碎片会增加硬盘磁头读取文件的时间和负荷,严重时影响到硬盘的使用寿命。虽然 Windows 中附带了磁盘碎片整理工具,但速度过于缓慢,建议使用第三方整理工具,如 Norton Speed Disk、VoptXP 等。

📖 知识拓展——Windows 7 系统优化

Windows 7 发布以来,由于其较好的稳定性,极大增强的兼容性,吸引了越来越多的用户,关注的焦点也从最初的兼容性转移到系统优化上来。以下简单介绍其优化的方法,可以让系统运行更快速、更稳定、更安全。

说明:为方便操作,文中部分设置借助系统优化软件"魔方"完成。可以登录其官网下载最新版本:www.tweakcube.com。也可选用 Windows 7 优化大师,官方网站: www.win7china.com/windows7master/。

① 提高效率,关闭无用的系统服务。禁用无用的系统服务不仅能降低系统的内存占用,还能加快系统的响应速度。具体方法如下:

打开魔方,选择"系统优化→服务优化",单击"服务优化向导",即可参考魔方的说明并结合自己的需要选择禁用的服务,然后单击"保存设置完成优化",重启后就完成了基本的系统服务优化设置。

② 加快速度,禁用不需要的启动项。启动项目过多会占用大量系统内存,而且会拖慢系统的启动速度。禁用其中不常用的程序则会带来明显的改善。

打开魔方的"系统设置→系统启动加载项",根据提示把不常用的项目勾选去掉即可。但对于一些驱动程序的启动项目建议最好保留。

③ 节省内存,系统视觉特效自定义。Windows 7 靓丽的界面占用了大量的内存,如果内存并不"富裕",则关掉部分特效显然是更好的选择。

鼠标右键单击"计算机"图标,选择"属性→高级系统设置",在"性能"对话框中单击"设置",然后在对话框里根据自己的实际情况关闭部分特效,如关闭"淡入淡出或滑动菜单到视图"等。

通过以上三步的优化设置,Windows 7 的内存占用量会明显减少,尤其在低内存配置的计算机上对性能的改善效果十分明显。

此外,在硬盘方面也可以通过优化让系统少占一些空间,有效缓解硬盘空间紧张的问题,提高运行速度。

① 禁用系统休眠功能。同 Windows XP 系统类似,在 Windows 7 中休眠文件也要占用很大的空间。而一般情况下休眠功能又很少用到,因此可以考虑禁用休眠功能。

依次单击"开始→所有程序→附件→命令提示符"打开命令提示符窗口,输入"powercfg -h off"后按 Enter 键即可。

② 删除无用的系统文件。Windows 7 的系统文件夹中有一些对大部分用户都无用的文件，可以根据自身情况删除它们。打开魔方的"系统清理→系统盘瘦身"，单击"系统盘分析"，根据魔方的建议删除对自己无用的文件，可节省出 1GB 以上的空间。

③ 清理垃圾文件。系统运行一段时间后，就会产生很多无用的缓存文件等，应定期对系统运行中产生的垃圾文件进行清除。

打开魔方中的"垃圾文件扫描"，选择系统盘单击"扫描"，然后按照提示即可完成删除。

8.4.3 整机性能的测试

整机性能的测试可通过一些常用的测试软件来进行。

1．3DMARK

3DMARK 软件，主要测试台式计算机的显示系统性能，反映显示卡的性能，表现为在处理图像时图像的 3D 效果，画面是否细腻、纹理是否清晰、显示速度等。

2．WinBench99

WinBench99 v2.0 软件是测试磁盘性能和图形的平面加速性能。台式计算机在此项测试中得分越高，说明其磁盘性能和平面加速性能越出色。

3．Futuremark PCMark

PCMark 是一个综合性能测试软件，它采用模拟日常运用的软件进行测试，并在同一时间可运行多个软件的测试。测试包括文件压缩、文件加密、病毒扫描和语法检查、图像处理、音频转换、WMV/DivX 视频转换、网页浏览、物理计算和 3D 图形、显存性能等，共 13 个测试项。

4．鲁大师

鲁大师也能够对计算机的综合性能进行测试，参考图 8.2 所示。

特别提示

优化系统性能后，为避免以后格式化硬盘再重装系统的麻烦，建议使用克隆软件 Ghost 将系统盘备份，留作快速恢复系统时使用。

知识拓展——SLI 技术

① 早期 3Dfx 公司的 SLI 技术。3Dfx 公司 SLI 技术的全称是 Scan Line Interleave，指双扫描线交错技术，它将一幅渲染的 3D 画面分为一条条扫描帧线，采用双显卡运行模式时，由一个显卡负责渲染画面的奇数帧线部分，另一个显卡渲染偶数帧线部分，然后将同时渲染完毕的帧线合并后写入帧缓冲，显示器就可显示出一个完整的渲染画面。可见，SLI 技术使渲染工作由两个显卡平均承担，每个显卡只需完成 1/2 工作量，理论上说，渲染效率可提高 1 倍。之后，SLI 技术演变为单显卡多图形芯片的形式，不需占用两个插槽，但内部的工作机制并没有发生多大的变化，依然是通过划分渲染帧的方式各自执行，然后在帧缓冲中统一合成。

② 当前 NVIDIA 的 SLI 技术。NVIDIA 公司 SLI 技术的全称是 Scalable Link Interface，指可升级连接界面。它是在一块支持双 PCI-E X16 插槽的主板上同时使用两个同型号的 PCI-E 显卡，如图 8.10 所示，以增强系统图形处理能力。

NVIDIA SLI 技术有两种渲染模式：分割帧渲染模式和交替帧渲染模式。分割帧渲染是将每帧画面分为上、下两部分，主显卡完成上半部分画面渲染，副显卡完成下半部分画面渲染，然后副显卡将渲染完毕的画面传输给主显卡，主显卡再将它与自己渲染的合成为一幅完整的画面。而交替帧渲染模式则是一个显卡负责渲染奇数帧，另一个显卡负责渲染偶数帧，二者交替渲染，这时两显卡实际上都是渲染的完整画面，并不需要连接显示器的主显卡做画面合成工作。

在 SLI 状态下，特别是在分割帧渲染模式下，两个显卡并不是对等的。在运行中，一个显卡作为主卡，另一个作为副卡，其中主卡负责任务指派、渲染、后期合成、输出等运算和控制工作；而副卡只是接收来自主卡的任务进行相关处理，然后将结果传回主卡进行合成，输出到显示器。由于主卡除了要完成自己的渲染任务外，还要额外负担副卡所传回信号的合成工作，所以其工作量要比副卡大得多。另外，在 SLI 模式下只能连接一台显示器，不能支持多头显示。

SLI 技术也在不断地发展，最初对平台硬件有许多限制，例如，必须使用完全一样的显卡，而且在两显卡之间必须使用 SLI 桥接器，如图 8.11 所示，支持 SLI 的也只有 Geforce 6800 Ultra/6800 GT 和 6600GT 三种显示芯片等。现在组建 SLI 可使用不同厂家采用相同显示芯片的显卡，低速显卡可以不必使用 SLI 桥接器（但性能比使用桥接器有所降低），支持 SLI 的显示芯片也扩大到了除 Geforce 6200/6200TC 之外的所有 Geforce 6 系列及 7 系列等。由于各主板两个 PCI-E 插槽间距不固定，因此不同主板的 SLI 桥接器一般不能替换。

图 8.10　双显卡　　　　　　　　　图 8.11　用 SIL 桥接器连接两个显卡

SLI 技术理论上能把图形处理能力提高一倍，在实际中，除极少数测试外，在游戏中的图形性能只能提高 30%～70%不等，某些情况下甚至没有提高。随着驱动程序的完善，目前存在的问题应该能逐步解决。

主板芯片组根据主板对两个显卡提供的 PCI-E 插槽不同，支持 SLI 的方式也不相同，有采用 PCI-E X16 加 PCI-E X4，也有采用双 PCI-E X8 的，也有真正的双 PCI-E X16 的 SLI。

本 章 小 结

本章讲述了多媒体计算机的组装过程，从装机方案的确定到配件的选购和检测，从硬件组装到软件的安装，从系统性能的优化到整机性能的测试，都给予了比较详细的阐述，使读者特别是初学者对计算机完整的组装过程有了系统的认识。其中对于装机方案的确定有一定的难度，这需要读者平时多留意各类产品的性能评论和价格走势，以期获得较合理的方案。系统性能的优化本章只介绍了几种简单的方法，如果想了解更多的有关系统性能优化的信息和方法，可到相关网站、报刊或教学资料包中查询。

习 题 8

【基础知识】

1．单项选择题

（1）虚拟内存（　　）。

  A．占用内存部分空间

  B．占用 BIOS ROM 部分区域，用于断电后保存程序

C. 占用 RAM 部分空间，作用类似硬盘

D. 占用硬盘部分空间，作用类似 RAM

(2) 按快捷键（　　）可以在启动过程中跳过正常的启动步骤。

　　A. F5　　　　　　B. F8　　　　　　C. F1　　　　　　D. F11

(3) 计算机开机自检时，最先检查的部件为（　　）。

　　A. 显卡　　　　　B. CPU　　　　　C. 内存　　　　　D. 主板

(4) BIOS 中的 POST 程序运行时，其检测的部件的顺序是（　　）。

　　A. CPU→内存→IDE 设备　　　　　　B. CPU→IDE 设备→内存

　　C. 内存→CPU→IDE 设备　　　　　　D. 内存→CPU→IDE 设备

(5) 如果要打开 CPU 超线程，需要在（　　）中设置。

　　A. BIOS　　　　　B. 系统属性　　　C. 控制面板　　　D. 设备管理器

(6) 显示器线缆不要拉得过长，否则可能造成（　　）。

　　A. 显示器亮度减小　　　　　　　　　B. 显示器对比度降低

　　C. 显示器出现花屏　　　　　　　　　D. 显示器无信号

(7) 能否支持双通道 DDR SDRAM 内存条，取决于（　　）。

　　A. 主板　　　　　B. 内存条本身　　C. CPU　　　　　D. SPD

2. 多项选择题

(1) 以下（　　）属于计算机组装过程中必需的操作。

　　A. 硬盘分区　　　B. 安装操作系统　C. 安装 Office 2010　D. CMOS 设置

　　E. 主从盘设置　　F. 安装 CPU　　　G. 连接显示器　　　　H. 安装显卡的驱动程序

(2) 在计算机的日常维护中，对磁盘应定期进行碎片整理，其目的是（　　）。

　　A. 提高计算机的读写速度　　　　　　B. 防止数据丢失

　　C. 增加磁盘可用空间　　　　　　　　D. 提高磁盘的利用率

(3) 下列设备中（　　）应安装驱动程序才能正常工作。

　　A. 激光打印机　　B. 声卡　　　　　C. 显卡　　　　　D. CD-ROM

(4) 下列（　　）软件为系统优化软件。

　　A. 超级兔子　　　B. Ghost　　　　C. Windows 优化大师　D. CPU-Z

(5) 新购买的计算机配件，为防止有假，可用（　　）软件进行检测。

　　A. Sandra　　　　B. Ghost　　　　C. 超级兔子　　　D. HWiNFO

(6) 购买 PC 主板时主要考虑主板所支持的（　　）。

　　A. CPU 类型（生产商、频率、接口）　B. 内存条类型（容量、接口、频率）

　　C. 显卡接口　　　　　　　　　　　　D. 硬盘类型

(7) 选定主板后，在选择内存条容量时，应考虑的因素是（　　）。

　　A. 运行的软件　　　　　　　　　　　B. 越大越好

　　C. 主板上的内存插槽　　　　　　　　D. 主板支持的内存容量

(8) 如果主板上有四个 SATA 接口，一个 IDE 接口，以下能够实现的硬件购买方案是（　　）。

　　A. 一个 SATA 接口硬盘、一个 IDE 接口 CD-ROM 光驱、一个 SATA 接口 DVD R/RW 光驱

　　B. 一个 SATA 接口硬盘、一个 SATA 接口 COMBO 光驱、一个 IDE 接口硬盘

　　C. 两个 IDE 接口硬盘、一个 IDE 接口 COMBO 光驱

　　D. 两个 SATA 接口硬盘、一个 SATA 接口 COMBO 光驱

（9）从系统优化的角度考虑，回收站占用驱动器的空间比约为百分之（　　）即可。

  A．10   B．2～3   C．5   D．15

3．判断题

（1）组装计算机就是将选购来的配件组装在一起就可以使用了。

（2）在 Windows XP 资源管理器中，显示有 C：、D：、E：及 F：驱动器，其中 F：是光盘驱动器，可以断定，机器中安装了三个硬盘。

（3）用一根电缆连接硬盘和光驱且插接在主 IDE 接口时，其跳线设置只要一个是主盘一个是从盘即可。

（4）Windows XP 支持即插即用，所以将板卡插上即可使用。

（5）同一主板安装两条不同生产商的内存条存在兼容性问题，可能会造成工作不稳定。

（6）"FDD Controller Failure"表示硬盘控制器失效。

（7）开机出现"CMOS Battery Failed"时，表示 CMOS 电池失效或电力不足，可以通过更换 CMOS 电池加以解决。

（8）当电源风扇声音异常或风扇不转时要立即关机，否则会导致机箱内部热量散发不出去而烧毁配件。

（9）一台计算机配有双硬盘且连在一条数据线上，如果主、从盘跳线设置不正确会造成硬盘无法使用。

（10）同一主板安装两条不同型号的内存条存在兼容性问题，可能会造成工作不稳定。

4．简答题

（1）简述超频的目的及方法。

（2）选购计算机配件时需要考虑哪几个方面的搭配？

（3）本章 8.4.2 硬盘优化方法适合于 SSD 硬盘吗？

【基本技能】

1．根据当地市场行情设计几套装机方案，如学生用机、多媒体教学教师用机等。

2．利用一些硬件检测软件检测一台计算机的配置状况。

3．简述计算机整机性能的优化方法，并试着进行具体的操作，观察整机性能的变化情况。

4．准备一块移动硬盘，试着用克隆软件 Ghost 为硬盘主分区做一个备份，然后将硬盘主分区格式化，再利用备份将系统恢复。

5．在一台 Windows XP 操作系统的计算机上加装一块 160GB 的硬盘，写出具体操作过程。

【能力拓展】

1．网络搜索"CPU 天梯图"、"显卡天梯图"，查看最新的 CPU、显卡排列情况。

2．网络搜索 Intel "Tick-Tock"模式的含义，评价它对 CPU 发展的影响。

3．目前装机有不配置光驱的趋势。探讨安装新计算机软件系统的方法。

第 9 章 实验指导

实验本身具有一定的危险性,本实验指导只是为授课老师提供的参考,使用时要根据具体的环境及实验条件而定。一般情况下,本着节约原则,只要能完成实验即可。如果是在实验室完成实验,必须严格遵守实验室的规定和要求,在授课老师指导下完成。计算机初学者一定要在有经验的操作者指导下完成。

本实验指导包括 14 个实验,其中有 9 个是基本试验,其他 6 个带*号的实验需要掌握相关知识并对硬件有了充分的认识后,再考虑让学生具体操作。指导教师可以根据自己学校的实际情况适当的增加其他内容。

每次实验要注意以下几个问题。

(1) 严格按照实验室的有关规定进行操作。禁止将水、饮料、食物等带到实验现场。保持实验环境整洁,实验用工具、仪器、设备等要求摆放有序。

(2) 实验前、后要清点实物,并做到有序放置。

(3) 要注意培养独立分析问题、解决问题的能力。

(4) 实验过程中要做好记录,实验结束后要总结实验内容并写出实验总结报告。

实验 1 计算机硬件系统组成与外部设备的认识

一、实验目标

认识计算机硬件系统的总体结构,正确识别各部件,重点是主机箱里各板卡的名称、功能及连线方式(包括信号线和电源线)。

二、实验内容及步骤

1. 主机与显示器、打印机、键盘、鼠标、音箱等外设的信号线连接方式及电源插接。
2. 进行显示器屏幕亮度、对比度、色彩、位置的调节。
3. 认识主板、CPU、内存条、硬盘、光驱等部件,了解它们的作用、结构、型号及连接情况。
4. 了解机箱的作用、分类、结构及前后面板的布局等,熟悉机箱的拆卸和安装;了解电源的位置、型号及各电源输出接头的作用。
5. 认识并了解显卡、声卡、网卡等常用板卡,重点认识它们的作用、型号、分类、接口标准及其与主板的连接方式。

三、实验要求

1. 各部件应是目前市场的主流产品,或者具有代表性的产品。
2. 针对主机与外设的连接,实验指导教师应做清楚明白的演示,并讲解注意事项。在通电前指导教师应仔细检查连接情况。

四、实验建议

1. 插、拔连线及板卡时一定要断电操作并注意释放静电。

2．分小组进行，每人都能独立完成主机与外设的连接、电源线的插接。

实验 2　计算机硬件系统的组装

一、实验目标

通过亲自动手实践，对计算机的各种配件有详细的认识。了解计算机硬件系统的配置、组装流程和注意事项，掌握硬件系统的安装技术，能够独立完成多媒体计算机硬件系统的组装。

二、实验内容及步骤

1．以主板为中心，清点配件并仔细阅读产品说明书，记录它们的型号与规格。

2．对照主板说明书，在主板上找到 CPU 插座、内存插槽、PCI 及 PCI-E 扩展插槽、IDE 数据线接口、SATA 数据线接口、电源接口及机箱前面板插针的位置。

3．对照主板说明书，在主板上找到 BIOS 芯片及 CMOS 电池的位置，记录下所用主板的 BIOS 芯片的型号与规格。

4．对照主板说明书，在主板上找到芯片组芯片，并记录它们的型号。

5．熟悉 CPU 的金三角、内存条及各种板卡的金手指。

6．辨识 40 线和 80 线的 IDE 数据线，并分清各接口的作用。

7．正确设置硬盘及光驱的主、从盘跳线。

8．若主板上集成了板载声卡和网卡，找到对应的芯片并记录它们的型号。

9．按照第 3 章所讲的硬件系统的组装步骤组装计算机。

10．检查所有连接线缆，经指导教师确认无误后，连接显示器、键盘、鼠标及外部电源线，进行开机测试。

三、实验要求

主板上板卡的插接及连线、外接电源的插接，实验指导教师应做清楚明白的演示，并讲解注意事项。

四、实验建议

1．分小组进行，小组成员间要相互协作、共同完成。

2．安装过程中要严格遵守操作规范（参照第 3 章）。

3．开机测试时，最好逐台机器开机测试。一定要保持实验室安静，这样可根据声音判断情况是否正常。

4．实验结束后，指导教师要指导学生总结硬件装机步骤及注意事项，并形成文字，连同实验用机器的详细配置以实验报告的形式上交。

5．若开机测试不能正常进行硬件自检，总结出现故障的原因及排除故障的方法。

实验 3　计算机硬件系统的拆卸

一、实验目标

通过亲自动手实践，对计算机的各种配件有进一步的详细了解。熟悉计算机硬件系统的拆卸步骤及注意事项，能够独立拆卸一台多媒体计算机硬件系统。

二、实验内容及步骤

1．先拆除计算机外围设备：拔除主机箱、显示器的电源线，拔除键盘、鼠标、显示器等设备的数据连线。

2．拆除主机箱挡板，拆下显卡、声卡、网卡等适配卡。

3．拔下驱动器数据线和电源插头，拔下主板电源及 CPU 风扇电源插头、光驱与声卡间的音频线、主板与机箱面板插针等插头。

4．拆卸内存条及主板，从机箱内取出后要放在防静电的绝缘垫上。

5．拆下硬盘、光驱，并拆下机箱电源。

三、实验要求

主板上板卡的拆卸、内存条的拆卸、硬盘等驱动器的拆卸，实验指导教师应做清楚明白的演示，并讲解注意事项。为避免损坏 CPU，最好不要拆卸 CPU 散热风扇及 CPU。

四、实验建议

1．分小组进行，小组成员间要相互协作、共同完成。

2．插、拔连线及板卡时的要求同前。

3．对各部件一定要注意轻拿、轻放，不要碰坏配件，拆卸下来的部件一定要放好。

4．实验结束后，总结硬件拆卸步骤及注意事项，并形成文字，连同实验过程中出现的问题及解决方法以实验报告的形式上交。

实验 4 计算机常见硬件组装故障的排除

一、实验目标

要求学生能处理常见的硬件问题，能够排除简单故障。

二、实验内容及步骤

1．实验指导教师根据实际情况，在实验前人为的制造一些不会对硬件造成伤害的故障，如：拔下键盘接头，拔下鼠标接头，拔下显示器的数据线接头，打开主机箱把主板电源插头拔下，显卡可用纸片屏蔽金手指，将硬盘的数据线方向插反（即色线没有对应 1 号脚），将 HDD LED 插针的正负极性插反，将 POWER LED 插针的正、负极性插反等。

2．做好每个机器的设置记录，并做好简单的隐蔽。

3．严格要求学生按维护、维修的原则进行检查，必要时指导教师可以进行提示。

三、实验要求

各种板卡及连线的插、拔必须在断电的情况下进行，插、拔板卡时一定要注意不要粗暴用力，以免损坏板卡。

四、实验建议

分小组进行。要细心观察故障现象，分析、判断故障所在，消除故障。

实验 5 系统 BIOS 的设置

一、实验目标

熟悉计算机的启动过程，进一步了解 BIOS 的主要功能，掌握进入系统 BIOS 设置程序的方法及有关参数设置。

二、实验内容及步骤

1．进入 BIOS 设置程序，设置启动盘的顺序为光驱、硬盘，保存设置并退出。

2. 将系统启动光盘放入光驱，重新启动机器，通过开机画面所显示的开机信息，注意观察所用机器的硬件配置信息是否与实际情况相吻合。

3. 进入 BIOS 设置程序，将高级 BIOS 功能设置中的安全选项 "Security Option" 设置为 "Setup"；设置超级用户密码和普通用户密码，保存设置并退出。

4. 重新启动机器并按下 Delete 键进入 BIOS，注意观察屏幕的提示信息。

5. 关闭机器电源，拔下外部电源线切断交流电，打开机箱，用跳线帽对 CMOS 放电后，再重新启动机器并按下 Delete 键进入 BIOS，注意观察是否还显示输入密码框，并分析原因。

6. 练习设置系统的日期和时间。

7. 关闭 BIOS 的病毒警告功能，为安装操作系统作准备。

8. Load Setup Defaults 含义及作用。

9. 重新设置启动盘的顺序为光驱、硬盘，保存设置并退出。

三、实验要求

1. 本实验采用 AWARD BIOS。关于 AWARD BIOS 设置参数请参见附录 A。不同厂商的 BIOS 设置程序其设置方法不同，即使是同一厂商的 BIOS，版本不同界面也会不同。因此，还要根据实际情况，参考实验内容进行具体设置。

2. 每次设置完成后，必须保存设置才能生效。一定要牢记设置的开机密码，否则会给启动机器带来不必要的麻烦。由于 BIOS 的界面为英文提示，在操作时一定要清楚所设置的含义，千万不要胡乱设置，造成系统性能的下降，尤其是关于 CPU 的有关设置，设置不当完全有可能烧坏 CPU。

四、实验建议

分小组进行。实验过程中做好记录，结合本节实验内容，写出每一项的详细操作步骤。

实验 6　硬盘维护工具 DiskGenius 安装与使用

一、实验目标

理解、掌握硬盘维护工具 DiskGenius 的功能和使用方法。

二、实验内容及步骤

1. 利用第 6 章介绍的硬盘维护工具 DiskGenius 的安装方法完成其安装。

2. 使用 DiskGenius 完成硬盘分区。

3. 激活某一主分区为活动分区。

三、实验要求

指导教师必须先进行详细演示讲解，让学生把步骤记录清楚、完整。

四、实验建议

1. 分小组进行。

2. 根据硬盘实际容量，设计好实验方案，并尽可能把实验过程、步骤记录清楚。

实验 7　Ghost 使用

一、实验目标

掌握系统恢复软件 Ghost 的使用，掌握利用 Ghost 对系统分区、系统硬盘进行备份、恢复的操作步骤。

二、实验内容及步骤

1. 利用 Ghost 软件对系统分区进行备份。
2. 利用 Ghost 软件恢复系统分区。
3. 利用 Ghost 软件克隆硬盘。

三、实验要求

熟练掌握 Ghost 软件的使用方法：分区的备份与恢复、整个硬盘的备份与恢复。

四、实验建议

分小组进行。实验中做好记录，结合实验内容，写出每一项的详细操作步骤。

实验 8 Partition Magic 安装与使用

一、实验目标

进一步掌握物理磁盘、逻辑磁盘的概念，掌握利用 Partition Magic 对硬盘进行分区的步骤。

二、实验内容及步骤

1. 拆分分区，按照操作步骤拆分分区。
2. 合并分区，按照操作步骤把拆分的分区合并成一个分区。
3. 利用 Partition Magic 创建其他系统的主分区。

三、实验要求

先删除分区，然后再创建分区。

四、实验建议

同实验 7。

实验 9 Windows XP 安装与使用

一、实验目标

掌握 Windows 系列操作系统的安装方法。

二、实验内容及步骤

1. 了解 Windows XP 的安装需求。
2. 进行 Windows XP 的全新安装。

三、实验要求

能够使用 Windows XP 安装盘对硬盘进行分区、格式化，并安装 Windows XP 操作系统。

四、实验建议

同实验 7。

*实验 10 工具软件及杀病毒软件的安装

一、实验目标

1. 熟悉常用软件（如压缩工具、播放工具、磁盘管理工具等）和杀病毒软件的功能。

2．掌握上述软件的安装、使用方法。

二、实验内容及步骤

1．常用软件的安装及使用。

2．杀病毒软件的安装及使用。

3．软件卸载的方法。

三、实验要求

1．指导教师应根据实验室所具有软件的实际情况指导学生安装常用的软件，包括常用测试软件、工具软件、杀病毒软件。

2．在对软件进行卸载时，注意对共享文件的处理。

3．注意一些测试软件对系统环境的要求。某些软件有可能产生不良的后果。

四、实验建议

同实验 7。

*实验 11 计算机常见软硬件故障的维修

一、实验目标

要求学生能处理常见的软硬件问题。

二、实验内容及步骤

1．主板上内存条未插接稳固的情况。

2．主板上显卡未插接稳固的情况。

3．操作系统启动不正常的情况。

4．显卡驱动程序未安装的情况。

三、实验要求

对系统各种不正常情况进行判断、分析，并作相应处理。

四、实验建议

同实验 7。

*实验 12 安装网卡及连线

一、实验目标

1．熟悉网络连接的方法。

2．掌握检查网卡和网络线路是否连接正常的方法。

二、实验内容及步骤

1．安装网卡，各计算机通过集线器连接，并通过指示灯判断是否连通。

2．设置 TCP/IP 协议、IP 地址及子网掩码，用 PING 工具测试网卡工作是否正常，连线是否接通。

三、实验要求

要求学生能设置网络协议及 IP 地址，并使用一定工具（如 PING 工具）测试网络是否连通，由此可判断有关网络的硬件设备是否安装就位。

四、实验建议

1．分小组进行，小组成员互相协作共同完成。

2．要求人人能独立完成用 PING 工具检查网络状态。

*实验 13　网络资源的共享

一、实验目标

1．了解 TCP/IP 协议的含义，掌握网上邻居的使用方法。

2．会设置磁盘或文件夹的共享（包括各种类型及密码访问）、打印机的共享，会访问共享资源。

二、实验内容及步骤

1．设置 TCP/IP 协议、IP 地址、子网掩码及工作组、计算机名。

2．设置 Windows 网络用户客户、文件和打印机的共享服务、共享方式和类型并进行数据的传送。

三、实验要求

要求学生能对包括文件夹、光驱、打印机等网络资源设置共享，并在网络上传送数据。

四、实验建议

1．分小组进行，每人能独立完成实验内容。

2．对域用户的设置和登录要求人人能独立完成。

*实验 14　在虚拟机 VM 中安装操作系统 Windows 7

一、实验目标

1．了解虚拟机的概念，掌握虚拟机 VM 的使用方法。

2．会使用光盘安装，并且会将存放在硬盘中的光盘镜像文件（.iso）添加到虚拟光驱中当作光盘使用。本实验以使用镜像文件实际进行。

二、实验内容及步骤

1．修改虚拟机光驱配置。双击虚拟机右侧窗格中"CD-ROM"，单击"使用 ISO 镜像"后，再单击"浏览"按钮，找到"Windows 7.iso"文件，单击"OK"按钮即可。

2．单击 VM 主窗口中的"启动该虚拟机"，系统将引导第一步虚拟插入光驱的"Windows 7.iso"文件，从而进入 Windows 7 的安装过程，与在普通计算机中的安装完全相同。

三、实验要求

要求学生熟悉 VM 的主界面，并会修改光驱配置，完成操作系统或其他应用软件的安装。

四、实验建议

1．分小组进行，每人能独立完成实验内容。

2．各小组完成后，可自主进行 Microsoft Office 的安装。

附录 A BIOS 设置程序选项说明

一、AWARD BIOS 设置程序

AWARD BIOS 设置程序选项如附表 A.1 所示,各选项设置参数如附表 A.2～附表 A.8 所示。

附表 A.1 AWARD BIOS 设置选项

序号	选 项	含 义	说 明
1	Standard CMOS Features	标准 CMOS 功能设置	设置系统日期、时间、软驱规格、IDE 设备及显卡种类等
2	Advanced BIOS Features	高级 BIOS 功能设置	设置 BIOS 的特殊功能,如设置病毒警告、启动盘的顺序等
3	Advanced Chipset Features	高级芯片组特性设置	设置与主板芯片组相关的运行参数
4	Integrated Peripherals	整合外部设备设置	设置主板上内建的外部设备运行的相关参数
5	Power Management Setup	电源管理设置	设置 CPU、硬盘、显示器等设备的省电功能
6	PnP/PCI Configurations	即插即用及 PCI 参数设置	对 PCI 总线和即插即用的配置
7	PC Health Status	计算机健康状态	监控 CPU、CPU 风扇等硬件状态
8	Frequency/Voltage Control	频率与电压控制	设置 CPU 的工作频率与电压等参数
9	Load Fail-Safe Defaults	装入最安全的默认值	将 BIOS 的所有选项恢复为最安全的默认值
10	Load Optimized Defaults	装入最优化的默认值	将 BIOS 的所有选项恢复为出厂时的默认值
11	Set Supervisor Password	设置计算机管理员密码	计算机管理员密码是启动系统及进入 BIOS 设置的密码
12	Set User Password	设置普通用户密码	普通用户密码是系统启动密码
13	Save & Exit Setup	存储并退出	存储所有设置结果并退出设置程序
14	Exit Without Saving	不存储并退出	不存储修改结果,保持原有设置并退出设置程序

附表 A.2 标准 CMOS 功能设置

项 目	选 项	参数值及含义	
系统日期和时间	Date(mm:dd:yy)	系统日期,格式为"星期,月/日/年"。星期由当前月/日/年根据万年历推算给出	
	Time(hh:mm:ss)	系统时间,格式为"小时:分钟:秒"	
硬盘参数	IDE Primary Master	IDE 设备选项,选择其中一个设备选项按 Enter 键弹出有三个选项的子菜单。 Auto:自动检测 IDE 设备并显示 Access Mode(访问模式)、Capacity(容量)、Cylinder(柱面)、Head(磁头)、Precomp(写预补偿值)、Landing Zone(着陆区,即磁头起停扇区)、Sector(扇区)等信息; User:手动输入上述信息; None:没有连接驱动器,选定此项也可将设备屏蔽	
	IDE Primary Slave		
	IDE Secondary Master		
	IDE Seconday Slave		

续表

项目	选项	参数值及含义
软驱参数	Drive A	None：没有安装软驱； 360K, 5.25 in.：5.25 英寸软驱, 360KB 容量； 1.2M, 5.25 in.：5.25 英寸软驱, 1.2MB 容量；
	Drive B	720K, 3.5 in.：3.5 英寸软驱, 720KB 容量； 1.44M, 3.5 in.：3.5 英寸软驱, 1.44MB 容量； 2.88M, 3.5in.：3.5 英寸软驱, 2.88MB 容量
显示器参数	Video	EGA/VGA（默认值）：加强型显示模式，EGA、VGA、SVGA、PGA 彩显均选择此项； CGA 40：CGA 显卡，40 行显示模式； CGA 80：CGA 显卡，80 行显示模式； MONO：黑白单色模式
暂停功能	Halt On	加电进行 POST，检测到异常情况时，系统会根据该选项设置决定下一步如何执行。 No Errors：默认值，不管任何错误，均开机； All Errors：有任何错误均暂停，给出出错提示，等候处理； All, But Keyboard：除键盘以外的任何错误均暂停，给出出错提示，等候处理； All, But Diskette：除软驱以外的任何错误均暂停，给出出错提示，等候处理； All, But Disk/Key：除软驱和键盘以外的任何错误均暂停，给出出错提示，等候处理
内存容量	Base Memory	基本内存容量
	Extended Memory	扩展内存容量
	Total Memory	系统总内存容量

系统 BIOS 在 POST 过程中自动检测内存获得的信息。不能修改

附表 A.3 高级 BIOS 功能设置

选项	作用	取值及含义
Virus Warning （病毒保护选项）	当有软件修改硬盘引导区时，BIOS 自动弹出警告信息，询问是否修改引导区，从而起到防范病毒的作用	Enabled：开启病毒保护功能 Disabled：关闭病毒保护功能
CPU L1 & L2 Cache （CPU 的一级和二级缓存）	用于启用或禁用 CPU 内置和二级高速缓存，禁用会使系统速度减慢，建议保持默认值	Enabled：启用。默认值 Disabled：禁用
CPU Hyper-Threading （CPU 超线程）	使用内含超线程技术的 CPU 时，该选项允许修改，并且允许启用或禁用 CPU 超线程技术	Enabled：启用。默认值 Disabled：禁用
Fast Boot （快速启动）	用于加速开机自我检测（POST）。如果设置为启用，BIOS 将缩短并精简开机自我检测的项目及过程	Enabled：启用 Disabled：禁用
1st Boot Device （第 1 启动设备）	设置开机启动设备的顺序	选项：Disabled、Floppy、LS120、ZIP100、HDD-0、HDD-1、HDD-2、HDD-3、SCSI、CDROM、LAN
2nd Boot Device （第 2 启动设备）		
Boot Other Device （其他启动设备）		

续表

选 项	作 用	取值及含义
Swap Floppy（交换软驱）	A盘当作B盘用，B盘当作A盘用	Disable：最前端所接软驱为第一驱动器
		Enabled：第一、二软驱交换使用
Seek Floppy（搜索软驱）	启动时BIOS检测软驱	Enabled：检测软驱
		Disabled：不对软驱进行检测
Boot Up Num-Lock LED（小键盘状态）	设置小键盘开机时的默认状态	ON：开机后数字键盘为数字输入模式
		OFF：开机后数字键盘为方向键盘模式
Gate A20 Option（A20地址线选择）	设置管理1MB以上内存地址的A20地址线的控制单元	Normal：用键盘控制器管理
		Fast：用芯片组控制器管理。默认值
Typematic Rate Setting（键盘输入速率调整）	开启键盘重复输入速率和重复输入延迟时间的设置	Enabled：持续按下键盘某键，按重复按下该键处理
		Disable：持续按下键盘某键，按键入该键一次处理
Typematic Rate (Chars/Sec)（键盘重复输入速率（字符/秒））	当持续按住按键，键盘将依设定速率显示该按键代表的字符，单位：字符/秒	选项：6（默认值）、8、10、12、15、20、24、30
Typematic Delay (Msec)（键盘重复输入时间延迟）	当持续按住按键时，若超过设定时间，键盘会自动以一定速率重复该字符。单位：字毫秒	选项：250（默认值）、500、750、1000
Security Option（安全等级）	设置系统安全等级	System：每次开机需要输入密码
		Setup：仅在进入CMOS设置程序时需要密码。默认值
APIC Mode（APIC模式）	设定APIC模式	Enabled：可使用MPS Version Control For OS功能。默认值
		Disabled：禁用MPS Version Control For OS功能
MPS Version Control For OS（MPS操作系统版本控制）	设定操作系统的MPS版本	选项：1.4（默认值）、1.1
Boot OS/2 for DRAM>64MB（选择操作系统）	系统内存容量大于64MB的操作系统选择Non-OS2	Non-OS2：操作系统不是OS/2时，选择此项。默认值
		OS2：系统内存容量大于64MB，并使用OS/2操作系统，选择此项
Full Screen LOGO Show（个性化开机界面）	选择开机时是否全屏显示徽标	Enabled：全屏显示
		Disabled：禁用全屏显示

附表 A.4　高级芯片组特性设置选项

选项	作用	取值及含义
Configure DRAM Timing（设置内存时钟）	设置内存时钟是否由读取内存模组上的 SPD EPROM 内容决定	By SPD：内存时钟根据 SPD 的设置由 BIOS 自动决定配置 Manual：用户手动配置这些项目
CAS# Latency（CAS 延迟）	控制内存从接受读命令到开始读数据之间延迟的时钟周期数	2：延迟 2 个 clock 2.5：延迟 2.5 个 clock 3：延迟 3 个 clock
Precharge Delay（预充电延迟）	设置预充电前的空闲周期数	7：7 个空闲周期 6：6 个空闲周期 5：5 个空闲周期
RAS# to CAS# Delay（RAS 到 CAS 的延迟）	设定向 DRAM 写入、读出或刷新时，从 CAS 脉冲信号到 RAS 脉冲信号间延迟的时钟周期数	5：延迟 5 个 clock 4：延迟 4 个 clock 3：延迟 3 个 clock 2：延迟 2 个 clock
RAS# Precharge（RAS 预充电）	控制 RAS 预充电过程的时钟周期数	3：预充电 3 个 clock 2：预充电 2 个 clock
DRAM Frequency（内存频率）	设置所安装内存的频率	Auto：自动 DDR200：200MHz 的内存频率 DDR266：266MHz 的内存频率 DDR333：333MHz 的内存频率 DDR400：400MHz 的内存频率
Delayed Transaction（延迟传输）	设置是否支持延迟传输	Enabled：兼容 PCI 2.1 规格（默认值），支持延迟传输 Disabled：不兼容 PCI 2.1 规格，不支持延迟传输
Delay Prior to Thermal（超温优先延迟）	设置超温优先延迟的时间。当 CPU 的温度达到预设温度，将适当延迟时钟，单位：min	4 min 8 min 16 min 32 min
AGP Aperture Size（AGP 口径尺寸）	设置 AGP 显示图形使用映射内存的容量，单位：MB。一般设置为系统实际内存容量的一半或 1/3	
On-Chip VGA Setting（板载 VGA 设置）	设置是否允许配置板载 VGA	Enabled：允许配置板载 VGA Disabled：不允许配置板载 VGA
On-Chip VGA Frame Buffer Size（板载 VGA 帧缓冲容量）	设定分配给视频的内存容量	1MB：分配给视频 1MB 的内存 8MB：分配给视频 8MB 的内存
Boot Display（引导显示）	选择系统所安装的显示设备类型	Auto CRT TV EFP：可选用 LCD 显示器

附表 A.5　综合外部设备设置

选项	作用	取值及含义
On-ChipPrimary/Secondary PCI IDE（板载第 1/第 2 PCI IDE）	设置主板上的 IDE 通道是否被激活	Enabled：独立激活每个 IDE 通道（默认值） Disabled：不激活 IDE 通道（使用 SATA 串口硬盘时）
IDE Primary/Secondary Master/Slave PIO	设置 IDE 设备的 PIO 模式（0~4）	设置值：Auto（建议设置值）、Mode 0、Mode 1、Mode 2、Mode 3、Mode 4
IDE Primary/Secondary Master/Slave UDMA（IDE 第 1/第 2 主/从 UDMA）	设置 IDE 设备数据传输模式	Auto：支持 UDMA 模式 Disabled：不支持 UDMA 模式
USB Controller（USB 控制器）	设置板载 USB 控制器是否可用	Enabled：板载 USB 控制器可用 Disabled：板载 USB 控制器不可用
USB Keyboard/Mouse Support（USB 鼠标/键盘控制）	启用/禁用 USB 键盘或鼠标	Enabled：USB 键盘或鼠标可用 Disabled：USB 键盘或鼠标不可用
AC'97 Audio（AC'97 音频）	设置板载声卡是否可用	Auto：板载声卡可用 Disabled：禁用板载声卡
AC'97 Modem（AC'97 调制解调器）	设置板载调制解调器是否可用	Auto：板载调制解调器可用 Disabled：禁用板载调制解调器
Onboard LAN selection（板载网卡选择）	设置板载网卡是否被激活	Enabled：激活板载网卡 Disabled：禁用板载网卡
IDE HDD Block Mode（IDE 硬盘块模式）	设置是否启用 IDE 硬盘块模式	Enabled：启用 IDE 硬盘块模式 Disabled：禁用 IDE 硬盘块模式
Floopy Disk Controller （软驱控制器）	设置打开/关闭板载软驱控制器	Disabled：关闭板载软驱控制器 Enabled：打开板载软驱控制器 Auto：由 BIOS 决定是否打开板载软驱控制器
Serial Port A/B（板载串行接口 A/B）	设置 COM 1 口和 COM 2 口的基本 I/O 端口地址和中断请求号	Auto（BIOS 自动决定串口基本 I/O 端口地址）、3F8/IRQ4、2F8/IRQ3、3E8/IRQ4、2E8/IRQ3、Disabled（禁用串行端口）
Parallel Port （并行端口）	设置板载并行接口的基本 I/O 端口地址	Auto（BIOS 自动决定并口基本 I/O 端口地址）、378/IRQ7、278/IRQ5、3BC/IRQ7、Disabled
Parallel Port Mode（并行端口模式）	选择并行端口的工作模式	SPP：标准并行端口 EPP：增强并行端口 ECP：扩展性能端口 ECP＋EPP：扩展性能端口＋增强并行端口 Normal

续表

选　项	作　用	取值及含义	
Onboard Game Port （板载游戏端口）	设置板载游戏端口的基本 I/O 端口地址	Disabled	
		201	
		209	
Onboard MIDI Port （板载 MIDI 端口）	设置板载 MIDI 端口的基本 I/O 端口地址	Disabled	
		330	
		300	
		290	

附表 A.6　电源管理设置

选　项	作　用	取值及含义
IPCA Function （IPCA 操作系统）	设置高级配置和电源管理接口 ACPI 功能是否被激活	Enabled：激活 ACPI 功能 Disabled：禁用 ACPI 功能
ACPI Suspend Type （ACPI 挂起类型）	设定 ACPI 功能的节电模式	S1/POS：开启 Power On Suspend 功能，系统暂停时电源不被切断，仍然可以随时唤醒 S3/STR：开启 Suspend To RAM 功能，即挂起到内存，系统断电后数据保存到内存，下次开机时能直接从内存中读取上次保留的信息，实现快速开机
Power Management/APM （电源管理）	设置节电的类型及模式	User Define：用户手动配置节电模式 Min Saving：最小省电管理（Suspend Time Out = 1 h，HDD Power Down = 15 min） Max Saving：最大省电管理（Suspend Time Out = 1 min，HDD Power Down = 1min）
Suspend Type （挂起的类型）	选择挂起的类型	Stop Grant：保存整个系统状态，然后关闭电源 PwrOn Suspend：CPU 和核心系统在低量电源模式，保持电源供电
MODEM Use IRQ （MODEM 使用的中断请求号）	设置 MODEM 使用的中断请求号	3、4、5、7、9、10、11、NA。一般设置为 3 或 10
Suspend Time Out （挂起时限）	设置挂起时限。如果系统没有在所设置的时间内激活，所有的设备包括 CPU 将被关闭	设定值为：Disabled、1min、2min、4min、8min、12min、20min、30min、40min 和 1h
Power Button Function （开机按钮功能）	设置开机按钮的功能	Power Off：开机状态下按下开关按钮立即关机 Suspend：开机状态下按下开机按钮时，系统进入挂起或睡眠状态；当按下按钮 4s 或更长时间，系统关机
Wake Up On PME From S3 （PME 从 S3 唤醒）	设置系统侦测到指定外设或组件被激活发出 PME 信号，机器将从节电模式被唤醒	Enabled：启用 Disabled：禁用

续表

选项	作用	取值及含义	
CPU THRM-Throttling（CPU 温控）	设置 CPU 温控比率。当 CPU 温度到达了预设的高温，可通过此项减慢 CPU 的速度	设定范围从 12.5%～87.5%，以 12.5%递增	
Resume by RTC Alarm（预设系统启动时间）	设置系统定时自动启动的时间/日期	Date (of Month)：设置自启动日期，设定值为 0～31	
		Time (hh:mm:ss)：设置自启动时间，格式为<时><分><秒>	
POWER ON Function（开机功能）	此项控制 PS/2 鼠标或键盘的哪一部分可以开机	设定值为：Password、Hot KEY、Mouse Left、Mouse Right、Any Key、BUTTON ONLY、Keyboard 98	
KB Power ON Password（键盘开机密码）	如果 POWER ON Function 设定为 Password，就可以在此项为 PS/2 键盘设定开机的密码		
Hot Key Power ON（热键开机）	如果 POWER ON Function 设定为 Hot Key，可以在此项为 PS/2 键盘设定开机热键，设定值：Ctrl＋F1～Ctrl＋F12		
Power Again（再来电状态）	此项决定开机时意外断电之后，电力供应恢复时系统电源的状态	Power Off：保持机器处于关机状态	
		Power On：保持机器处于开机状态	

附表 A.7 即插即用与 PCI 参数设置

选项	取值及含义
Reset Configuration Data（重置配置数据）	设定值：Enabled、Disabled（通常设为此项）。如果安装了一个新的外接卡，系统在重新配置后产生严重冲突，导致无法进入操作系统，将此项设为 Enabled，可在退出 Setup 后重置 ESCD
Resource Controlled By（资源控制）	设定值：Auto（ESCD），Manual。Auto：自动配置所有引导设备和即插即用兼容设备，但此功能仅在使用即插即用操作系统时有效。Manual：进入此项的各项子菜单，手动选择特定资源
IRQ Resources（IRQ 资源）	此项仅在 Resources Controlled By 设置为 Manual 时有效。按 Enter 键进入子菜单。可设定 IRQ 3/4/5/7/9/10/11/12/14/15。用户根据使用 IRQ 的设备类型设置每个 IRQ

附表 A.8 Frequency/Voltage 设置

选项	取值及含义
CPU Ratio Selection（倍频选择）	用户可以在此选项中通过指定 CPU 的倍频（时钟增加器）实现超频
Auto Detect PCI Clk（自动侦测 PCI 时钟频率）	设定值：Enabled、Disabled。此项允许自动侦测安装的 PCI 插槽。当设置为 Enabled，系统将移除（关闭）PCI 插槽的时钟，以减少电磁干扰
Spread Spectrum（频展）	选项：Enabled、Disabled、＋/－0.25%、－0.5%、＋/－0.5%、＋/－0.38%。如果没有遇到电磁干扰问题，将此项设定为 Disabled，这样可以优化系统的性能表现和稳定性。如果被电磁干扰问题困扰，将此项设定为 Enabled，这样可减少电磁干扰。注意，如果超频使用，必须禁用此项

二、AMI BIOS 设置程序

以下仅给出 AMI BIOS 部分选项的设置，如附表 A.9～附表 A.14 所示。

附表 A.9　IDE 设备（Primary，Third and Fourth IDE Master/Slave）设置

选　项	取值及含义
Type （选择 IDE 设备类型）	设置值：Not Installed、Auto、CDROM、ARMD。Auto：自动检测并设置 IDE 设备的类型；CDROM：设置为光学设备；ARMD：ATAPI 可去除式媒体设备，设置为 ZIP 磁盘、LS-120 磁盘或 MO 磁 CD-ROM 驱动器等
Block（Multi-sector Transfer） （开启或关闭数据同时传送多个磁区）	设置值：Disabled、Auto。Auto：数据可同时传送至多个磁区；Disabled：数据只能一次传送一个磁区
DMA Mode （选择 DMA 模式）	设置值：Auto、SWDMA0、SWDMA1、SWDMA2、MWDMA0、MWDMA1、MWDMA2、UDMA0、UDMA1、UDMA2、UDMA3、UDMA4、UDMA5
32Bit Data Transfer （开启或关闭 32 位数据传输功能）	设置值：Disabled、Enabled

附表 A.10　IDE 设备配置（IDE Configuration）设置

选　项	取值及含义
Onboard IDE Operate Mode （根据操作系统选择 IDE 操作模式）	设置值：Compatible Mode、Enhanced Mode。设置值根据用户操作系统设置：使用较旧的操作系统，如 MS-DOS、Windows 98SE/ME 等，设为 Compatible Mode；使用 Windows 2000/XP 或升级的操作系统，设为 Enhanced Mode
Enhanced Mode Support On （支持增强模式 ATA）	设置值：P-ATA＋S-ATA、S-ATA（默认）、P-ATA。在使用较新操作系统，同时使用 SATA 与 PATA 设备时，建议保持默认值以维持系统的稳定性；若在此模式下，使用较旧的操作系统和 PATA 设备，只有在没有安装任何 SATA 设备的情况下，可正常运行。P-ATA＋S-ATA 与 P-ATA 为特殊选项，如果发生兼容性问题，请恢复默认值 S-ATA
Onboard Serial-ATA BOOTROM （启动或关闭主板内置 SATA 开机只读内存）	本选项只有在 Configure SATA As 项目设置为 RAID 时才出现。设置值：Disabled、Enabled（默认）
ALPE and ASP （启动或关闭 ALPE 和 ASP 选项）	本选项只有在 Configure SATA As 项目设置为 AHCI 时才出现。设置值：Disabled（默认）、Enabled
Stagger Spinup Support （启动或关闭交错启动支持）	设置值：Disabled（默认）、Enabled
AHCI Port 3 Interlock Switch （开启或关闭 AHCI 端口 3 锁定开关）	设置值：Disabled（默认）、Enabled
IDE Detect Time Out （自动检测 ATA/ATAPI 设备的等待时间）	设置值：0、5、10、15、20、25、30、35（默认）

附表 A.11 高级特性设置（Advanced）

主选项	选项	含义及取值
LAN Cable Status（网络连线状态）	POST Check LAN cable	启动或禁用在 POST 时检查网络连线。设置值：Disabled（默认）、Enabled
	LAN Cable Status	显示网络连线状态
USB Configuration（USB 配置）	USB Function	启动或禁用 USB 功能。设置值：Disabled、Enabled（默认）
	Legacy USB Support	启动或禁用支持 USB 设备功能。设置值：Disabled、Enabled、Auto（默认）。Auto：开机时系统自动检测是否有 USB 设备存在，若有则启动 USB 控制器；Disabled：无论是否存在 USB 设备，系统内 USB 控制器都处于禁用状态
	USB 2.0 Controller	设置 USB 2.0 控制器处于 HiSpeed（480Mb/s）或 Full Speed（12Mb/s）。设置值：HiSpeed、Full Speed
CPU Configuration（处理器设置）	Ratio CMOS Setting	设置处理器核心时钟与前端总线频率的比率。默认值由 BIOS 程序自动检测而得，也可以使用＋或－按键调整
	VID CMOS Setting	设置处理器 VID CMOS 设置值。默认值由 BIOS 程序自动检测而得，也可以使用＋或－按键调整
	Microcode Updation	开启或关闭微码更新功能。设置值：Disabled、Enabled（默认）
	Max CPUID Value Limit	使用不支持扩展 CPUID 功能的操作系统（如 Windows NT 4.0）时，设为 Enabled。设置值：Disabled（默认）、Enabled
CPU Configuration（处理器设置）	Enhanced C1 Control	使用具有 C1E（Enhanced Halt State，增强暂停时态）功能的处理器时的设置。设置值：Auto（默认）、Disabled。Auto：BIOS 自动检查处理器对启动支持 C1E 的兼容性。在 C1E 模式，系统能使处理器在空载状态以它所支持的最低倍频运行，降低处理器耗能，一旦有任何负载产生则立刻恢复正常工作状态
	CPU Internal Thermal Control	关闭或自动启动处理器内部温度控制功能。设置值：Disabled、Auto（默认）

附表 A.12 芯片设置（Chipset）

选项	取值及含义
Hyper Path 2	开启或关闭内存加速模式功能。设置值：Disabled、Enabled、Auto（默认）
Graphic Adapter Priority	设置优先显示控制器。设置值：Internal VGA、PCI Express/Int-VGA、PCI Express/PCI、PCI/PCI Express、PCI/Int-VGA
PEG Buffer Length	设置 PCI Express 显卡缓冲区长度。设置值：Auto（默认）、Long、Short
Link Latency	设置连接延迟。设置值：Auto（默认）、Slow、Normal
PEG Link Mode	设置 PCI Express 显卡连接模式。设置值：Auto（默认）、Slow、Normal、Fast、Faster
PEG Root Control	设置 PCI Express 显卡基础控制。设置值：Auto（默认）、Disabled、Enabled
Slot Power	设置插槽运行电源。设置值：Auto（默认）、Light、Normal、Heavy、Heavier

附表 A.13　高级电源管理设置（APM Configuration）

选项	取值及含义
Restore on AC Power Loss	设置开机时意外断电之后，电力供应恢复时电源的状态。设置值：Power Off、Power On、Last State。设为 Poewr Off，电力供应恢复后电源维持关闭状态；设为 Power On，电源重新开启；设置为 Last State，将系统恢复到电源未中断前的状态
Power On By External Modems	设置值：Disabled（默认）、Enabled。设为 Enabled，在软关机状态下，调制解调器接收到信号时启动系统；设为 Disabled，则关闭此项功能
Power On By PCI Devices	设置值：Disabled（默认）、Enabled。设为 Enabled 时，可以使用 PCI 接口网卡或调制解调器卡开机，使用本功能，ATX 电源必须提供至少 1A 以上电流及 ＋5VSB 电压

附表 A.14　系统监控功能（Hardware Mointor）

选项	取值及含义
CPU Temperature	自动检测并显示当前处理器的温度。显示格式：××℃/×××°F
MB Temperature	自动检测并显示当前主板的温度。显示格式：××℃/×××°F
CUP Fan Speed	CPU 风扇转速 R/MIN（Rotations Per Minute）监控。为所有风扇设置了转速安全范围后，一旦风扇转速低于安全范围，智能型主板就会发出警告，通知用户注意
VCORE Voltage	具有电压监视功能的主板会实时显示：VCORE Voltage、＋3.3V Voltage、＋5V Voltage 和＋12V Voltage 的实际值，确保主板和 CPU 的电压正确，电流稳定
＋3.3V Voltage	
＋5V Voltage	
＋12V Voltage	

反侵权盗版声明

电子工业出版社依法对本作品享有专有出版权。任何未经权利人书面许可，复制、销售或通过信息网络传播本作品的行为；歪曲、篡改、剽窃本作品的行为，均违反《中华人民共和国著作权法》，其行为人应承担相应的民事责任和行政责任，构成犯罪的，将被依法追究刑事责任。

为了维护市场秩序，保护权利人的合法权益，我社将依法查处和打击侵权盗版的单位和个人。欢迎社会各界人士积极举报侵权盗版行为，本社将奖励举报有功人员，并保证举报人的信息不被泄露。

举报电话：（010）88254396；（010）88258888
传　　真：（010）88254397
E-mail：　dbqq@phei.com.cn
通信地址：北京市万寿路 173 信箱
　　　　　电子工业出版社总编办公室
邮　　编：100036